Parson RAMBINIZANDRY

AS COMUNIDADES DE BASE MAHAFALE E A CONSERVAÇÃO DOS RECURSOS FLORESTAIS

AS COMUNIDADES DE BASE MAHAFALE E A CONSERVAÇÃO DOS RECURSOS FLORESTAIS

Parson RAMBINIZANDRY

AS COMUNIDADES DE BASE MAHAFALE E A CONSERVAÇÃO DOS RECURSOS FLORESTAIS

ScienciaScripts

Imprint

Any brand names and product names mentioned in this book are subject to trademark, brand or patent protection and are trademarks or registered trademarks of their respective holders. The use of brand names, product names, common names, trade names, product descriptions etc. even without a particular marking in this work is in no way to be construed to mean that such names may be regarded as unrestricted in respect of trademark and brand protection legislation and could thus be used by anyone.

Cover image: www.ingimage.com

This book is a translation from the original published under ISBN 978-620-6-69878-4.

Publisher:
Sciencia Scripts
is a trademark of
Dodo Books Indian Ocean Ltd. and OmniScriptum S.R.L publishing group

120 High Road, East Finchley, London, N2 9ED, United Kingdom
Str. Armeneasca 28/1, office 1, Chisinau MD-2012, Republic of Moldova, Europe
Printed at: see last page
ISBN: 978-620-8-14516-3

AS COMUNIDADES DE BASE MAHAFALE E A CONSERVAÇÃO DOS RECURSOS FLORESTAIS

Salsa RAMBINIZANDRY

AGRADECIMENTOS

Este trabalho não poderia ter sido concluído sem a inestimável ajuda e colaboração de várias pessoas e instituições. Por isso, gostaria de expressar o meu agradecimento e a minha mais profunda gratidão a todos aqueles que me ajudaram a concluir esta tese de doutoramento.

Temos uma profunda dívida pessoal de gratidão para com :

A todos os membros do júri que aceitaram participar e avaliar este trabalho de investigação;

Sra. Noeline RAMANDIMBIARISON, Diretora de Tese, Professora Emérita. Acolheu-nos com amabilidade apesar das suas pesadas obrigações profissionais, académicas e familiares. Durante a preparação deste livro, orientou o nosso trabalho de investigação na direção certa, nomeadamente em cada etapa do progresso das nossas investigações;

Sr. Jean Claude RAMANDIMBIARISON, Professor Emérito, que me ajudou e aconselhou na elaboração deste trabalho através das suas experiências. Os seus comentários foram de grande importância para a orientação dos meus estudos;

Rolland RAZAFINDRAIBE, Professor, que nos deu conselhos preciosos durante a preparação deste livro, sem esquecer o seu apoio moral;

Em segundo lugar, não podemos esquecer todos os professores do Departamento de Sociologia.

Gostaríamos de expressar a nossa sincera gratidão a todas as comunidades do planalto de Mahafale,

Gostaríamos também de agradecer à equipa da WWF e ao PNM por nos terem apresentado às comunidades do planalto de Mahafale;

Finalmente, gostaríamos de agradecer a todos os membros da nossa família: os nossos pais, o nosso padrinho, os nossos irmãos e as nossas irmãs. Apoiaram-nos financeira e moralmente para a realização desta tese. A todos vós, um mil agradecimentos.

ÍNDICE

INTRODUÇÃO GERAL

Desde que ratificou a CDB (Convenção sobre a Diversidade Biológica) no final dos anos 80, Madagáscar foi reconhecido como um país de grande diversidade; em termos de superfície, é o único país com elevadas concentrações de endemismo biológico em diferentes níveis taxonómicos. [1] O extraordinário número de espécies (mais de 12.000 espécies de plantas e mais de 1.000 espécies de vertebrados) e os elevados níveis de endemismo (mais de 90% das espécies não se encontram em nenhum outro lugar do mundo) significam que as florestas e a biodiversidade do país representam um bem público mundial único e insubstituível, representando 5% da biodiversidade mundial em apenas 0,4% da sua superfície terrestre.

Consequentemente, desde há mais de uma década, Madagáscar tem uma imagem pública mundial contrastante, caracterizada por um carácter exótico e uma biodiversidade excecional, com uma das taxas de endemismo mais elevadas do mundo, e por uma desflorestação muito intensa, uma degradação muito rápida e catastrófica deste ambiente rico e variado, com, além disso, um incêndio anual na maior parte das zonas naturais que provoca, direta ou indiretamente, a perda de áreas consideráveis de floresta numa paisagem desolada de charnecas nuas. Esta perda, que se estende por uma grande parte do território, é agravada pelas alterações climáticas, que provocam uma erosão preocupante nos locais onde se praticam práticas agrícolas e de pastoreio inadequadas e degradantes. A isto acresce uma tendência demográfica "galopante" que conduz à desocupação das terras, o que, por sua vez, alimenta a desflorestação e reforça a degradação ambiental e a erosão dos solos, conduzindo a uma pobreza rural preocupante. No entanto, estes agricultores fazem parte da nossa nação, como diz o provérbio malgaxe: *"Ny tanimbary fotaka, ny vola taratasy, ary ny omby fiompy fa ny Olona no Harena"*, literalmente, o arrozal é apenas lama, o dinheiro é apenas papel, o zebu é apenas gado, mas são as pessoas que constituem os recursos de um país.

As florestas de Madagáscar foram gravemente destruídas. Apenas 10% da floresta natural foi preservada. A agricultura de queimadas e a utilização maciça de carvão vegetal e de combustíveis de madeira têm sido particularmente prejudiciais para os nossos recursos naturais. No entanto, estas florestas são importantes em mais do que um sentido: são o habitat de um grande número de plantas e animais endémicos e, para o povo malgaxe, são um recurso essencial com um grande potencial, que deve ser devidamente gerido e protegido.

Assim, em 2003, no V Congresso Mundial de Parques Nacionais em Durban, na África do Sul, conhecido como a "Visão de Durban", o governo malgaxe, liderado pelo Presidente *RAVALOMANANA*, comprometeu-se a triplicar a cobertura de áreas protegidas de Madagáscar para 6 milhões de hectares, ou seja, dez por cento da superfície do país. Este empenhamento do Estado malgaxe, provocado pelo triunfo das ideias liberais, conjuga-se com a globalização, que define um novo papel para o Estado. A noção de Estado-providência deixou de ser adequada. O Estado, desvinculado de todos os sectores, assume o seu novo papel de coordenador e facilitador do desenvolvimento económico e social.

Apresentação da zona de estudo

---

[1] Banco Mundial: Documento de projeto relativo a uma proposta de crédito adicional da AID e a uma proposta de subvenção adicional do Fundo Fiduciário do Fundo Mundial para o Ambiente à República de Madagáscar para o projeto de apoio à terceira fase do programa ambiental de Madagáscar, 2011.

A região do Sudoeste abriga vários parques nacionais com uma biodiversidade única (florestas secas e espinhosas). *Tsimanampesotse*, no planalto *de Mahafale*, é um desses parques.

Situada na região sudoeste de Madagáscar, a região de *Mahafale* acolhe o acampamento de *Mahafale*. A maior parte dos seus membros são agro-pastoris, para os quais o planalto *de Mahafale* é valorizado como recurso forrageiro, madeireiro e alimentar (culturas alimentares, colheitas, tubérculos, mel, etc.). O modo de vida das populações locais assenta num equilíbrio espacial e temporal entre a criação de gado e as actividades agrícolas. [2]Mais de 96% dos habitantes vivem da agricultura e da criação de gado, embora as terras cultivadas não representem mais de 20% da superfície total desta paisagem. Nesta configuração, a criação de gado baseada na transumância desempenha um papel fundamental entre os *Mahafale*. [3]No entanto, a agricultura está ainda muito desactualizada para a maioria dos agricultores e 95% das plantações não utilizam qualquer fertilizante, quer mineral quer orgânico. Paralelamente, o sector da pecuária, em particular o sector do zebu, evoluiu muito pouco e manteve-se numa fase contemplativa, mais cultural do que económica.

A região *de Mahafale* é cada vez mais afetada pelo fenómeno de desertificação ligado às alterações climáticas devido à distribuição irregular das chuvas. [4]Desde há mais de uma década, este fenómeno tem como consequência a diminuição da vegetação e a degradação dos solos nas zonas cultivadas, sendo as mais graves as que se encontram ao longo da costa (nas comunas de *Beheloke, Itampolo* e *Salary* Sud). [5]Com 55%, a população já não consegue satisfazer as suas necessidades energéticas mínimas de subsistência, e a maior parte da população empobreceu nos últimos anos [Barraud, 2006].

Situada na região sudoeste de Madagáscar, a zona de *Mahafale* cobre, por si só, um quarto da superfície total da região. É constituída pelo planalto calcário e divide-se em três unidades geomorfológicas distintas que se sucedem de oeste para leste: a planície costeira, o planalto calcário e o embasamento ou peneplanície. [2]O planalto calcário *de Mahafale* cobre uma superfície de 12.500 km.

---

[2] Dados SIRSA 2004 e SAP 2010
[3] Serviço de Estatística Agrícola, MAEP, 2006
[4] FOFIFA / INSTAT / Cornell - 2001
[5] In PROJET COGESFOR du PLATEAU MAHAFALE : RAPPORT D'ACTIVITES ANNUEL (MARS-DECEMBRE 2010)

Mapa 1: Localização da nossa área de estudo

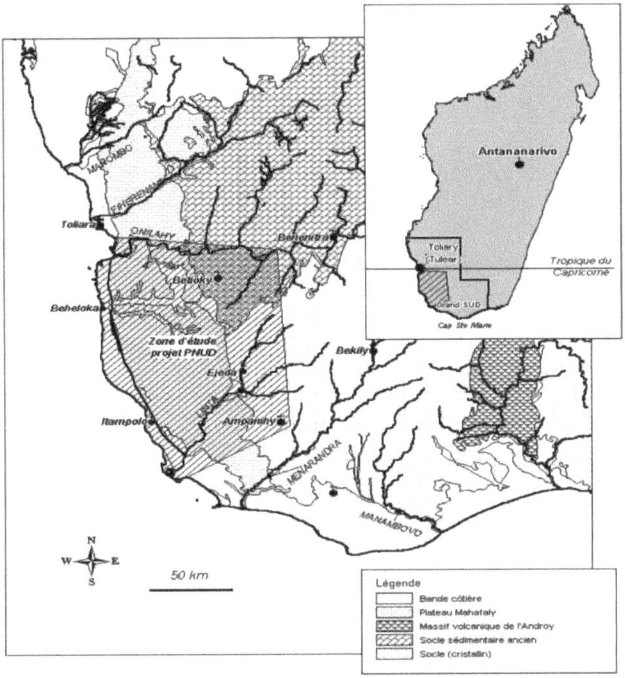

Fonte: WWF (COGESFOR, *TOLIARA*), 2013

A paisagem *de Mahafale* é limitada a norte pelo Parque Nacional *de Tsimanampesotse*. Abrange 13 comunas que estão conscientes da degradação do ecossistema do planalto calcário de *Mahafale*. [6]Além disso, o WWF, através do projeto COGESFOR, começa a interessar-se pela riqueza deste planalto calcário de *Mahafale* e, consequentemente, oferece apoio às comunidades de base para gerir racionalmente os seus recursos naturais renováveis através de uma transferência da gestão destes recursos da administração florestal, razão pela qual o planalto *de Mahafale* foi escolhido.

---

[6] Um projeto de conservação e gestão dos ecossistemas florestais de Madagáscar iniciado pelo WWF.

<u>Mapa 2</u>: Mapa administrativo das comunas que compõem a paisagem *de Mahafale*

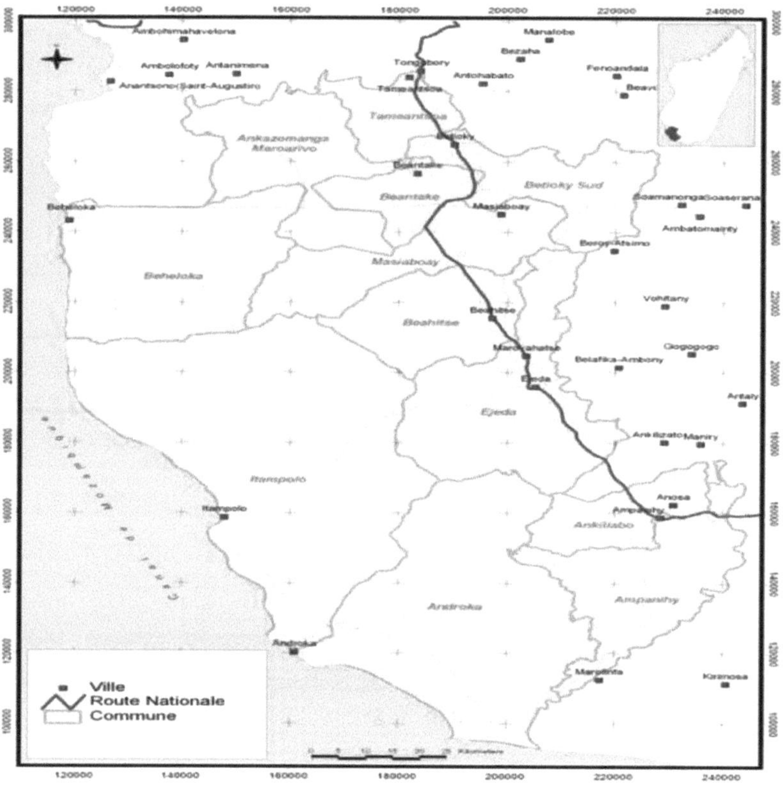

Ville
Route Nationale
Commune

<u>Fonte</u>: WWF Toliara, 2013

Nestas condições, a paisagem abriga uma série de grandes blocos florestais com uma área total de até 750.000 ha, equivalente a mais de 43% da sua superfície total. O Parque Nacional *de Tsimanampesotse* constitui o núcleo da paisagem. Com uma superfície de 207.000 ha, representa 12% da superfície total deste planalto calcário e está exposto a uma variedade de perigos, nomeadamente de origem humana. Os mais caraterísticos são as práticas agrícolas de corte e queima ou *"hatsake"* e as práticas de transumância, que tendem a ser longas tanto em duração como em distância. Estas práticas conduzem ao sobrepastoreio, à degradação do coberto vegetal e do solo e a conflitos sociais entre agricultores e pastores. Esta situação é agravada pelo aumento contínuo do número de habitantes.

Perante a ineficácia das medidas regulamentares e legislativas que proíbem a limpeza das terras e a desflorestação, decretadas pela administração florestal, ou na ausência de regras adequadas para a transumância, aliada à precariedade das condições de vida nesta região, estas populações não podem deixar de recorrer a práticas que não respeitam o ambiente para sobreviver. Assim, todo o Parque Nacional *de Tsimanampesotse* e as suas zonas periféricas foram afectados e os habitantes continuam a viver numa pobreza persistente.

Além disso, a sub-região de *Mahafale* está isolada, com falta de infra-estruturas adequadas para os intercâmbios inter-regionais e intercomunitários, o que reduz as oportunidades de desenvolvimento com o mundo exterior. Esta situação é agravada pela insegurança alimentar causada pelas secas crónicas que continuam a intensificar-se ano após ano. Em consequência, as comunidades *Mahafale* estão a voltar-se para a produção de carvão. Esta atividade de produção de carvão representa uma fonte alternativa de subsistência para os agricultores durante os períodos de escassez.

Razão da escolha do tema

A nossa investigação incide particularmente na paisagem *Mahafale* em torno do Parque *Tsimanampesotse*. Esta delimitação constitui um desafio científico, tendo em conta os diferentes parâmetros geográficos, sociológicos, psicológicos e políticos envolvidos.

Na sequência do compromisso assumido pelo governo malgaxe no âmbito da "Visão de Durban", a dimensão do Parque Nacional *de Tsimanampesotse* aumentou para 207 000 ha, em comparação com os 207 000 ha iniciais.

17.520 ha. Quando passou a ser gerido pela ANGAP, a partir de 3 de outubro de 2000, a sua superfície era de 43.200 ha. Isto significa que 163.800 ha de direitos de uso comunitário estão afectos ao parque. Para além disso, 328.410 ha foram transferidos para as comunidades para cercar o parque de modo a não ser objeto de desmatamento pela população local. Isto significa que os recursos naturais são insuficientes para a utilização das comunidades da periferia do parque e, no entanto, estas comunidades já estão enfraquecidas pelo jugo da escassez. Elas foram expropriadas de seus territórios ancestrais e se encontram num impasse, usando o que encontram fácil e rapidamente para se sustentar. Estão a afundar-se numa grande miséria, cujas causas são tanto sociais como geopolíticas, económicas ou institucionais.

Além disso, os doadores e as organizações não governamentais (ONG) que trabalham no domínio do ambiente com a administração florestal adoptam a tendência conservacionista, defendendo que a natureza deve ser conservada. Para tal, o homem deve ser ignorado, pois é considerado o inimigo da natureza. Estas florestas têm de ser "seladas" ou protegidas, e regidas por regulamentos, enquanto as comunidades são expulsas das suas terras. São marginalizadas. Já não podem utilizar livremente estes recursos sem autorização.

Isto levanta a questão de saber se a transferência de gestão iniciada em 1996 contribuiu para a conservação da biodiversidade e para a melhoria das condições de vida das populações locais.

É por esta razão que limitámos esta investigação à implementação de transferências de gestão florestal em torno do Parque Tsimanampesotse, mas discutiremos brevemente a implementação de uma área marinha protegida *Nosy Ve-Androka*.

Objectivos do estudo

O nosso tema intitula-se "As comunidades de base de *Mahafale* e a conservação dos recursos florestais". A participação da comunidade na conservação é analisada com base na implementação de transferências de gestão dos recursos naturais em torno do parque nacional *de Tsimanampesotse*, no planalto *de Mahafale*.

O presente estudo visa, por conseguinte, avaliar o alcance da abordagem participativa utilizada por várias ONG, nomeadamente a Deutsche Gesellschaft für Internationale Zusammenarbeit (GIZ) ou Agência Alemã para o Desenvolvimento Internacional, a SAGE, o World Wide Fund for Nature (WWF) ou Fundo Mundial para o Ambiente e o Parque Nacional de Madagáscar (PNM) que trabalham no campo, na avaliação dos resultados destas organizações não governamentais (ONG) que trabalham no domínio da conservação da biodiversidade, mas também na avaliação das comunidades de base (CoBa) que gerem os recursos transferidos, por um lado, e do seu impacto nos beneficiários-alvo, por outro. As ONG iniciaram uma série de actividades que nos ajudam a analisar a motivação das comunidades de base para assumirem o controlo do seu futuro.

Especificamente, o nosso estudo envolve :

> ➤ obter informações sobre a organização social existente e o seu papel no processo de produção, a fim de compreender as perspectivas do mundo rural;

> ➤ compreender a organização comunitária e o papel do género na proteção dos recursos naturais renováveis, a fim de avaliar as percepções das aldeias sobre o que se entende por ambiente e o objetivo do próprio ambiente;

> ➤ determinar as percepções das aldeias sobre as oportunidades/ameaças à conservação dos recursos naturais renováveis, a fim de compreender porque é que este tipo de participação surgiu na paisagem de *Mahafale*.

Resultados esperados

O estudo destacará os seguintes pontos através de conclusões/recomendações:

> ➤ percepções da conservação da biodiversidade pelas comunidades de base ou pelos cidadãos ;

> ➤ os factores positivos que determinam a capacidade das pessoas para adotar ou alterar o seu comportamento em matéria de conservação dos recursos renováveis;

> ➤ as aspirações das comunidades Basa (CoBa) sobre o tipo de organização e de proteção/conservação aplicadas para travar a expansão da limpeza dos terrenos.

Desde a Cimeira do Rio de Janeiro de 1992, a questão do desenvolvimento económico e social foi combinada com a do ambiente natural, ou seja, a destruição da camada de ozono, o aquecimento global e a perda da diversidade biológica. Esta inclusão da dimensão ambiental nas questões do desenvolvimento permitiu às ciências humanas renovar os seus laços originais com as ciências naturais neste domínio específico, mas, embora seja bem-vinda, não é isenta de questões. Com efeito, há que perguntar porque é que os actores do desenvolvimento demoraram tanto tempo a compreender a ligação evidente entre a economia, o social, no sentido cultural do termo, e o ambiente. Por outras palavras, porque é que pensámos o mundo sem distinguir entre natureza e cultura?

Madagáscar, e mais especificamente o planalto *de Mahafale*, é um local ideal para refletir sobre todas as questões que preocupam um grande número de países e que levantam questões sobre as muitas disciplinas e as relações que o homem tem hoje com o seu ambiente e recursos naturais.

Madagáscar é estigmatizado pelos seus contrastes: a pobreza das suas populações e a riqueza da sua biodiversidade específica. Esta riqueza é extremamente importante em termos de endemicidade das espécies, mas é também extremamente importante em termos de pobreza, uma vez que Madagáscar é um dos países mais pobres do planeta. Para ilustrar este contraste, a pobreza persiste: de acordo com um relatório do Banco Mundial de 2012, 92% da população de Madagáscar era considerada como vivendo em extrema pobreza, enquanto o endemismo natural das espécies era estimado em 80%. [7]É por isso que Madagáscar é um dos *"pontos quentes"* da biodiversidade mundial. Em Madagáscar, falar de ambiente é falar de biodiversidade.

75% da população malgaxe trabalha no sector rural, onde 86% dos empregos são ocupados, 60% dos quais por jovens. O sector caracteriza-se pelo seu fraco desempenho, que se reflecte na sua contribuição estagnada de cerca de 26% para o PIB e na sua taxa de crescimento de 1,5%, muito abaixo da taxa demográfica [Plano Nacional de Desenvolvimento, 2015]. Vários factores explicam esta situação: financiamento rural inadequado, baixa produtividade, fragmentação da produção, isolamento das zonas de produção, sobre-exploração dos recursos e insegurança.

Isto significa que o Estado-providência já não consegue satisfazer todas as necessidades nem resolver todos os problemas dos seus cidadãos. O governo centralizado está muito distante dos cidadãos e o desenvolvimento esperado não está a acontecer como previsto.

Desde o ajustamento estrutural de 1980 e, sobretudo, desde o nascimento da III República, o Estado tem vindo a desvincular-se progressivamente das empresas e das instituições públicas. O desenvolvimento é agora da responsabilidade dos operadores económicos, dispersos pelas comunidades descentralizadas, que se tornam entidades autónomas que constituem a base do desenvolvimento nacional.

No entanto, à medida que a comunidade sofre com a pobreza, instala-se um sentimento de impotência, marcado por uma resignação tímida. Mas o desinteresse pela política vai também

---

[7] Domínio muito sensível em francês.

ganhando terreno, dando lugar a uma desenvoltura quotidiana. A solução para a comunidade é a pilhagem dos recursos naturais, enquanto os conservacionistas consideram que a natureza deve ser conservada e, para isso, deve ser feita sem o homem, considerado o inimigo da natureza. Ao pressionar os doadores, os conservacionistas pensaram que estavam a esconder os recursos naturais de Madagáscar como parte do seu património ecológico e que as comunidades que vivem nas florestas seriam expulsas. A sociedade malgaxe encontra-se assim num impasse. Como mobilizar de novo as pessoas, dar-lhes um valor comum e vencer juntos a luta pelo desenvolvimento?

Há quem diga que o desenvolvimento tem de começar de baixo para cima ou não acontecerá. Por isso, exige a participação ativa de todos. Mas na revista de estudos rurais, n.º 178, intitulada "Desenvolvimento em Madagáscar", Sophie Moreau fala do diálogo de surdos entre as ONG e os agricultores:

> *"Apesar da abordagem participativa preconizada, as actividades desenvolvidas em muitas aldeias não são concebidas pela população local, mas sim na medida em que se enquadram nos princípios da política ambiental".*

É por isso que queremos estudar a participação da comunidade de base da paisagem *de Mahafale* na conservação/gestão dos recursos naturais.

Método de abordagem

Para responder às questões que se seguem, utilizámos um método de investigação que nos permitiu recolher informações de qualidade junto da população em causa e que nos ajudou a compreender melhor as realidades neste domínio. Os métodos utilizados são apresentados de seguida:

- **Sociológico.** É necessário adotar um estruturalismo categorial dinâmico, postulando que os elementos culturais transformados pelo processo jurídico são "pré-constrangidos" de tal forma que a sua reinterpretação é possível. Os elementos culturais transformados pelo processo jurídico são "pré-tensionados" de tal forma que a sua reinterpretação a sua reinterpretação os torna mais ou menos resistentes à mudança pretendida pela ação pública. A observação dos fenómenos de resistência permite inferir leis de transformação, uma "estrutura" que explicaria por que razão certas reinterpretações do direito endógeno permitem a reapropriação de modelos estrangeiros, enquanto outras se lhes opõem.

- **Psicossociologia**: ciência especial, dependente e complementar da sociologia. É um método que estuda a interação social e que, por isso, se interessa pelas condições psicológicas do desenvolvimento dos grupos sociais.

- **Estatística**: conjunto de métodos matemáticos, aplicados em sociologia, que permitem a extrapolação e a previsão com base em informações obtidas após o tratamento de dados recolhidos numa amostra.

Estes métodos são utilizados para investigar e analisar os conceitos-chave deste estudo, tais como: o quadro teórico da participação na conservação; as condições para a participação da comunidade de base na proteção dos recursos naturais; e a análise e crítica da participação da comunidade de base.

Técnicas utilizadas :

Por conseguinte, combinaremos as três principais técnicas de pesquisa, tais como :

- Análise documental, a fim de compreender melhor os dados do nosso campo de investigação e da realidade a estudar, bem como para definir melhor o nosso tema de investigação;

- informações recolhidas através de um questionário de perguntas abertas e semi-abertas;

- observação, para obter uma visão mais objetiva do fenómeno em estudo e verificar o que os inquiridos disseram, para não nos contentarmos com meras abstracções ou estudos especulativos.

1. Análise documental

Foi efectuada ao longo de todo o estudo, com um vai-e-vem para recolher informações complementares e estudos bibliográficos nos diferentes centros de documentação abaixo indicados: Arquivo Nacional; Arquivo da Academia *Malgaxe*; Museu de Arte e Arqueologia de *Toliara*; Centro de Documentação da Faculdade DEGS *de Antananarivo*, da Faculdade de Letras e Ciências Humanas de *Antananarivo* e de *Toliara*; Biblioteca Universitária de *Antananarivo*; documentação na biblioteca da Região Sudoeste; documentação da biblioteca do Ministério do Ambiente e da DREEF de *Toliara*; documentação de organizações que trabalham na zona de estudo, como o WWF, o MNP e a GIZ; documentação comunal, nomeadamente os planos de desenvolvimento comunal (PCD) que integram a monografia das aldeias das localidades de estudo, o jornal oficial, revistas, jornais nacionais e diários.

2. Recolha de informações no terreno

Qualquer hipótese só é verdadeira na medida em que pode ser verificada por informações concretas e de qualidade. Por conseguinte, a informação foi recolhida nas zonas onde existem comunidades de base que gerem os recursos florestais e marinhos.

. **Amostragem:** realizámos o nosso estudo com uma amostra representativa do conjunto da população. Optámos por uma amostragem por quotas, a fim de obter os dados desejados do maior número possível de casos representativos. Além disso, o pré-inquérito permitiu-nos selecionar nove *Fokontany*, consoante fossem economicamente pobres, médios ou avançados em relação aos outros. As pessoas inquiridas foram escolhidas aleatoriamente em cada uma das categorias definidas.

O local de estudo é o planalto *de Mahafale*, onde se encontram três Distritos como *Ampanihy* Ouest, *Betioky* e *Toliara* II, na Região Sudoeste. A investigação foi efectuada em 20 das 25 *Fokontany* que albergam as comunidades de base que gerem os recursos florestais. A população total do planalto *de Mahafale* é de 219.042 habitantes. Se tomarmos como base os números extrapolados da população. Optámos por um tamanho de amostra de 4/1000, ou seja, 800 indivíduos a serem inquiridos.

. **Técnicas de vida:** utilizámos u m questionário de entrevista para a amostra recolhida a nível da população. Para os membros e não membros da CoBa, foi organizado um grupo de reflexão para obter informações mais precisas sobre a conservação dos recursos naturais em geral e sobre os nove *Fokontany* de investigação em particular.

O nosso trabalho de campo durou cerca de oito (8) meses. Dividimos a nossa abordagem em duas fases e dois momentos: primeiro, abordando diretamente os responsáveis ao nível da comuna, bem como os responsáveis da Direção Regional do Ambiente, da Ecologia e da Floresta (DREEF). Depois de falar com os responsáveis dos poderes públicos, entrevistámos os responsáveis das associações ou ONG que trabalham no domínio do ambiente (preservação da biodiversidade). Por fim, realizámos inquéritos na *Fokontany* onde se situa a sede de cada Communauté de Base (CoBa). Utilizámos o método de quotas para selecionar a população a entrevistar, escolhendo aleatoriamente os agregados familiares dos membros da CoBa e os agregados familiares dos não membros (de entre as 25 CoBa em torno do Parque *Tsimanampesotse*, que funciona como cintura verde do parque). Como amostra por CoBa, planeámos inquirir 40 agregados familiares, 20 dos quais eram membros do CoBa e 20 não membros. Viviam na mesma *Fokontany*. Utilizámos o registo *Fokontany* e selecionámos aleatoriamente um agregado familiar em cada dez entre os que constavam do registo ou, se necessário, diretamente no local.

O inquérito incidiu sobre os hábitos e costumes, as práticas de produção, o rendimento do agregado familiar, as infra-estruturas sanitárias de que dispõem (latrinas, água potável, etc.), a sua participação em actividades de conservação da biodiversidade, as suas mudanças de comportamento, etc.

Para o efeito, é elaborado um questionário, que é analisado sob forma quantitativa. Se necessário, será adaptado ao terreno para medir a extensão de certos elementos (ideias, opiniões ou práticas) que possam ter emergido dos grupos de discussão ou das entrevistas.

Por conseguinte, utilizámos técnicas subjectivas, como entrevistas aprofundadas, histórias de vida e grupos de discussão.

Grupo focal ou discussão de grupo com os alvos

O objeto do nosso estudo é um estudo comportamental. As discussões em grupo de foco (FGDs) permitiram-nos conhecer em profundidade as motivações subjacentes às opiniões expressas pelos participantes sobre o objeto do estudo. Deste modo, foi possível identificar os valores socioculturais subjacentes às respostas expressas. Foram também realizadas entrevistas aprofundadas com as autoridades públicas (presidentes de câmara, chefes de distrito florestal, etc.), pessoas chave (membros do comité de gestão da CoBa, etc.) e gestores de projetos de conservação da biodiversidade (WWF, ANGAP, *Tany Meva/SGP,* etc.).

Estes gestores ou pessoas-chave também participaram no debate moderado.

Sendo de natureza qualitativa, os resultados dos grupos de discussão reflectiram as tendências das ideias e opções dos grupos de participantes que reagiram em relação uns aos outros.

Os grupos-alvo que participaram nos grupos de discussão foram os mesmos que no estudo quantitativo, ou seja, homens e mulheres que satisfaziam os seguintes critérios: residir na aldeia, ter mais de 18 anos de idade, ser pobre ou não pobre, ser alfabetizado ou não alfabetizado.

Variáveis utilizadas para determinar os grupos-alvo

O estudo destina-se a grupos homogéneos com as seguintes variáveis de base:

- idade: 18 a 45 anos; 46 anos ou mais.

A faixa etária dos 18 aos 45 anos, ou adultos activos, é constituída por adultos que estão plenamente envolvidos em várias actividades. Este grupo parece ser o sucessor imediato da geração mais velha.

A faixa etária dos 46+, ou seniores, engloba os detentores efectivos do poder económico e político. Enquanto depositários de experiência e sabedoria, ou líderes de opinião, desempenharam um papel importante na definição de uma visão para o futuro e no início da sua implementação.

- estatuto socioeconómico (SES): pobre/não-pobre.

Neste estudo, os pobres foram definidos como aqueles que não conseguem atingir a autossuficiência: passam por um período de vacas magras; não conseguem enviar os seus filhos para a escola e são classificados como indigentes pelos centros de saúde.

Por outro lado, os "não pobres" alcançam a autossuficiência, podem mandar os filhos à escola e contribuir financeiramente para os centros de saúde.

- nível de instrução: alfabetizado/não alfabetizado ;

Os letrados e os cultos adoptam abordagens intelectuais diferentes, o que só pode influenciar a sua visão do futuro.

- sexo.

Foram criados grupos de discussão de 6 a 10 participantes em cada *Fokontany* onde CoBa tem a sua sede, selecionados aleatoriamente entre membros e não membros de CoBa. Em cada *Fokontany*, foi possível organizar dois grupos de discussão. Os grupos eram mistos, com o maior número possível de homens e mulheres. No entanto, se as condições socioculturais prevalecentes na localidade fossem de molde a restringir a livre expressão de um sexo na presença do outro, então, para os dois grupos de discussão, um conteria apenas mulheres e o outro apenas homens.

Os temas a tratar são os seguintes:

(i) conhecimentos, atitudes, práticas e comportamentos relacionados com o ambiente (as fontes de informação e as motivações para a proteção são alguns dos temas a investigar);

(ii) os conhecimentos, as atitudes, as práticas e os comportamentos relativos aos métodos de conservação difundidos durante a sensibilização (as fontes de informação e as motivações para adotar ou não a conservação, bem como o conhecimento da relação entre o ambiente e a população são alguns dos temas a investigar);

(iii) Conhecimentos, atitudes e práticas do CoBa relativamente às técnicas de gestão dos recursos naturais renováveis ;

(iv) atitudes em relação à qualidade dos serviços prestados pelos comités de gestão do CoBa.

As discussões nos grupos são facilitadas por um moderador e registadas por um repórter. São pré-analisados no terreno durante uma reunião de balanço entre o moderador e o relator. A sua análise é completada à medida que os dados se tornam disponíveis, quer no terreno quer em *Toliara*, e destaca as várias tendências relacionadas com os temas e objectivos em consideração. As discussões são efectuadas com base num guia de discussão elaborado para o efeito.

Por conseguinte, adoptámos um método participativo que envolveu entrevistas livres e semi-estruturadas.

3.   Observação no terreno

A fim de verificar as declarações dos inquiridos, foram feitas observações na vida quotidiana das comunidades. Obrigámo-nos a assistir a eventos ocasionais, relacionados ou não com o nosso tema de investigação. Também acompanhámos algumas das equipas de patrulha comunitária para observar o que faziam.

Os conceitos utilizados

Começaremos por tentar clarificar os conceitos utilizados nesta investigação para que possam ser lidos e compreendidos da mesma forma ao longo deste livro.

Resumidamente, um conceito é uma ideia concebida pela mente. De um ponto de vista sociológico, um conceito é uma representação particular de um termo para lhe dar o seu próprio significado e definição. O nosso tema de investigação é composto por vários conceitos. Isto requer uma definição para nos dar a mesma leitura e compreensão mútua.

Conceito *básico* de comunidade

No seu sentido mais lato, uma comunidade é um grupo social ou uma coletividade com bens e interesses comuns (comuna urbana ou rural; amizades; associação religiosa ou profissional, etc.); é uma associação baseada na propriedade comum dos meios de produção e na autogestão total ou parcial.

A comunidade (família, clã) pode ser encontrada em todos os países nas fases mais precoces do desenvolvimento social. Também existiu sob diferentes formas nas sociedades escravocratas e feudais. O desenvolvimento do capitalismo, ao provocar uma diferenciação de classes no seio da comunidade, conduziu à sua desintegração e, posteriormente, ao seu desaparecimento nos países industrializados.

Em segundo lugar, na sua aceção sociológica, a comunidade é um grupo cujos membros estão ligados pela participação em valores partilhados. Tem uma solidariedade interna que não se baseia em regras explícitas, mas em laços mais profundos do que os da lei escrita: os laços de sangue, os da tradição. Esta noção de comunidade pode ser comparada com a oposição de Durkheim entre solidariedade orgânica e solidariedade mecânica. Mas foi Ferdinand Tönnies (Comunidade e Sociedade) que construiu o tipo ideal de comunidade que, depois dele, passou a ser utilizado com frequência, embora nem sempre de forma frutuosa, na sociologia.

O conceito permite identificar a diferença entre formas de sociabilidade como as da sociedade tradicional e da sociedade industrial. Mas continua fortemente marcado por uma avaliação crítica das sociedades "mecânicas" e da racionalidade, a favor de sociedades mais "naturais" em que o laço social não tem exterioridade alienante.

No seu sentido mais estrito, este conceito de comunidade de base é semelhante ao que se entende por *"fokonolona"* em malgaxe (*Imerina*). A fokonolona é uma instituição tradicional que desempenhava um papel importante na antiga organização administrativa, pelo menos nos países *Merina*. Tinha uma carta não escrita relativa à sua autonomia. Os regimes sucessivos de Madagáscar mantiveram-na sob diferentes formas.

É de **salientar** que a *fokonolona* tem um carácter puramente "civil". Não pode constituir-se como uma estrutura operacional, nem servir interesses partidários ligados a desafios políticos. A introdução de qualquer forma de subordinação desvirtua implicitamente as regras da *"fihavanana"*, que é a sua essência e a sua razão de ser. O seu pluralismo seria melhor utilizado para inspirar decisões do que para as impor.

Durante o regime transitório de 1972 a 1975, o Ministro do Interior criou a *fokonolona* para o controlo popular do desenvolvimento. Esta *fokonolona* é identificada pela implementação, através de *dina* estabelecida em assembleia geral, de novas atribuições e responsabilidades em termos de administração, gestão dos seus bens, assistência mútua, higiene e saúde pública, conciliação e arbitragem em matéria civil e desenvolvimento.

Durante os acontecimentos de janeiro a junho de 2002 no país, a *fokonolona*, sendo uma força de proposta, uma força de interpelação e um contrapeso às autoridades, demonstrou o seu poder de relâmpago, a sua presença determinada e a sua capacidade de mobilização. [8]Atualmente, a *fokonolona* é chamada a desempenhar um papel importante na segurança pública, através da *dina be* . Este papel foi reforçado com a criação do *"andrimasompokonolona"* para combater o fenómeno *do malaso*. Além disso, a *fokonolona* será uma unidade administrativa local para as actividades sociais, económicas e educativas. Tornar-se-á um espaço privilegiado para um desenvolvimento rápido, harmonioso e sustentável.

No contexto da transferência da gestão dos recursos naturais, a comunidade de base é um grupo de pessoas responsáveis por assegurar a gestão adequada dos recursos naturais numa determinada área. Por outras palavras, a comunidade de base é constituída por qualquer grupo voluntário de indivíduos unidos pelos mesmos interesses e obedecendo às mesmas regras de vida. Inclui os habitantes de uma aldeia, de uma vila ou de um grupo de aldeias. A coletividade de base tem personalidade jurídica e funciona como uma ONG nos termos da regulamentação em vigor. Esta organização é regida pela lei GELOSE ou pelo decreto GCF.

Conservação dos recursos n a t u r a i s

O dicionário Larousse define conservação como a ação de manter algo em bom estado ou de o preservar da deterioração.

[910]Para a UICN, a conservação refere-se à manutenção *in situ* de ecossistemas, habitats naturais e semi-naturais e populações viáveis de espécies nos seus ambientes naturais e, no caso de

---

[8] Trata-se de um acordo coletivo elaborado nas aldeias para controlar a invasão de bois roubados nas comunas rurais dos distritos de Betioky e Ampanihy. Esta dina be está atualmente a ser adoptada pelos líderes da região para controlar a insegurança em toda a região.

[9] Em Lignes directrices pour l'application des catégories de gestion aux aires protégées, de Nigel Dubley em 2008: o Ecossistema é um complexo dinâmico de comunidades vegetais, animais e de microrganismos e do seu ambiente não vivo que, através da sua interação, formam uma unidade funcional.

[10] Agrobiodiversidade: Inclui plantas selvagens estreitamente relacionadas com as culturas (parentes selvagens de variedades cultivadas), plantas cultivadas (raças locais) e variedades de animais domesticados. A agrobiodiversidade pode ser um objetivo de área protegida para parentes de culturas, raças locais tradicionais e ameaçadas, especialmente

espécies domesticadas ou cultivadas (agro-biodiversidade), no ambiente onde desenvolveram as suas propriedades distintivas.

Os recursos naturais são definidos como o conjunto de unidades, renováveis ou não, que a natureza coloca à disposição do homem, muitas vezes como património, e que este pode utilizar para realizar as suas actividades e aumentar o seu bem-estar.

A conservação dos recursos naturais deve ser implementada e acompanhada de regulamentação. Em Madagáscar, quando se fala de conservação, fala-se de uma política de conservação conservadora, no sentido estrito de um modelo específico que separa a floresta da sociedade, a ecologia da vida rural quotidiana, enquanto a floresta é um lugar habitado por certos aldeões. Isto criaria uma fronteira entre os aldeões e as florestas protegidas. Deixaria de haver actividades económicas que as pessoas pudessem desenvolver nas florestas. A insegurança alimentar afectaria os agricultores, enquanto a espécie humana deve ser preservada em paralelo com a ecologia.

Conceito de paisagem

O dicionário Larousse define uma paisagem como uma área de terreno ou de campo que oferece uma vista de conjunto.

[11]Segundo a UICN (União Internacional para a Conservação da Natureza), a paisagem é uma área contígua intermédia entre as "ecoregiões" e os "sítios", compreendendo um mosaico de ecossistemas (incluindo os definidos pelo uso humano) com um conjunto de caraterísticas ecológicas, culturais e socioeconómicas distintas das áreas adjacentes.

Uma eco-região é uma unidade espacial terrestre, de água doce ou marinha relativamente grande que contém conjuntos geograficamente distintos de espécies, comunidades naturais e condições ambientais. A abordagem e a visão eco-regional do WWF para a biodiversidade ajudam a definir áreas prioritárias ou paisagens prioritárias para conservação.

A abordagem da paisagem tem em conta a complexidade das relações entre as funções ecológicas, sociais e económicas, os intervenientes, etc. A paisagem integra uma gama mais vasta de instrumentos de conservação (zonas protegidas, zonas de gestão comunitária, zonas de produção sustentável, zonas agrícolas, zonas de elevado valor de conservação, etc.).

Transferência de gestão

Trata-se de uma forma de atribuir à comunidade uma maior responsabilidade pela gestão dos recursos naturais. Trata-se de um contrato entre o Estado, o município e a comunidade de base para assegurar e gerir os recursos renováveis no território da comunidade.

O Estado, representado pela administração florestal, pode delegar a gestão das suas florestas a outros organismos públicos ou privados (artigo 24 da lei 97-017), neste caso as referidas

---

as que dependem de práticas de cultivo tradicionais; e/ou raças de gado tradicionais e ameaçadas, especialmente se dependerem de sistemas tradicionais de gestão de culturas que sejam compatíveis com a "biodiversidade selvagem".

[11] Fundada em 1948, a UICN reúne Estados, agências governamentais e um vasto leque de organizações não governamentais numa aliança global única: mais de 1.000 membros em cerca de 160 países. Enquanto união, a missão da UICN é influenciar, incentivar e ajudar as sociedades de todo o mundo a conservar a integridade e a diversidade da natureza e a garantir que qualquer utilização dos recursos naturais seja equitativa e ecologicamente sustentável. Para salvaguardar os recursos naturais a nível local, regional e global, a UICN trabalha com os seus membros, redes e parceiros, reforçando as suas capacidades e apoiando alianças globais.

comunidades de base, através de um contrato de gestão. Este contrato é regido por duas leis, nomeadamente a lei GELOSE (lei 96 025 de 30/09/96) e o decreto GCF (decreto 2001-122 de 14/02/0).

Recursos naturais

O dicionário Robert define os recursos como o conjunto dos meios naturais disponíveis ou à disposição de uma coletividade. Além disso, RAMADE F. [1987] especificou que o termo recurso designa a entidade em termos de energia e matéria necessária para o homem assegurar as suas funções fisiológicas ou para alimentar todas as suas actividades produtivas.

Em suma, os recursos naturais são o conjunto de unidades, renováveis ou não, que a natureza coloca à disposição do homem, muitas vezes a título de património, e que este pode utilizar para realizar as suas actividades e aumentar o seu bem-estar.

Conceito de participação

Definiremos participação como o ato de se juntar ou tomar parte numa atividade. Em alternativa, pode ser o ato de contribuir para algo a fim de receber a sua parte. Participação também significa tomar parte nas decisões e/ou controlar a aplicação dessas decisões.

A paisagem *de Mahafale* inclui uma área protegida. Trata-se do Parque Nacional *de Tsimanampesotse*. [ème] Este parque foi objeto de uma declaração feita pelo então Presidente de Madagáscar em 2003, em Durban, na África do Sul, por ocasião do V Congresso Mundial de Parques, que se comprometeu a triplicar a superfície das áreas protegidas em Madagáscar. O Parque Nacional *de Tsimanampesotse* é uma das áreas protegidas a ser alargada. Os seus novos limites estendem-se agora a 240 000 ha, abrangendo as comunas de *Beheloke*, *Beahitse* e *Itampolo*. Anteriormente, a superfície total do parque *de Tsimanampesotse* era de 43 200 ha, inteiramente dentro da comuna rural de *Beheloke*. Desde 2006, agentes da Associação Nacional para a Gestão das Áreas Protegidas (ANGAP) trabalham no parque, sensibilizando para a necessidade de conservação e gestão sustentável dos recursos naturais, com vista à sua implementação nas zonas periféricas do parque como solução para as pressões. O objetivo desta extensão é aumentar o potencial de atração da fauna e da flora e conservar a rica biodiversidade da zona.

Esta extensão terá repercussões nas actividades dos agricultores em torno do parque, uma vez que as terras e os locais de produção também diminuirão.

No entanto, o modo de produção utilizado é ainda, em geral, muito rústico e baseado em queimadas. Esta é uma das principais razões para a perda do coberto florestal. Esta técnica é utilizada para conquistar novas terras, mas também para encontrar mais terras aráveis aptas para o cultivo. Esta situação é agravada pelo aumento contínuo do número de habitantes.

A segunda ameaça a este ecossistema é o fabrico de carvão vegetal. As espécies das florestas naturais são utilizadas para a produção de carvão vegetal, que constitui uma fonte de rendimento para a população local. Finalmente, como todas as sociedades malgaxes, os *Mahafale* são grandes criadores de gado. A criação de gado "contemplativa" é um símbolo de riqueza e tem um valor sociocultural muito importante. A deambulação descontrolada de gado bovino, caprino e ovino nas florestas em busca de forragem perturba a estrutura da floresta e o desenvolvimento da regeneração, enfraquecendo o ecossistema e ameaçando a sustentabilidade das florestas. É também responsável pela disseminação de espécies invasoras no coração da floresta e constitui outra ameaça para a estrutura e a regeneração das florestas naturais.

O modo como os recursos florestais são geridos atualmente é diferente do que era no passado. Os gestores actuais têm um contrato com o Estado, ao passo que, anteriormente, a sociedade de linhagem *Mahafale* tinha um contrato com os antepassados ou espíritos através do *Ombiasy* e do *mpitan-kazomanga*. Estes últimos gerem os recursos florestais através de prescrições orais específicas denominadas *"lilindraza"*. Por conseguinte, esta "gestão tradicional" das florestas não necessitava de um mínimo de competências de gestão estrangeiras, o que não passa de uma "gestão teorizada" por especialistas ocidentais. Mas será que as comunidades do planalto *de Mahafale*, na sua maioria analfabetas, participam ativamente nesta cogestão dos recursos naturais?

O Parque Nacional *de Tsimanampesotse* e as suas zonas periféricas são ocupados por comunidades. Estas comunidades são obrigadas a proteger os recursos naturais renováveis, apesar de a maioria da população continuar a viver numa situação de pobreza crónica.

Mas o que é que motiva as comunidades a preservar estes recursos renováveis, quando se encontram no fundo da pobreza e só têm recursos exploráveis no planalto *de Mahafale*?

Será que as comunidades serão capazes de preservar estes recursos da forma que esperam?

Este estudo será realizado de forma diacrónica e sincrónica com um duplo objetivo: avaliar as actividades das comunidades de base e compreender a realidade do meio rural.

Hipóteses de investigação

A implementação das transferências de gestão dos recursos florestais em torno do Parque *Tsimanampesotse* como cintura levou-nos a contribuir para este estudo com o objetivo de avaliar a participação das comunidades na preservação dos seus recursos. O nosso tema de investigação intitula-se, portanto, "As comunidades de base *Mahafale* e a conservação dos recursos naturais", mas limitámos o nosso campo de estudo à implementação das transferências de gestão florestal em torno do Parque *Tsimanampesotse* e à criação de áreas marinhas protegidas de *Nosy ve a Androka*.

Optámos por três hipóteses que tentaremos verificar nas duas últimas partes do nosso livro.

Pressuposto 1

A implicação das comunidades locais na gestão dos recursos naturais renováveis está muito em voga em Madagáscar. Atualmente, no entanto, parece ser o resultado de iniciativas muito confinadas, se não mesmo discretas, e geralmente implementadas sob o impulso dos doadores.

Alguns consideram que o envolvimento destas comunidades não constitui uma mudança radical nas suas práticas e utilizações dos recursos florestais. Isto não significa que os organismos governamentais não estejam conscientes das relações floresta/comunidade local. De um modo geral, a aplicação prática da legislação florestal relativa ao envolvimento da comunidade (gestão local segura [Gélose] e/ou gestão florestal baseada em contratos [GCF]) continua a considerar as comunidades locais como meros utilizadores da floresta. Isto explica provavelmente a orientação fundamental dos projectos de conservação das florestas no sentido de limitar, em vez de reforçar, os direitos adquiridos relativos às florestas.

Assim, a abordagem baseada na comunidade planeada para ser aplicada no contexto de projectos de conservação dos recursos naturais parece muitas vezes ter como objetivo substituir a utilização local de produtos florestais e/ou substituir a dependência económica das florestas através da promoção de uma agricultura melhorada ou de outras alternativas económicas como o ecoturismo. No entanto, as condições climáticas que prevalecem no planalto *de Mahafale* não permitem que as comunidades adoptem esta agricultura melhorada. O envolvimento da população local em tarefas práticas de gestão, como a monitorização, não é necessariamente uma forma significativa de participação.

Além disso, a forma de participação n a conservação d o s recursos naturais é diferente da do trabalho comunitário. A conservação dos recursos naturais exige a participação de todas as pessoas, bem como um conhecimento mínimo do ecossistema florestal. Assim, gerir ou proteger a biodiversidade é um trabalho para pessoas com competências e conhecimentos sólidos do ecossistema florestal. Estas pessoas são designadas por técnicos florestais. No entanto, as comunidades que vivem perto destes recursos florestais não têm muitas instruções. De facto, de acordo com o Relatório de Desenvolvimento Humano de 1996, o índice de falta de capacidade de Madagáscar era de 0,353 em 1993.

O nível de instrução da população do planalto *de Mahafale* é muito baixo. [12]Por exemplo, 85% da população da capital dos dois Distritos (*Ampanihy* e *Betioky*) são analfabetos. Esta situação tem repercussões na perceção/representação que a população tem da chamada conservação do ambiente, embora as áreas de floresta nestes dois distritos sejam atualmente muito reduzidas. No entanto, os doadores afirmam que é necessário responsabilizar as comunidades locais, protegendo os recursos que as rodeiam, para que deixem de desbravar terras ou cometer roubos, mesmo que não sejam técnicos. Mas será que vão participar efetivamente na gestão destes recursos naturais?

A pobreza intelectual da comunidade malgaxe impede as pessoas de participarem: não podem tomar parte na vida política, social ou económica da sua sociedade porque têm limitações intelectuais, tendo em conta o seu nível d e educação.

Assim, a primeira hipótese é que **o nível de participação da comunidade de base depende do seu nível de educação, e os não-participantes no extremo inferior da escala não querem envolver-se em assuntos que consideram obscuros e perigosos.** Tentaremos, portanto, verificar esta hipótese a partir da secção que trata da incapacidade dos pobres na segunda parte.

Hipótese 2

Cada aldeia tem o seu próprio território, chamado "*faritany*". [13]Os seus limites são marcados por árvores, ervas, pedras ou outros objectos físicos facilmente identificáveis, designados por "*vorovoro*". A *faritany* é um espaço místico onde o sagrado está fortemente presente, pois é neste espaço sociológico que se acumulam as habitações dos defuntos "*aritse*", os túmulos e os postes de sacrifício "*hazomanga*".

O planalto *de Mahafale* é pontuado por florestas sagradas que são respeitadas pelas comunidades. "*Alan-draza*" (florestas ancestrais) e "*ala faly*" (florestas tabu ou sagradas) são os dois nomes dados às florestas do planalto *de Mahafale*. Os antepassados decidiram que uma parte de cada floresta era sagrada ou tabu. São locais de enterro que não podem ser profanados, mas também locais que devem ser preservados porque contêm uma riqueza de fauna e flora. A riqueza das florestas sagradas serve de reserva em tempos de crise: doença (plantas medicinais), fome (inhames selvagens, ouriços, etc.), catástrofe (madeira para sítios comunitários importantes) e para a construção de caixões para os mortos. A floresta habitada pelo espírito conhecido como *Tambahoake* é também considerada uma floresta tabu, pois é daqui que os curandeiros recolhem as várias plantas e raízes para curar e proteger os seus clientes.

As florestas são transmitidas pelos antepassados desde tempos antigos, que a maior parte das comunidades não consegue definir com exatidão, mas que outras comunidades remontam ao século XIX, durante o período da realeza, antes da colonização.

No conceito de gestão local segura (Gélose), as áreas de conservação comunitária vão para além dos recursos (florestas, lagos, etc.) e incluem uma parte das terras da aldeia governadas

---

[12] PCD para a comuna rural de Ampanihy, renovada em dezembro de 2008; Para a comuna rural de Betioky sud: a taxa de analfabetismo na cidade é de cerca de 75% e no campo atinge 90 a 95%.

[13] Trata-se de marcações claras que funcionam como limites tradicionais, muitas vezes temporários, para proteger as áreas reservadas.

pelas comunidades. É preciso dizer que os sítios comunitários só seriam elegíveis como áreas de conservação comunitária se o valor da sua biodiversidade, associado à sua cultura, fosse significativo. Por conseguinte, a organização social do planalto *de Mahafale* é perturbada por factores externos como os técnicos ou os projectos de desenvolvimento.

No entanto, se olharmos de fora, parece que a gestão dos recursos naturais no âmbito do contrato Agar ou GCF está a ir na direção esperada. Mas será que esta nova estratégia de gestão, normalizada por peritos da comunidade internacional, é a forma correta de gerir os recursos naturais do planalto *de Mahafale*?

Assim, a segunda hipótese que gostaríamos de verificar é **que a organização social e os costumes tradicionais asseguram a estabilidade e o sucesso das transferências de gestão no planalto *de Mahafale*.** Para tal, na última secção, criticaremos o alcance e os limites da abordagem de gestão dos recursos naturais ligada à política seguida por cada interveniente no planalto *de Mahafale*.

Pressuposto 3

A gestão local dos recursos naturais renováveis através de um contrato de gestão é uma nova abordagem que os técnicos e os financiadores querem pôr em prática em toda a ilha para concretizar a Visão de Durban: aumentar a superfície das áreas protegidas e, por conseguinte, das zonas prioritárias de proteção. Isto significa que os habitantes terão de abandonar estes 6 milhões de hectares. Mas porque é que vão ter de abandonar as zonas onde viviam?

Atualmente, a aspiração dos "verdes" de se imiscuírem na gestão dos recursos renováveis malgaxes foi concretizada. A transferência de gestão aplicada em Madagáscar tem como modelo a gestão do período colonial, apesar de Madagáscar ser um dos países do mundo com as referências mais antigas em termos de política de conservação. A política florestal colonial baseava-se claramente na exclusão e na repressão das populações. Certas ONG conservacionistas, para atingirem os seus objectivos, podem recorrer à exclusão e à repressão dos habitantes da floresta que aí vivem há muito tempo. Os habitantes, quer se encontrem no interior ou na periferia destes recursos, serão excluídos dos seus ambientes.

No entanto, no planalto *de Mahafale*, as comunidades sofrem de uma longa seca e de terras aráveis insuficientes, apesar de viverem muito perto do parque. Para sobreviver, adoptaram outras soluções, que não satisfazem os doadores: a pilhagem de tartarugas e a exploração dos recursos florestais (pau-rosa, etc.).

Assim, a criação de áreas protegidas não garante, por si só, a sustentabilidade da biodiversidade que elas contêm. A conservação da biodiversidade nas áreas protegidas depende de dois factores: por um lado, a realidade do Estado e a sua capacidade de fazer cumprir as regras que estabelece [Bertrand, 2006]; por outro, a reação das populações residentes que há muito ocupam estas áreas e vivem destes recursos e desta biodiversidade.

Portanto, a última hipótese a verificar é que **as transferências de gestão do planalto *de Mahafale* não atingem os objectivos de uma gestão sustentável devido à redução dos direitos de uso das comunidades, à situação geográfica e às alterações climáticas que pesam sobre as suas terras.** No subcapítulo relativo ao futuro do ecossistema florestal do planalto *de Mahafale*, tentaremos verificar esta última hipótese.

Abordagem no terreno

A visita ao local desenrolou-se em 3 fases:

- fevereiro de 2014 a maio de 2014: foi realizado um inquérito com base em questionários sobre a motivação das comunidades para preservar e gerir os recursos renováveis, mas também sobre os dados monográficos relativos à paisagem *de Mahafale.*

- junho de 2014 a julho de 2014: foram realizadas entrevistas semiestruturadas aprofundadas com funcionários da *Fokontany* e das comunas e com funcionários da administração florestal.

- De agosto de 2014 a setembro de 2014, foram realizados grupos de discussão com as comunidades membros de cada associação de aldeia de gestores de recursos renováveis, bem como com aqueles que não são membros dos gestores de recursos e, finalmente, com os comités de gestão de cada aldeia onde existe uma associação.

Quadro 1: Quadro recapitulativo das pessoas inquiridas

Caraterísticas	Número	Tipo
Gestores locais	84	[14]Funcionários *da Fokontany* e das Comunas, políticos, funcionários públicos: quadros superiores e intermédios, presidentes *V.O.I.* por aldeia
População afluente	58	Notáveis, grandes agricultores, transportadores, colectores, representantes eleitos, clérigos
População empregada	36	Empregados de ONGs ambientais, professores, empregados de micro-finanças
População ativa	502	*FRAM*, população pertencente à *VOI*, população não pertencente à *VOI*
População fora das aldeias onde existem transferências de gestão	120	Visitantes de cada aldeia habitante da *VOI*, transumantes (e pastores), migrantes da aldeia
TOTAL	**800**	

Fonte: Autor, 2014

Finalmente, realizámos **6** grupos de discussão, incluindo 2 membros *da VOI*, 2 não membros e 2 notáveis.

Método de tratamento de dados

Os questionários preenchidos pelos entrevistadores são validados logo após a sua receção. Os questionários são depois introduzidos e processados no software SPHINX 4.5. Os dados são resumidos sob a forma de gráficos para os dados quantitativos e relatados "literalmente" para as informações qualitativas, a fim de respeitar o espírito do autor.

---

[14] VOI: Vondron'Olona Ifotony

Limites

Este estudo não pode ter a pretensão de fornecer uma abordagem absoluta à conservação da biodiversidade. Diz respeito apenas à conservação e/ou gestão dos recursos naturais renováveis em torno de um parque nacional e, especificamente, à questão da conservação dos ecossistemas florestais em torno do Parque Nacional *de Tsimanampesotse*, a ser promovido como parte do projeto COGESFOR sob a supervisão da WWF.

No entanto, o espírito desta investigação pode inspirar intervenções noutros domínios mais diversificados e mais amplos. Apesar disso, a nossa investigação foi limitada pela falta de dados estatísticos disponíveis nos serviços administrativos competentes da região.

Além disso, fizemos uma visita de estudo durante a estação quente, quando o ataque dos *malaso* aumenta. Assaltam qualquer pessoa que encontrem. Consequentemente, perturbados por esta insegurança, uma vez que o nosso trabalho de campo não é senão a casa destes *malaso*, fomos obrigados a não permanecer muito tempo em algumas aldeias à volta do parque *Tsimanampesotse* para observar o comportamento dos aldeões *Mahafale* em relação à proteção e gestão das florestas transferidas. Além disso, os aldeões têm uma grande mobilidade, deslocando-se de uma aldeia para outra de acordo com os rumores de que os *Malaso* vão atacar as suas aldeias. Os habitantes fogem e este facto terá um impacto na dimensão da amostra do nosso inquérito.

Por último, por razões económicas, não pudemos incluir transcrições das entrevistas que realizámos durante o nosso trabalho de campo.

Esboço do documento

A tese é apresentada em três partes, descrevendo a abordagem adoptada e resumindo e discutindo os principais resultados.

A primeira parte centrar-se-á, portanto, no quadro teórico da participação comunitária na conservação. Nesta parte, descobriremos as estruturas sociais das comunidades *Mahafale*. Por conseguinte, no primeiro capítulo, identificaremos o meio físico e humano, bem como as técnicas e os meios de subsistência da população. De seguida, no segundo capítulo, discutiremos a conservação destes recursos naturais. Finalmente, analisaremos o processo de participação das aldeias no programa de conservação da biodiversidade através da transferência da gestão dos recursos naturais: os actores e as abordagens recomendadas neste processo de implementação. Esta análise da participação será seguida de uma abordagem teórica e descritiva do nosso tema e do nosso trabalho de campo, a fim de compreender melhor o planalto *de Mahafale*.

A segunda parte será dedicada às condições de participação dos cidadãos na conservação dos recursos florestais. Nesta parte, e mais especificamente no quarto capítulo, tentaremos explicar a participação dos actores na conservação dos recursos naturais. O quinto capítulo apresenta o quadro de compreensão das condições de participação comunitária na conservação dos ecossistemas florestais e marinhos. Finalmente, descreveremos as medidas de acompanhamento que foram postas em prática como alternativas à conservação.

Na terceira parte da nossa tese, tentaremos analisar e criticar o alcance e as limitações da abordagem participativa e do Agar e do GCF no sétimo capítulo. Em primeiro lugar, analisaremos as implicações e limitações dos instrumentos legais. Em segundo lugar, criticaremos o alcance e as limitações das políticas seguidas pelos actores.

No último capítulo, procederemos a uma discussão geral dos diferentes resultados, analisando o futuro da transferência da gestão dos recursos naturais no planalto *de Mahafale* e em Madagáscar. Em seguida, analisamos a evolução da gestão florestal e se o governo adoptará uma política de gestão e de desenvolvimento sustentável ou uma política de preservação dos recursos naturais. Por fim, serão apresentadas recomendações, tendo em conta as diferentes partes interessadas.

Primeira parte:
Quadro teórico da participação na conservação

Tentaremos fazer uma abordagem teórica e descritiva do nosso objeto de estudo e do nosso terreno, a fim de compreender melhor o planalto *de Mahafale*. Assim, no primeiro capítulo, descreveremos o meio físico e humano, bem como as técnicas e os modos de vida da população local.

E depois vamos fazer uma análise teórica da conservação dos recursos naturais e da participação.

Capítulo 1: A comunidade Mahafale e as estruturas sociais

Segundo os especialistas, o desenvolvimento é um conjunto de transformações sociais que tornam possível um crescimento económico autónomo e auto-sustentado. Atualmente, o desenvolvimento segue uma trajetória linear em que as sociedades ditas "em vias de desenvolvimento" são obrigadas a "apanhar" os países desenvolvidos, abandonando a sua própria identidade para os imitar. Este desenvolvimento foi concebido, em primeiro lugar, com base em inovações técnicas que tinham de ser difundidas nas sociedades-alvo. De certa forma, o progresso técnico era concedido a populações que, na maior parte das vezes, não o tinham pedido. Por conseguinte, o carácter vertical do "apoio" não foi considerado problemático. Verificou-se apenas que este tipo de desenvolvimento destrói a capacidade de inovação das sociedades, as suas tradições e, por conseguinte, o seu capital social.

O desenvolvimento humano sustentável é uma outra forma de desenvolvimento que põe em evidência esta identidade comunitária. É o desenvolvimento do homem pelo homem e para o homem, no qual o homem é o ator principal.

No entanto, diferentes parâmetros influenciam a participação dos membros da comunidade.

1.1 Perfil da comunidade *Mahafale*

Vamos tentar fazer uma abordagem descritiva do nosso terreno, a fim de compreender melhor o planalto *de Mahafale*.

Depois, analisaremos o ambiente físico e humano, com as técnicas e os meios de subsistência da população.

1.1.1 Localização geográfica

1.1.1.1 Geografia física

[15]A investigação foi efectuada no coração da paisagem *de Mahafale*. Esta abrange o planalto cársico *de Mahafale*, constituído por três distritos adjacentes, tais como *Betioky* sud, *Ampanihy* e *Toliara* II, que fazem parte da região de *Atsimo Andrefana*, província de *Toliara*. Esta parte da região é historicamente conhecida como o local de migração das populações *Antanosy* e

---

[15] A área de estudo é constituída por 13 comunas (17 442 km²), onde vivem mais de 220 000 habitantes (mais de 70% dos quais são agro-pastoris) divididos em 285 Fokontany.

Antandroy. Atualmente, a população Antanosy está a expandir-se e a instalar-se nas várias partes da região.

Mapa 3: Mapa dos bairros que delimitam a nossa zona de estudo

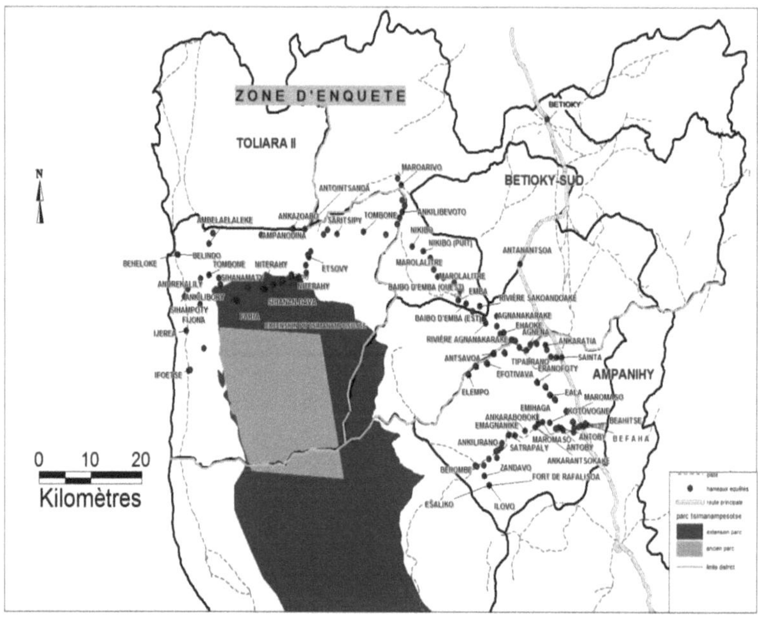

Fonte: Alexio Clovis, Toliara 2014

[16]Situada a 160 km da cidade de *Toliara*, a zona de *Mahafale* começa a 95 km da RN10: *Betioky* é a capital do distrito. No entanto, devido às suas vias de acesso, está sem saída para o mar e condenada à estagnação, mesmo no sector agrícola.

A zona de *Mahafale* representa, por si só, um quarto da superfície total da região. É constituída pelo planalto calcário e divide-se em três unidades geomorfológicas distintas que se sucedem de oeste para leste: a planície litoral, o planalto calcário e o embasamento ou peneplanície.

O planalto calcário *de Mahafale* cobre uma superfície de 12 500 km2. Os seus limites são os seguintes:

- a norte, a comuna rural de *Tongobory* (rio *Onilahy*),

- a sul, a reserva especial de Cap Sainte Marie,

- a leste, pela estrada nacional n.º 10,

- para Oeste através do Canal de Moçambique.

---

[16] 67 km ao longo da RN7 até Andranovory: um ramal de Toliara Antananarivo e Toliara Fort-Dauphin

1.1.1.2   Alívio

A morfologia da região caracteriza-se por três zonas principais distribuídas de leste a oeste, estendendo-se de norte a sul.

A oeste, existe uma planície costeira contínua que varia de 1,5 a 15 km de largura. Esta zona é coberta por areias quaternárias intercaladas por depósitos aluviais e charcos temporários. O lago *Tsimanampesotse*, com 15 quilómetros de comprimento, está classificado como sítio Ramsar desde 19 de fevereiro de 1998 e faz parte do parque nacional com o mesmo nome.

O lago é limitado a leste pelo "Planalto *de Mahafale*", um planalto de calcário numulítico que cobre uma área de 10.000 quilómetros quadrados e que se situa geralmente entre 100 e 200 metros acima do nível do mar. Constitui também uma grande parte do Parque Nacional *de Tsimanampesotse*. É desabitada e apresenta uma variedade de caraterísticas cársicas [Raunet 1996] :

- Na secção noroeste, existem cerca de uma centena de poços profundos (40 a 100 metros de profundidade),

- Uma zona de poços de fundo argiloso nas partes central e oriental,

- Depressões com argilas de descalcificação, bem como corredores e vales secos, testemunhos de uma rede hidrográfica fóssil, na parte oriental [Raunet 1996].

A terceira zona, a leste do planalto calcário, é constituída por um mosaico d e afloramentos e depressões calcárias cobertas por espessos depósitos arenosos pliocénicos, frequentemente designados por "areias vermelhas". As areias vermelhas dão origem a solos tropicais ferruginosos de pH bastante ácido ("terra vermelha siliciosa"), por vezes misturados com solos de descalcificação ferralítica; ou, menos frequentemente, a solos hidromórficos mais férteis nas zonas baixas.

Este planalto é geralmente coberto por uma espessa crosta calcária que só excecionalmente revela a rocha no local. Ligeiramente inclinado para o mar, é cortado por vários vales, tanto actuais como fossilizados.

De norte a sul:

- o vale *de Onilahy*, que é íngreme e particularmente sinuoso;

- o corredor de *Itombona*, um vale fóssil retilíneo que corre no sentido este-oeste e se estende para norte até à bacia de *Ankazomanga*. Toda a área é preenchida por Neogénico continental sobreposto por outwash de areias vermelhas continentais;

- O vale fóssil de *Ilempo*, também preenchido por areias vermelhas, forma um corredor WNW-SEE que, a partir de *Behomby*, se abre para o sul do corredor de *Itomboina*;

- O vale *do Linta* corta o planalto na direção SSW/NNE. Como tal, é considerado um rio do Sul profundo, ao contrário do rio *Onilahy*. O *Linta* perde-se completamente no subsolo ao entrar no terreno calcário a sul da cidade de *Ejeda*, pelo que só corre durante alguns dias por ano nas suas zonas inferiores, que estão completamente preenchidas por areia e argila (sistema de wadi),

- o corredor *do Sorombe*, que se junta ao *da Linta* na direção este-oeste.

Estes vales dividem o planalto de *Mahafale* em compartimentos de norte a sul:

- ✓ o planalto setentrional, entre o vale *do Onilahy* e o corredor *do Itombona*;

- ✓ o grande planalto *de Behomby*, entre o corredor *do Itombona* e o *Linta* ;

- ✓ o planalto *de Ranomasy*, entre *Linta* e o corredor de *Sorombe*;

- ✓ o planalto *de Ambovo*, a sul, entre os rios *Linta* e *Menarandra*.

Mapa 4: Subdivisões morfológicas da paisagem *de Mahafale*

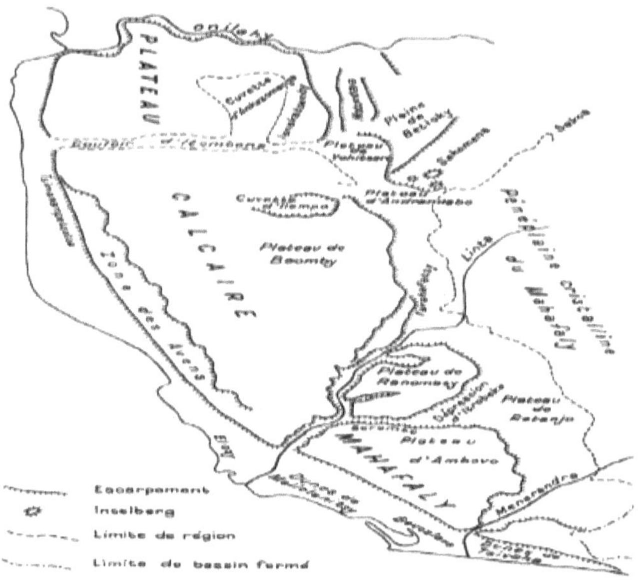

Fonte: Aurouze, 1957

1.1.1.3 O chão

Os solos da nossa área de estudo estão divididos em três variedades principais, de oeste para leste:

- A oeste, uma planície costeira contínua, coberta por areias do Quaternário intercaladas por depósitos aluviais e charcos temporários;

- No coração do planalto calcário, as argilas de descalcificação dão origem a solos de tipo ferralítico ("terra vermelha sobre concha calcária"), bem estruturados e com um pH neutro ou básico;

- O planalto calcário oriental é constituído por um mosaico d e afloramentos e depressões calcárias cobertas por espessos depósitos arenosos pliocénicos, frequentemente designados por "areias vermelhas". As areias vermelhas dão origem a solos tropicais ferruginosos com um pH bastante ácido ("terra vermelha siliciosa"), por vezes misturados com solos de descalcificação ferralítica; ou, menos frequentemente, a solos hidromórficos mais férteis em zonas baixas.

1.1.1.4   O clima

O clima da região é marcado por duas estações: uma quente e chuvosa, de novembro a abril, e uma seca, de maio a setembro. No entanto, a população local distingue três estações principais:

- uma estação quente e húmida (*asara*) de dezembro a março,

- uma estação seca e fresca (*asotry*) de abril a julho,

- uma estação quente e seca (*faosa*) de agosto a novembro.

A precipitação média anual varia de oeste para leste em todo o planalto. É de cerca de 300 a 350 mm na zona costeira, 400 a 450 mm no planalto *de Mahafale* e 500 a 600 mm na zona de savana. A temperatura média anual é de 22,7°C. Os meses mais quentes são entre dezembro e março, com uma temperatura média de 24,7°C; os meses mais frios são entre junho e agosto, com uma temperatura média de 18,8°C.

A baixa pluviosidade, a elevada evapotranspiração e a natureza calcária do leito rochoso contribuem para a escassez de recursos hídricos na zona. Os pontos de água são raros e a maioria seca durante a estação seca. Os dois mapas abaixo mostram as variações de precipitação e temperatura na região de *Atsimo Andrefana*.

Mapa 5: Mapa anual de isoietas e isotermas na região Sudoeste

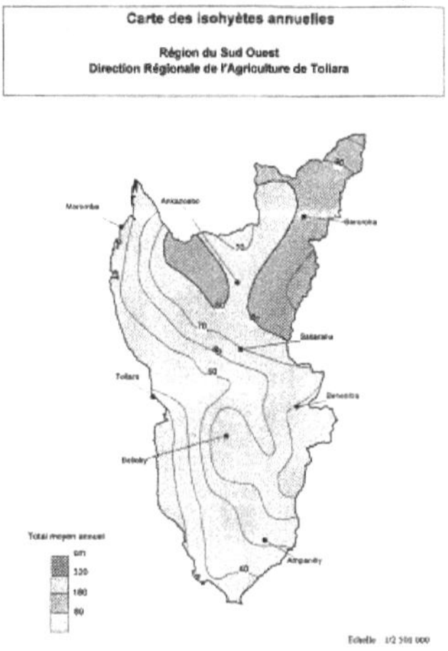

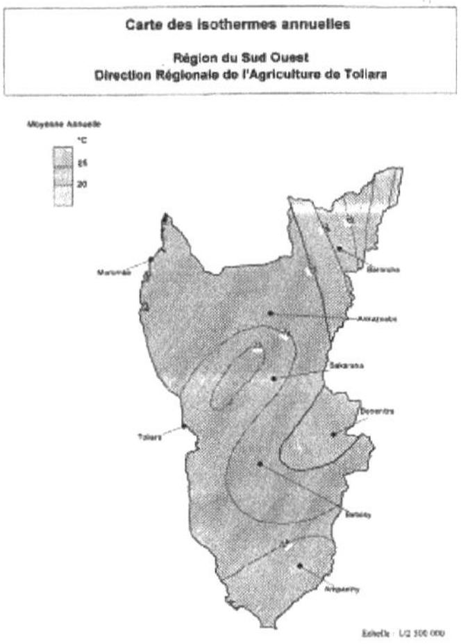

Fonte: UPDR, 2003

A região *de Mahafale* é cada vez mais afetada pelo fenómeno da desertificação ligado às alterações climáticas devido à distribuição irregular das chuvas.

1.1.1.5   Vegetação

O planalto alberga uma série de grandes blocos florestais com uma superfície total de 750 000 ha, o que equivale a mais de 43% da sua superfície total. [17]O Parque Nacional de *Tsimanampesotse* constitui o núcleo duro da paisagem; a sua superfície de 207.000 ha corresponde a 12% da superfície total deste planalto calcário.

A área pertence ao domínio fitogeográfico ocidental, sector sudoeste [Humbert & Cours Darne 1965] e à zona ecoflorística ocidental de baixa altitude [Rajeriarison & *Faramalala* 1999]. A vegetação caracteriza-se pela dominância de espécies xerófitas [ANGAP, 2001], nomeadamente no planalto calcário.

As formações vegetais variam em função das condições edáficas (areia vermelha e areia branca).

Em geral, observa-se a seguinte sequência, de Oeste para Este:

-    uma floresta costeira na planície costeira, em solos arenosos. Muito degradada, é conhecida como mata xerófila de *samata* ou Euphorbia stenoclada (Euphorbiaceae),

-    grupos de plantas herbáceas em solos pantanosos halomórficos e grupos de plantas lenhosas em solos halomórficos, em depressões lacustres ou aluviais (lago *Tsimanampesotse* e lagoas salinas),

-    uma floresta caducifólia densa e seca nas margens do planalto calcário, em dolinas argilosas e em areias vermelhas. Apresenta um estrato superior que atinge 10 a 12 m de altura e é geralmente dominado por Didierea madagascariensis (Didieraceae),

-    matagais xerófitos de densidade e altura variáveis, também designados por matos xerófitos, frequentemente dominados por Alluaudia comosa (Didieraceae) e eufórbias coraliformes. Estes matagais são uma forma de adaptação da floresta caducifólia densa e seca às condições hídricas difíceis do planalto calcário,

-    uma savana arborizada com Heteropogon contortus (Poaceae), dominada por Poupartia sp. (*sakoa*), e Tamarindus sp. (*kily*). É provavelmente antropogénica e ocorre em areia vermelha a leste do planalto calcário.

1.1.1.6   Hidrologia [GUYOT L., 2002]

Battistini [1964] distingue diferentes bacias em função d a organização d o fluxo n o extremo sul:

---

[17] Història do parque

Antes de 1960, o lago *Tsimanampesotse* e os seus arredores eram geridos p e l a administração colonial, que criou uma "Reserva Natural Integral" (RNI) de 17 520 hectares e m 1927. *Tsimanampesotse* foi a décima Reserva Integral criada em Madagáscar e a primeira área protegida na província de Toliara.

Após o advento da Primeira República, a reserva foi alargada para 43 200 hectares e passou a estar sob a autoridade do Ministério das Águas e Florestas, tornando-se uma área protegida de categoria II ou Parque Natural em junho de 1966 (decreto 66-242) e depois um Parque Nacional em 2002 (decreto n.º 2002-797 que cria o Parque Nacional de *Tsimanampesotse*). O lago *Tsimanampesotse* foi também classificado como sítio RAMSAR (zona húmida de importância internacional) pelo decreto 98-003 de 19/02/98. Uma nova extensão em 2007 levou-o à sua dimensão actual de 203.400 hectares (ver mapa 8 para os limites actuais).

- bacias exoreicas, normalmente drenadas para o mar,

- bacias fechadas com drenagem endórea,

- áreas sem fluxo organizado.

<u>Mapa 6</u>: Hidrografia da região "Grand Sud

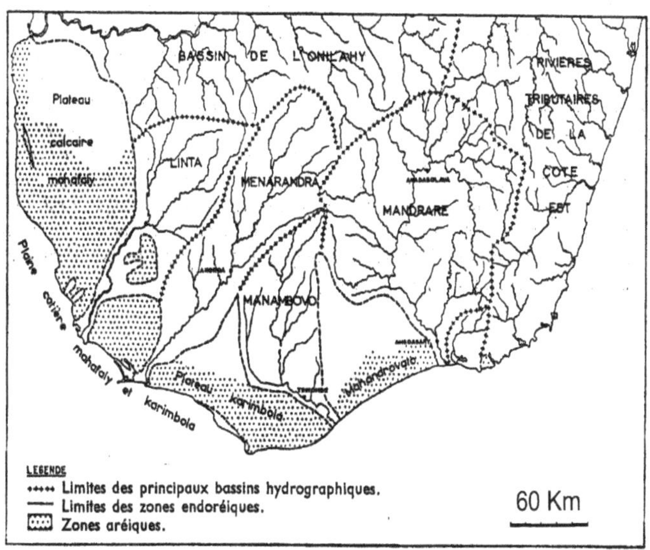

<u>Fonte</u>: Battistini 1964

Os primeiros correspondem essencialmente a afloramentos do embasamento pré-câmbrico e a raros troços dos planaltos neogénicos circundantes. Nos terrenos pré-cambrianos, a rede fluvial é muito densa e muito ramificada, sublinhando o traçado estrutural da série pré-cambriana. Estas extensões exoréicas formam as bacias hidrográficas dos grandes rios, que recebem a maior parte dos seus afluentes antes de entrarem na zona sedimentar, que atravessam "como estranhos".

A norte e a sul da área de estudo, os rios *Onilahy* e *Linta* são deste tipo.

1.1.1.6.1 O rio *Onilahy*

Onilahy é o limite geográfico da paisagem *de Mahafale*. Pertence ao domínio hidrológico do sudoeste [Aldegheri, 1967 *in* Salomon 1986], ou seja, está sujeito a um regime tropical com duas estações bem definidas, com uma pluviosidade de 500 a 800 mm/ano. O rio corre numa direção geral este-oeste. Ele drena uma bacia de cerca de 32 000 km² [Chaperon et al. 1993], a parte superior da qual, onde a rede hidrográfica é mais desenvolvida, está localizada no leito rochoso.

O rio *Linta*

O *Linta*, que corre de norte-nordeste para sul-sudoeste, é um rio da paisagem *de Mahafale*. A sua bacia é muito mais limitada do que a do *Onilahy* (5800 km²) e estende-se por uma área menos bem irrigada. O *Linta* é, por conseguinte, muito menos bem abastecido. Mesmo na estação de medição de *Ejeda*, situada na borda do leito rochoso, o escoamento superficial só ocorre entre novembro e fevereiro. A jusante, onde o rio se perde rapidamente na rede cársica, o escoamento superficial só pode ocorrer durante chuvas muito fortes a montante.

1.1.1.6.2 A zona de superfície do planalto

O planalto calcário *de Mahafale* forma atualmente uma vasta área sem drenagem permanente organizada, quer porque as águas pluviais se i n f i l t r a m no local (calcário lapiazé na zona dos charcos), quer p o r q u e escorrem para o fundo de depressões fechadas de grande dimensão (zona de clareira) dando origem a alguns charcos temporários. No entanto, foi observada uma rede hidrográfica fóssil, organizada em torno de dois paleo-vales principais que atravessam o planalto de leste para oeste: o corredor de *Itomboina* (ao qual está associada a depressão *de Ankazomanga*) e o vale *de Maroala*, que se estende até à bacia de *Ilempo*.

As "*Sakasaka*" (vias de circulação) da faixa costeira

A faixa costeira entre os rios *Onilahy* e *Linta* não apresenta escoamento superficial permanente. No entanto, durante chuvas fortes, podem formar-se pequenas torrentes de água e areia. Quando suficientemente grandes, esses fluxos temporários podem abrir pequenos canais na areia e no arenito da faixa costeira, criando canais de drenagem.

As "*sakasaka*" mais importantes e as únicas que podem fluir até ao mar estão localizadas na metade sul da faixa costeira, onde criaram uma rede hidrográfica temporária.

Lago *Tsimanampesots e*

Na parte central da faixa litoral, ao longo da arriba do planalto, existe uma vasta massa de água salgada, que se estende de norte a sul, com mais de 15 km de comprimento e alguns km de largura. A sua forma alongada, ao longo da arriba do planalto, deve-se provavelmente ao facto de ocupar a depressão interna no sopé da vertente eocénica, por detrás de um antigo cordão dunar paralelo à arriba.

1.1.1.6.3 O mar

O Canal de Moçambique constitui o limite ocidental de toda a nossa área de estudo, cobrindo mais de 200 km de costa, desde a foz do *Onilahy*, a norte, até à foz do *Menarandra*, a sul.

O mar constitui o nível de base do lençol freático costeiro. A influência do mar é, pois, previsivelmente muito significativa, nomeadamente em termos de hidrodinâmica da zona costeira.

1.1.1.7 Composição do terroir

Como já referimos anteriormente, a paisagem *de Mahafale* é constituída por 13 comunas. Seis situam-se no distrito de *Betioky*, seis no distrito de *Ampanihy* e uma no distrito de *Toliara* II.

- As seis comunas do distrito de *Betioky* são as seguintes *Betioky* sud, *Maroarivo, Tameantsoa, Beantake, Masiaboay* e *Ankazomanga*

- As seis comunas do distrito de *Ampanihy* são as seguintes *Itampolo, Androka, Ankiliabo, Ampanihy, Ejeda* e *Beahitse,*

- A comuna incluída no distrito de *Toliara* II é a de *Beheloke*.

Estas treze comunas compreendem um total de 285 *Fokontany*. No seu conjunto, cobrem uma superfície total de 17.442 km², o que representa 26% da superfície total da região *Atsimo Andrefana*.

1.1.2   História da população [Fauroux E., 1989]

Segundo a tradição, em tempos remotos, talvez no final do século XV, um grupo de pastores de zebu que vivia no sudeste de Madagáscar (provavelmente na região das montanhas *Anosy*) empreendeu um vasto movimento de expansão em direção às imensas áreas que se estendem pelo sul e sudoeste da ilha. Em condições ainda não totalmente esclarecidas, este grupo beneficiou da adição de um conjunto complexo e coerente de conhecimentos "mágicos", de técnicas divinatórias e de concepções de organização política e social, muito provavelmente herdados de um núcleo de islamistas que se tinham instalado em Madagáscar pouco tempo antes. Este capital ideológico, lentamente adaptado à evolução das circunstâncias, parece ter dado ao grupo uma vantagem decisiva sobre as comunidades indígenas, então pouco numerosas e mal organizadas.

O sul, o sudoeste e o litoral eram pouco povoados na altura e a conquista não foi aparentemente difícil. A acreditar na tradição, os problemas surgiram mais devido às divisões internas do grupo, ligadas à partilha da riqueza e do poder. Estas circunstâncias favoreceram as primeiras migrações. Cada um dos grupos enxameados levou consigo uma parte do capital comum: zebus, dependentes e um património ideológico que serviria de matriz a um tipo muito particular de organização social, religiosa, mágica e política.

A base deste sistema ideológico era constituída por uma relação estreita e harmoniosa entre um "culto dos antepassados", sem dúvida muito antigo, e os cultos dinásticos que estabeleciam o poder monárquico sobre sólidas bases religiosas e mágicas. Os chefes dos principais grupos dessaim estiveram assim na origem de várias dinastias que reinaram durante vários séculos no sul, sudoeste e oeste de Madagáscar. As unidades políticas formadas em torno destas dinastias estiveram por vezes na origem de poderosos movimentos de expansão. Conseguiram muitas vezes integrar sem grandes dificuldades as populações autóctones, seguidas por grupos de origens diversas, atraídos pela capacidade destas unidades de pilhar eficazmente os seus vizinhos e de acumular riquezas em zebus.

De facto, estas unidades, de natureza essencialmente política, acabaram por formar gradualmente o que mais tarde se designou pelo termo pouco apropriado de "grupos étnicos". No agrupamento regional do sul de Madagáscar (que se estende aproximadamente de Faux-Cap, no extremo sul da ilha, até ao rio *Manambolo*), encontram-se os *Antandroy*, os *Mahafale*, os *Masikoro*, os *Bara* e os *Sakalava-Masikoro*.[18]

A região foi sempre mantida à margem, por um lado porque oferece poucas oportunidades para grandes projectos de desenvolvimento e, por outro, porque as suas populações tiveram dificuldade em integrar-se nas relações comerciais. A independência parece ter confirmado esta marginalização.

---

[18] Fauroux E. 1989. Une étude pluridisciplinaire des sociétés pastorales de l'ensemble méridional de Madagascar. ORSTOM. Cah. Sci. Hum. 25 (4) 1989: 489-497.

Perante situações de emergência, o Estado malgaxe tendeu a deixar à sua sorte estas populações pastoris, muitas vezes pouco dóceis e por vezes apoiantes dos partidos da oposição. Assim, salvo raras excepções, o Sul e o Oeste do país não beneficiaram de grandes operações de desenvolvimento e nem sequer dos investimentos mais elementares em infra-estruturas: o estado das estradas, em particular, é particularmente lamentável.

1.1.2.1 Apresentação da população

1.1.2.1.1 Repartição geográfica da população

Cerca de 219.042 pessoas vivem na 285 *Fokontany*, nas 13 comunas que compõem a paisagem de *Mahafale* de norte a sul. A maioria da população é de *Mahafale* (mais de 80%), seguida de *Vezo* e *Tanalàna* no litoral e *Antanosy* (menos de 10%) (imigrantes que vivem em certas comunas nas margens do *Onilahy*). A maioria da população da zona de Cap Sainte Marie é *Antandroy*.

Os dados seguintes estão disponíveis para as 13 comunas da nossa área de estudo. A densidade populacional média é de 14 habitantes por km^2 (média nacional = 36 habitantes por km^2).

Quadro 2: Repartição da população por comuna componente da paisagem *de Mahafale*.

Sub-região	Paisagem *de Mahafale*	População (de acordo com a PCD)	Área de superfície km²	Densidade hab./km²	Número de *fokontany*
Distrito	*Betioky Atsimo*				
CR	*Betioky Sud*	21.763	312	43	26
CR	*Ankazomanga*	22.103	1.647	2	10
CR	*Maroarivo*	22.103	1.658	5	15
CR	*Beantake*	7.142	320	30	12
CR	*Masiaboay*	7.356	485	28	21
CR	*Tameantsoa*	3.709	395	22	13
Total		84.176	4.817	12	97
Distrito	*Ampanihy*				
CR	*Ampanihy*	8.125	1.397	17	25
CR	*Ankiliabo*	12.526	1.134	10	11
CR	*Ejeda*	12.146	1.830	26	49
CR	*Beahitse*	21.190	1.349	15	26
CR	*Androka*	34.683	1.608	16	24
CR	*Itampolo*	41.753	2.417	17	40
Total		130.423	9.735	18	175
Distrito	*Toliário 2*				
CR	*Beheloke*	4.443	2.890	5	13
Total		4.443	2.890	5	13
		219.042	17.442	14	285

Fonte: Monographie Régionale du Sud-Ouest, 2008.

Nos últimos anos, a pobreza afectou uma maior proporção da população. [19]Com efeito, o rácio de pobreza na região *de Atsimo Andrefana* passou de 75,2% em 2009 para 82,1% em 2010

---

[19] Ou a incidência da pobreza, que mede a percentagem da população que vive abaixo do limiar de pobreza

[Cellule Régionale de Centralisation et d'analyse, 2010]. [20]O índice de desenvolvimento humano da região foi estimado em 0,399 em 2005 (0,527 a nível nacional). Tudo isto ilustra a precariedade das condições de vida nesta região. O baixo nível de escolaridade é um dos factores mais importantes do atraso da região. Menos de 15% dos chefes de família frequentaram o ensino secundário e mais de 57% nunca frequentaram a escola. As infra-estruturas e as condições de vida básicas são muito limitadas: acesso à água e à energia, saúde, educação e formação profissional, comunicações, estradas, acesso ao crédito, etc. Mais de 80% da população bebe água de poços tradicionais não protegidos, de nascentes e de rios não protegidos. As mulheres e as crianças são por vezes obrigadas a efetuar longas viagens a pé ou de carroça para obter água.

1.1.2.1.2 Migração

A nossa zona de estudo regista um elevado nível de migração. As pessoas (estudantes, trabalhadores, agricultores, etc.) vêm para *Toliara* ou *Morondava* por várias razões.

A emigração afecta principalmente os *Mahafale,* os *Tanalana* e (em menor grau) os *Vezo*, que constituem a maior parte da população. Os fenómenos migratórios podem ser classificados de acordo com a sua duração: migração sazonal, que não dura mais do que alguns meses, migração temporária, quando a ausência dura apenas alguns anos, e migração permanente, quando o emigrante se instala definitivamente fora do país de origem.

Podem também ser classificados de acordo com a distância:

✓ migrações de curta distância (até *Toliara* ou *Ampanihy*),

✓ migração de média distância, para a região de *Bas-Mangoky* de *Morondava* e nas Terras de Safira,

✓ Migrações de longa distância, por exemplo, para as plantações de cana-de-açúcar de *Nosy Be* e *Mahavavy* no norte. *Belo* sur Mer e *Maintirano* para os *Vezo.*

A natureza e a direção dos fenómenos migratórios variam de uma parte da planície costeira para outra.

1.1.2.1.2.1 Emigração sazonal (migração de curta distância)

Este é, de longe, o tipo de emigração mais importante em termos do número de pessoas envolvidas em cada ano.

Na estação das chuvas, é preciso estar no local para plantar e cuidar dos rebanhos durante a transumância. Mas assim que chega a estação seca, depois de terminada a colheita na *tetikala ou tonda* (campos) e de os rebanhos terem regressado das pastagens do leste, já não há muito a fazer na aldeia. Todos os anos, um grande número de jovens entre os 15 e os 20 anos deixa a aldeia. Se a colheita foi má, os mais velhos também partem em grande número. Os que têm muitos bois sentem menos necessidade de emigrar. A emigração sazonal parece, portanto, ser um fenómeno que se repete todos os anos na estação seca, mas em maior ou menor grau, dependendo das condições climáticas que prevaleceram na planície costeira nos meses anteriores.

1.1.2.1.2.2 Emigração temporária e permanente

---

[20] IDH: a capacidade da população da região de ter uma vida longa e saudável, de ser educada e de usufruir de condições de vida decentes.

Muitas vezes é difícil distinguir entre emigração temporária e permanente. A emigração para o norte da ilha é sempre com a intenção de regressar.

1.1.3   Organização sociopolítica

A população desta região é etnicamente homogénea; a este respeito, assistimos a uma semelhança em termos de organização e funcionamento da sociedade.

A organização social baseia-se essencialmente no parentesco (laços de sangue e casamento) e na faixa etária (antiguidade).

[21]É uma sociedade baseada na linhagem, na base da qual está a linhagem *(Tarika),* seguida do clã *(Raza)* e terminando no topo com o *"foko".*

O clã é, no entanto, o elemento essencial. A propriedade é, portanto, baseada no clã. Em tempos, a propriedade por excelência era o rebanho. Cada clã tinha o seu próprio rebanho e os seus próprios brincos para os zebus, os *"vilo".* A nível político e religioso, o clã tinha também as suas prescrições orais específicas, a *"lilindraza".*

O chefe do clã, por vezes designado por *"mpitata"* ou *"mpitankazomanga",* era um chefe político, juiz supremo e, sobretudo, um chefe religioso, sendo o guardião dos postes tutelares *"Hazomanga",* ao pé dos quais se efectuavam os sacrifícios rituais de zebu, conhecidos *por "soro".*

Esta é outra razão pela qual o zebu é tão importante, porque, historicamente, quando os clãs emigravam do Oriente e baseavam o seu poder no tamanho do seu rebanho, conseguiam fazer face às exigências do ciclo cerimonial.

1.1.3.4.1 Parentesco

Os habitantes desta região vivem em comunidades de aldeia, em aldeias onde as famílias da mesma linhagem estão geralmente agrupadas (esta situação também se verifica na periferia de *Fokontany).* [22]A comunidade é representada pelo mais velho, descendente direto das famílias fundadoras, seguindo a linha paterna.

A tradição e os bens de família são transmitidos pelos homens que casam com mulheres do mesmo grupo étnico, mas de uma linhagem diferente.

1.1.3.4.2 Grupo etário

Numa análise apressada, esta faixa etária parece ser influenciada pela estrutura ocidental. No entanto, o poder é gerontocrático e a organização hierárquica tradicional foi sempre respeitada no que respeita a cada família. O estatuto atribuído a cada indivíduo é determinado pela sua respectiva idade.

"O Mpitan-kazomanga

Representado pelo descendente mais velho da família fundadora, como o seu nome indica, o *Mpitan-kazomanga ou Mpitata* é o garante e o guardião da tradição ancestral. Consequentemente, no processo de produção social a este nível, a comunidade não está diretamente envolvida na produção de bens materiais, porque os meios de produção são propriedade privada, daí a independência de cada *"Tokantrano".*

---

[21] Na antropologia malgaxe, a Raza pode ser definida como uma comunidade histórica de descendentes.

[22] Mpitata ou Mpitan-kazomanga

O *Mpitan-kazomanga* é também o garante da coesão social daí resultante. [23]A coesão social é também assegurada por regras consuetudinárias que são reavivadas de dois em dois anos por um pacto social materializado com a ajuda de *Soro* . Todos os homens da comunidade devem beber a água do ouro e comer a carne de cabra enquanto ouvem as orações do ancião da aldeia. As principais regras consuetudinárias em vigor são:

- O pacto social *(titike)*,[24]

- O fogo e as panelas não devem ser retirados da cabana durante a noite,

- Proibição de bater à noite,

- Proibição da colheita de plantas marcadas com *vorovoro*.[25]

Se estas regras forem desobedecidas, a família em causa será afetada por um infortúnio. Para remediar esta situação, é necessário sacrificar zebus ou galinhas. [26]Estes ritos são chamados *Hifikifike* .

[27]Existem lugares sagrados à volta de cada aldeia, sendo os mais famosos *Ankilifaly* e *Anjampaly*. [28]As pessoas dizem que os espíritos chamados *Tambahoake* habitam estes lugares. Estes espíritos podem habitar uma pessoa, um fenómeno conhecido como *KOKO*. A pessoa em causa é levada para fora da aldeia pelos espíritos durante um período de 3 meses a 1 ano. [2930]Quando regressa, deve submeter-se a um ritual chamado *Vakiendela* ou *Aboake* , que dura três dias e no qual a música desempenha um papel importante. O objetivo deste ritual é dar à pessoa em causa a oportunidade de contar o que viveu e de ouvir mensagens de *Tambahoake*.

As pessoas dirigem-se a locais sagrados para comunicar com os espíritos através de vários ritos, a fim de obter a cura de uma doença ou a sorte. No caso dos ritos de cura, os doentes podem apresentar-se diretamente aos espíritos ou através da pessoa possuída. [31]Trazem uma galinha preta ou um galo marcado, ou seja, ao qual foi retirado o pelo à volta da garganta antes de ser libertado. A população deve também respeitar as seguintes proibições:

✓ Não transportar machados ou sandálias perto de locais sagrados,

✓ Não adicionar sal ao leite.

[32]Verificou-se que os ritos sacramentais *(por exemplo, a tromba)* e as cerimónias (por exemplo, os funerais) se realizam principalmente de julho a outubro.

1.1.3.4.3 Gestão de conflitos

---

[23] Rito destinado a reforçar a coesão entre os membros da comunidade, marcado pela degustação de água embebida em ouro com a carne de um bode.

[24] *Titike* = cerimónia destinada a tornar mais solene uma convenção colectiva, mas que diz respeito a uma área geográfica geralmente mais restrita do que a *dina*.

[25] Erva seca ou pedaços de linho atados a uma escuna plantada nos campos para indicar às comunidades que se trata de uma propriedade privada (para marcar um auto-nascimento tradicional).

[26] Um rito que coloca o sangue de uma galinha ou de um zebu na testa de uma pessoa para a purificar do seu infortúnio. O mpitan-kazomanga garante a purificação da pessoa em causa.

[27]Situado a norte de Miarintsoa. Árvores importantes da zona: Uma dúzia de tamarindos

[28] Conhecido pelos cristãos como Lúcifer.

[29] Solta a língua.

[30] Apresentado pelo adivinho perante a Comunidade.

31 Isto significa que o galo representa uma pessoa que está doente e que a sua doença é removida por Tambahoake e fica completamente curada, podendo assim retomar as suas tarefas diárias.

[32] Tromba = a pessoa possuída por um espírito do mar

Existem duas formas de resolver problemas individuais ou colectivos na comunidade *Mahafale*.

A primeira possibilidade é levar o assunto ao chefe *Fokontany*, para que ele possa mediar. Se não houver reconciliação, o presidente *do Fokontany* remete o caso para os anciãos *Hazomanga*. Se estes não conseguirem resolver o conflito, devem remeter o caso para o presidente *do Fokontany*, que convoca a *Fokonolona* (Assembleia Geral da população da aldeia), que assistirá ao tribunal debaixo da árvore de tamarindo conhecida como *"Tsara"*. As partes em litígio devem então pagar a quantia de 20.000 *Ariary* como taxa, 10% da qual vai para o presidente *da Fokontany* e o restante é dividido entre os grupos de linhagem existentes. Se não for encontrada uma solução, a *Fokonolona* exige a quantia de 60.000 *Ariary* para redigir um Procès-Verbal de não-reconciliação.

A segunda opção consiste em recorrer diretamente às autoridades tradicionais. Se estas pessoas não conseguirem resolver o litígio, podem convocar diretamente uma reunião dos *Fokonolona*, sem ter de passar pelo presidente dos *Fokontany*. O montante a pagar varia consoante a apreciação dos anciãos, e a parte que vai para os anciãos chama-se *"Lohalily"*.

1.1.3.4.4 Divisões de clãs

Os *Mahafale* estão divididos num grande número de clãs, uma lista que pode parecer fastidiosa. No entanto, é essencial descrever esta organização tradicional dos clãs para compreender certos factos geográficos: por exemplo, os movimentos sazonais dos rebanhos, que são organizados de acordo com estas divisões dos clãs.

O clã, como elemento essencial da estrutura social, tem muitas implicações geográficas.

1.1.3.4.5 Caraterísticas socioeconómicas regionais e locais que influenciam o projeto de conservação dos recursos florestais:

Uma abordagem antropológica revela uma certa complexidade que deve ser claramente identificada a fim de desenvolver uma estratégia mais adequada para a futura tomada de decisões e gestão das áreas protegidas (parque e TGRN).

Uma primeira abordagem permitiu-nos identificar subdivisões no seio dos dois grandes grupos antropológicos, *Mahafale* no planalto e *Tanalana* no litoral, e identificar os centros de decisão, as grandes dinastias e clãs que dominam e controlam as grandes decisões, os clãs dependentes dos clãs e dinastias dominantes, os clãs recalcitrantes que não se submetem ao domínio dos clãs dominantes, os clãs menores, os grupos marginalizados, os indigentes, etc.

[33]É necessário identificar claramente os diferentes blocos de decisão, que correspondem geralmente aos clãs dominantes cujos sítios e detentores dos *"hazomanga"* ou sítios reais e dos reis *"mpanjaka"*, centros de decisões importantes.

Uma abordagem mais aprofundada permitiu-nos entrar em mais pormenores.

1.1.3.4.2 A ocupação remota do espaço e o sistema de decisão tradicional :

- Entre a população *Mahafale* que vive perto das zonas protegidas (parque e TGRN):

---

[33] Poste ritual ao pé do qual se realizam todas as cerimónias tradicionais do clã, incluindo os casamentos tradicionais ou "fanambalia", as oferendas aos antepassados através do sacrifício de zebus ou "soro", etc., sob a responsabilidade do *"mpitan-kazomanga"*, que é o detentor do poste ritual, desempenhando de certa forma o papel de "sacerdote", e que é também o mestre das grandes decisões do clã.

O espaço de vida *dos Mahafale* foi inicialmente organizado ao longo do rio *Linta,* depois ao longo do eixo da estrada nacional 10. As zonas pastoris ainda não constituíam um problema. A expansão do planalto *de Mahafale* deveu-se a várias razões:

Enquanto no território *Tanalana* as segmentações clânicas são mais claras e fáceis de localizar, e a noção de grupos desfavorecidos e clãs recalcitrantes menos evidente, no território *Mahafale* a situação é muito mais complexa e a noção de grupos dominantes, grupos dependentes, grupos marginalizados e grupos desfavorecidos é muito evidente. [34]Tentaremos descrever a hierarquia do poder na sociedade *Mahafale* no "reino de *Onilahy*".

[35]A norte do rio *Linta,* parece confirmar-se a hipótese de que a zona de *Mahafale* a norte do rio *Linta* foi ocupada de sul para norte. De facto, as áreas habitadas situam-se principalmente na parte sul desta zona, que forma o município de *Ejeda*.

A parte central desta zona é ainda escassamente habitada e é utilizada como pasto pelos pastores circundantes em torno da lagoa da depressão de *Ilovo*, a oeste de *Beahitse*, e da lagoa *de Ilembe*, muito mais a norte da depressão *de Ilovo*.

èmeDurante a primeira metade do século XVIII, o reino *maroseragna* de *Menarandra* estava no seu auge.

O rei *Tsimamandy*, também conhecido por *Lahimanjaka*, considerado um grande conquistador e organizador, conduziu conquistas territoriais em direção a *Onilahy* e esteve na origem do "reino *Maroseragna* de *Onilahy*". Esta vasta área foi ocupada de forma dispersa por grupos considerados "*tompon-tane*", os primeiros ocupantes, como os *Tenagnaniha* de *Bekinagna*, os *Tandenta*, os *Renelimy* constituídos pelos *Andrianaivo*, os *Andriambato*, os *Talaotse* também conhecidos como *Teaby*, os *Andriambetsiaohatse* e os *Andriatsileleke*.

Após um compromisso com os *Renelimy*, através de uma estratégia matrimonial, *Tsimamandy* colocou os seus dois filhos na origem do reino *Maroseragna* de *Onilahy*. Fixaram residência em *Sakoatovo*, um local com todas as vantagens da agro-pastorícia: proximidade da água, boas terras de aluvião e belas pastagens florestais.

Atualmente, o clã real *Maroseragna* do "reino de *Sakoatovo*", que se alargou, dividiu-se em dois, vivendo um segmento ainda em *Sakoatovo* e o outro em *Ankazotà*. Não foram registados conflitos na sequência desta segmentação.

Ao lado dos reis *de Maroseragna*, mais a sul, os reis de *Manindrarivo* de *Ankiliabo* e os poderosos ferreiros *Faloagnombe* de *Manakaralahy* e *Manakaravavy*, fornecedores de armas aos reis *de Maroseragna*, fizeram recuar os pequenos grupos que se tinham juntado a eles para norte, para o planalto de *Ampitanake*.

-         Especificidade local em torno de *Beahitse :*

A comuna de *Beahitse* foi criada pela necessidade de independência dos criadores de gado. Três clãs são os mais conhecidos: os *Telavaposa* da aldeia quase abandonada de *Lavaposa*, perto de *Itampolo*, os *Tevato* e os *Zanakanga*. Trata-se de clãs de criadores de gado que

---

[34] O reino Maroseragna de Onilahy, cuja sede real é Sakoatovo, está geograficamente situado entre o rio Manakaravavy, 22 km a sul da cidade de Ejeda, que constitui o limite do município de Ejeda a sul, e o rio Onilahy a norte. Em relação ao "reino Maroseragna de Firangà", a sul do rio Manakaravavy

[35] De Zafiraminia

adquiriram notoriedade social ao longo dos anos com a prosperidade da sua criação de gado. Estes três clãs dominantes ainda se revezam na administração oficial da comuna.

- [36]A confederação *de Tanalana* "***Tokobey telo***" na costa:

èmeème Segundo as fontes orais, no final do século XV e durante a primeira metade do século XVI, as tradições dos clãs e das linhagens referem a migração de pequenos grupos de pessoas do sudeste (Fort-dauphin) para o sudoeste. A história do povoamento da costa *de Tanalana* remonta a dois irmãos, *Etsivale* e *Renioma*, patriarcas fundadores dos clãs *Tetsivalea-Temitongoa* e *Tevondrone*, que faziam parte destas coortes.

Enioma, adivinho e curandeiro, continuou a sua ascensão para norte e estabeleceu-se com os *Tetembola* de *Anantsono* (Santo Agostinho). O seu filho *Earere,* em desacordo com os seus tios maternos, partiu novamente para sul e estabeleceu-se em Vondrone (local preferido para o *vondro/* junco), nas proximidades de *Elosy,* ocupada pelos *Tetsivalea*. O nome do clã deriva do espaço: *Tevondrone*.

Os descendentes de *Earere,* da sua primeira mulher, formaram o clã *Tevondrone,* dividido em várias linhagens:

- *Emihela,* o mais velho, estabeleceu-se perto do lago *Tsimanapetsotse,* onde crescia muito '*vondro*' [Cyperus, junco], provavelmente a origem do nome '*Tevondrone*'; foi aí que chefiou a linhagem *Berohala;*

- *Ehilala,* o segundo filho de *Earere* da sua primeira mulher, baseado em *Maromitilike,* liderou os *Tantohatse;*

- *Emiheritse,* o terceiro filho, administrou o *Tetsialahatse* em *Ejerea* (*Marofijery*);

- *Emitoha,* o último filho, a norte de *Soalary,* foi o patriarca dos *Tekazonosy.*

A presença de um enclave *Temahaleotse* nesta zona explica-se pelo facto de *Emihela* ter instalado, em vida, os seus filhos da sua segunda mulher e os da sua irmã, casada com um *Antandroy Karimbola,* numa zona desocupada entre *Montilimy* e *Vatolalake,* a fim de evitar problemas de sucessão. Descreveremos de seguida o destino dos descendentes de *Earere* da sua segunda mulher, os *Tanalanapote.*

Etsivale, autorizado pelos *Tevatoaore* liderados pelo patriarca *Andriamianto* e considerado um "*tompon-tane*" (proprietário de terras), instalou-se em *Elosy*. Atualmente, os seus descendentes, subdivididos em dois clãs médios, são os *Tetsivalea,* que ocupam respetivamente as aldeias de *Ankilibory-Avaratse, Antanendranto* e *Ankilitelo,* e os *Temitongoa,* que ocupam as aldeias de *Besely-Nord* e *Nisoa* até à atual aldeia de *Andoharano.* Certas linhagens, como os *Tesendre,* os *Temafaitse* e os *Tomiriafara,* considerados *Mahafale,* vivem lado a lado neste vasto território.

èmeème Quanto aos *Temilahe,* na mesma época, em finais do século XV e princípios do século XVI, parece que um indivíduo da aldeia de *Amparehetse,* cerca de 5 quilómetros a oeste de *Ambovombe,* atravessou o *Manambovo* e refugiou-se junto dos *Antemanatsà* de *Ampalaza,* que lhe deram uma esposa e o apelidaram de "*Tsimalilo*" [que nunca desiste]. Os seus dois descendentes, *Lailava* e *Ehosy,* deixaram *Ampalaza* e instalaram-se na zona de *Elosy,* abandonada pelos *Tetsivalea.*

---

[36] Literalmente "Tripé" para designar as "três grandes lareiras: Tevondrone, Temitongoa, Temilahehe".

Os *Temilahehe,* descendentes de *Ehosy* - cujo nome póstumo é *Andriambeloza* - ocupam atualmente o sul de *Nisoa: Kaikarivo,* onde está estabelecido o seu *"hazomangalava",* *Befengoke, Ampitanake, Befolotse, Andoharano, Androimpano, Tsiamena, Ankamenà, Betratratra-Besono, Tsiandriona* sud, *Ankiliambany, Ambaladoda, Belambo* Na margem esquerda do *Linta,* os segmentos de linhagem estabeleceram-se em *Saodona, Mandevy, Tsiarindrano, Zàmasy, Beharahake, Manera* e *Tanamilitsy.*

Não só os *Tetsivalea,* os *Temitongoa* e os *Tevondrone,* de origem *Antanosy* através da sua ascendência paterna, são os *"ziva"* (parentes brincalhões) dos *Antandroy,* como na planície costeira está em funcionamento uma estratégia matrimonial cujos instigadores são os respectivos patriarcas dos três maiores clãs envolvidos: *Andriamaharavo,* para os *Tetsivalea-Temitongoa; Andriamiela,* para os *Tevondrone; Andriambeloza* para os *Temilahehe.*

Um pacto de não agressão e de entreajuda encontra a sua razão de ser no estabelecimento da confederação de clãs *"Tokobey telo",* o tripé que tacitamente governava e ainda governa todos os grupos populacionais da *Alanana,* uma planície costeira arenosa. *Tanalana* significa "povo da *Alanana* ou *fasika".*

- Dois grupos de menor importância: os *Tandroka* e os *Vezo sarà* :

Os *Tandroka,* que agrupam, por afinidade, todos os nativos de *Androka,* incluindo os *Vezo,* os *Temilahehe* e os *Tevondrone* da costa marítima de *Tevondrone.* Aqui, foi-nos dito que a importância do clã tem muito pouca influência nas grandes decisões regionais.

Os *Vezo sarà* são um grupo alóctone de pescadores experientes que migraram do norte para o sul até *Androka,* estabelecendo acampamentos de pesca em locais onde o peixe é abundante, acampamentos que se tornaram aldeias.

1.1.3.4.3 As recentes conquistas de novos territórios :

- *Tetsivalea,* com falta de espaço:

Os *Tetsivalea* são grandes criadores de gado, mas estão um pouco apertados em relação à borda do penhasco, que originalmente era uma falha do Terciário. Embora não tenha havido conflitos históricos entre os *Tetsivalea* e os *Tevatoaore,* alguns desentendimentos internos de linhagem entre os primeiros *Tetsivalea* criaram uma segmentação do clã original, dando origem a três clãs: *Temanambone, Tetsivalea* e *Temitongoa,* cada um representando um centro de decisão.

A convivência entre estes três clãs era geralmente pacífica. Isso não excluía certos conflitos de interesses territoriais, evidentemente de pouca importância, mas que levavam à partida de certos grupos para conquistar novas terras na floresta. Isto explica, entre outras coisas, a criação do *Nanohofa Fokontany* e das suas aldeias; explica também a migração semi-permanente de muitos *Tetsivalea* para a cidade de *Toliara.*

A título de esclarecimento, os *Tetsivalea* vivem na zona compreendida entre *Tanendranto* e Andranovao (comuna de *Itampolo*). De facto, se fizermos um transecto clássico Este-Oeste que esquematiza o território dos *Tetsivalea* :

A largura desta faixa litoral de arenito-areia varia de alguns quilómetros em *Andranovão* a cerca de quinze quilómetros em *Ankilitelo.* De oeste para leste, encontramos :

A orla dunar é pouco utilizada pelos *Tanalana*. Por outro lado, é o local onde se instalam os pescadores *Vezo*, e mencionámos acima o conflito latente que persiste entre eles e os *Tanalana*.

Quando inundadas na estação das chuvas, as depressões salinas são utilizadas como locais de abeberamento para os zebus.

Os solos "*tane maiky*", muito secos, são solos sem húmus, geralmente montes de areia e cascalho de antigas dunas de idade flandriana ou aepiorniana, ou afloramentos arenoso-calcários. São designados por "*monto*". As aldeias são geralmente construídas sobre eles.

O "Monto" é geralmente um terreno não cultivado, coberto por uma cobertura muito baixa de gramíneas, quando não maioritariamente por arbustos espinhosos, incluindo a Euphorbia oncoclada "*samata*", utilizada como forragem para o zebu, combinada em alguns locais com outros arbustos espinhosos para formar matagais xerofíticos utilizados como pastagem para pequenos ruminantes.

Na zona próxima da arriba "*olo-bohitse*", que varia em largura e é a mais larga, cerca de 10 km, em *Beroy* e *Anjà-Belitsake*, de oeste para leste temos sucessivamente :

Os solos de "*tane jôbo*", ricos em húmus, foram criados através de queimadas de matos originais que cobriam uma grande parte do terreno. É de notar que estes solos não são suficientemente ricos em húmus e são frequentemente abandonados após alguns anos de cultivo. As terras cultivadas são dispostas em "*vala*", para proteção dos ruminantes. Uma vez abandonadas, estas terras tornam-se "*sarike*". As "*sarike*" podem voltar a ser cultivadas se a fina camada húmica se regenerar, caso contrário tornam-se "*monto*" e são abandonadas para sempre.

Nos arredores de *Vohombe* e *Tanendranto*, os "*tane jôbo*" são utilizados para o cultivo de mandioca para alimentação, juntamente com melancias e outras cucurbitáceas; na parte sul do território, entre os *Temilahehe, são* utilizados para o cultivo de mandioca, lentilhas, batata-doce e ervilhas vohème, sempre combinados com melancias e outras cucurbitáceas.

Para além da zona *de "tane jôbo"*, até à beira da falésia, há uma faixa de floresta cada vez mais estreita, onde novas clareiras "*tetike*" são plantadas para culturas alimentares, como a mandioca e o milho, ou para culturas de rendimento, como o tabaco e, sem dúvida, as papoilas.

- As florestas como locais de refúgio :

A terra pertence ao clã real ou dominante. Este tem plenos direitos sobre a terra, incluindo o direito de legar parte dela a grupos que lhe sejam "interessantes". Tinha também o direito de expulsar das suas terras os grupos que se tivessem "enxertado" no seu clã. Os grupos minoritários viram-se por vezes expulsos das suas povoações de origem, deslocando-se para as florestas sem proprietário, uma vez que existiam muitas áreas florestais vazias onde o proprietário tradicional da terra era a pessoa que a tinha explorado pela primeira vez.

- Em território *Mahafale*:

Por um lado, na sua estrutura inicial, a população *de Mahafale* era constituída pelos "*renin-tane*" [primeiros ocupantes, membros da dinastia *Maroseragna*], pelos "*valo hazomanga*" [plebeus de diversas origens ligados à família real e à pessoa do rei] e pelos "*folo hazomanga*" [libertos de diversas origens, beneficiando da proteção real, que se instalaram desde *Ampalaza* até ao poço de *Antengy*, na costa sul de *Ampanihy*].

Sob a realeza, a administração colonial e mesmo a Primeira República, para todas as minorias, dissidentes políticos e/ou grupos que fugiam ao peso dos impostos, o planalto florestal tornou-se uma zona de refúgio.

[37]Por outro lado, para os reis *de Maroseragna*, as grandes decisões eram tomadas pelos clãs dominantes "*renin-tane*". Os *Tampatsy* ou *Tampatsiagnombe* são um grupo marginalizado ao lado dos "*renin-tane*", aparentemente porque o grupo nunca teve sucesso na criação de gado. De facto, o nome "*Tampatsiagnombe*" significa "maldição da criação de gado", de tal forma que o *Mahafale*, um criador de gado tradicional, nunca estabeleceu relações matrimoniais com este grupo.

Além disso, os reis *Manindrarivo* de *Ankiliabo* [perto de *Ampanihy*] e os poderosos ferreiros *Faloagnombe* da zona de *Manakaralahy* e *Manakaravavy*, fornecedores de armas aos reis *de Maroseragna*, estavam a ganhar cada vez mais espaço e notoriedade, Esta é provavelmente a origem dos *Tezamainty* que criaram a aldeia de *Vorojà* e que parecem ter vindo do sector *Etakake*.

No entanto, há que ter em conta que certas florestas *de Mahafale* eram sagradas e não podiam ser utilizadas como refúgio. É o caso da floresta de *Ankirikirike*, a necrópole da dinastia *Maroseragna* de *Menarandra*, e da floresta *de Manintsy*, que abrigava os restos mortais dos *Maroseragna* de *Onilahy*.

Num passado não muito distante, por volta dos anos 70, quando a Société Nationale des Huileries de *Toliara* (SNHU) estava em funcionamento, a popularidade do amendoim estava em todo o lado. Esta situação levou a uma corrida aos solos tropicais vermelhos ferruginosos, bons para o amendoim. As pessoas estavam a desbravar as terras e a produzir amendoins. Formaram-se novas povoações na floresta em direção ao interior do planalto, que, com o tempo, se transformaram em aldeias que, por sua vez, se tornaram cidades-chefes *de Fokontany*.

- No sector ocidental da comuna de *Beahitse*:

[ème]No século XX, os *Telavaposa*, os *Tevato* e os *Zanakanga* tornaram-se os clãs dos grandes criadores de gado, senhores das grandes decisões. Até hoje, revezam-se na administração oficial da comuna.

Os que não pertenciam a estes três clãs estavam sujeitos às suas decisões e foram empurrados para oeste, para a *terra de ninguém* da floresta, a oeste e a norte do furo de água de *Ilovo*. Aí instalaram acampamentos de desbravamento, que se tornaram as actuais aldeias de *Beomby*, *Satrapaly* (*Marofototse*), *Ankalirano*, *Belombiry*, *Esifake* e *Farafatse*.

- O caso dos *Tanalanapoty* da comuna de *Beheloke* e *Maroarivo*:

Os descendentes de *Earere*, da sua segunda mulher, formaram os *Tanalampoty*, que foram empurrados para norte, para a comuna de *Maroarivo*, alguns dos quais chegaram ao vale *de Onilahy*.

---

[37] Literalmente "mãe das terras".

No entanto, um dos ramos conseguiu contrair um matrimónio preferencial com os *Temitongoa* de *Itampolo*, o que reforçou a sua posição em *Manasy*, no território *Tevondrone*. Os *Tanalanapoty* de *Manasy*, embora socialmente bem estruturados, estão infelizmente um pouco à margem das grandes decisões relativas ao desenvolvimento da *Fokontany*. Além disso, a administração da comuna de *Beheloke* continua a ser atribuída aos *Tevondrone* dominantes.

- As populações de *Ambolisogno* e *Valavo* :

Este grupo alóctone foi originalmente "enxertado" nos vários segmentos dos *Temitongoa* de *Nisoa*, descendentes de *Betsiriry*, para "serviços" ligados à criação de gado. Além disso, este grupo era considerado "*ana'i Betsiriry*" [filhos de *Betsiriry*].

A expansão demográfica dos *Temitongoa* de *Nisoa* "empurrou" o grupo para o atual território florestal de *Ambolisogno*, situado mais a leste, a cerca de 6 km de *Nisoa*, e no meio da floresta de *Valavo*. A aldeia de *Valavo*, composta por seis aldeias, apesar de se situar a 27 km de *Ambolisogno*, no caminho de *Ampitanake*, continua administrativamente ligada à *Fokontany de Ambolisogno*.

Atualmente, os habitantes de *Ambolisogno* foram aparentemente esquecidos pela administração comunal de *Itampolo*, que é atualmente dirigida pelos *Temilahehe*. A *Fokontany* não tem nem um ponto de água nem uma escola. O ponto de água mais próximo fica em *Nisoa*, onde as pessoas de *Ambolisogno* e *Valavo* vão buscar água; e apenas três pessoas das aldeias de *Ambolisogno* e *Valavo* são alfabetizadas.

1.1.3.5   Componentes socioculturais que influenciam o projeto de conservação :

1.1.3.5.1 Hábitos e costumes :

- Os usos e costumes do *Mahafale* :

Aqui, a civilização centrada no zebu é mais do que visível. Na região de *Mahafale*, o zebu é um animal quase sagrado:

- o curral do zebu fica sempre no lado nordeste, a direção tomada pelo espírito do defunto no momento da morte, o lado dos antepassados, e é proibido, ou mesmo tabu, "sujar" esta parte da aldeia;

- a utilização de estrume de zebu como estrume é proibida, ou mesmo tabu; além disso, empilhá-lo no local do curral de zebu é um sinal de bênção e de notoriedade social;

- É tabu pôr sal no leite de vaca, pois isso dizimaria o rebanho; além disso, é proibido beber leite de pé ou beber leite com a cabeça coberta ou com os pés calçados.

Para o homem *de Mahafale*, o capital supremo é o zebu, e as outras actividades geradoras de rendimento são apenas meios para atingir esse fim. O capital zebu é um sinal de bênção e, por conseguinte, de satisfação e bem-estar moral, de notoriedade social e de riqueza. Alguns clãs conseguiram ascender a uma hierarquia social superior graças aos zebus. Além disso, o "*mpagnarivo*", o proprietário de algumas centenas de zebus, é um homem muito influente na sua sociedade.

A tartaruga terrestre é tabu em todo o lado para os *Mahafale*.

- Os usos e costumes dos *Tanalana* :

Existem semelhanças entre os hábitos e costumes *de Tanalana* e *Mahafale* em termos da estrutura *"hazomanga"* e dos rituais tradicionais.

A sociedade *Tanalana* é uma comunidade de clãs e linhagens. As estruturas sociais que constituem a "confederação *Tanalana"* serão descritas mais adiante. Podemos dizer desde já que esta confederação é constituída por três grandes clãs: os *Tevondrone,* os *Temitongoa* e os *Temilahehe.*

Em termos de organização social, os descendentes de cada um dos três principais clãs - *Tevondrone, Temitongoa, Temilahehe* - agrupavam-se socialmente em torno de um *"hazomanga lava"* ou *"hazomanga lahy"* [poste ritual central], que era simultaneamente um símbolo sagrado e um "local de culto" tradicional para as oferendas ao Deus criador *Zanahare* e aos antepassados *Raza* que os *Tanalana* veneram, e onde o serviço das oferendas era da responsabilidade do *"mpitan-kazomanga"* [o detentor do poste ritual], uma responsabilidade exclusivamente masculina que é transmitida de geração em geração ao primeiro filho do mais velho de cada geração e que, por conseguinte, não é necessariamente da responsabilidade do mais velho. No entanto, os membros mais velhos do clã, os *"olobe"*, são a "sabedoria" do grupo.

A partir dos três grandes clãs acima referidos, com o crescimento demográfico e as distâncias que separam as famílias, criaram-se *"fokoe"* [linhagens], algumas das quais se organizaram em *"hazomanga fohy"* [posto ritual secundário].

No que respeita à religião, a grande maioria dos habitantes *de Tanalana* pratica uma religião tradicional baseada no culto dos antepassados. Este culto atribui poderes divinos aos antepassados. Como todos os malgaxes, os *Tanalana* respeitam os mortos. Acreditam que os espíritos *"avelo"* dos mortos nunca morrem e velam pelos vivos. Falar de acontecimentos familiares com os espíritos dos mortos é, portanto, uma forma de pedir uma bênção ou um favor.

Os animais são sacrificados e oferecidos aos antepassados no local *da hazomanga* por ocasião de acontecimentos familiares, ou para pedir bênçãos, favores, prosperidade ou, muito simplesmente, saúde. O zebu é o animal de eleição para as oferendas, enquanto as ovelhas ou os galos podem ser utilizados para eventos menores.

Os principais acontecimentos familiares, como o sacrifício de zebu *"soro"* [sacrifício de zebu para pedir bênçãos aos *Raza*, para lhes agradecer os favores obtidos], a circuncisão *"savatse"*, o pedido de casamento *"fandeo"*, etc., devem ter lugar no local da *"hazomanga"*, de acordo com rituais bem definidos, orquestrados pelo *"mpitan-kazomanga"*, detentor do mastro ritual.

A civilização malgaxe, e a dos *Tanalana* não é exceção, está centrada no zebu. A criação de zebus é uma das principais actividades dos *Tanalana.* Tal como noutros locais de Madagáscar, o animal é utilizado para "agradar" aos antepassados.

O zebu é também o animal de tração da carroça, um meio de deslocação e de transporte local.

Os *Tanalana* nunca aceitariam ser enterrados sem um caixão de madeira dura, o *"mendoravy"* [*Mendoravia tulearensis*], caso contrário o espírito do defunto criaria desgraça e morte entre os vivos.

E não esqueçamos que a tartaruga terrestre *"kotroke"* [*Geochelone radiata*] é tabu em todo o lado, mesmo ao toque.

Os estrangeiros devem respeitar este tabu, pois os *Tanalana* nunca tolerariam a sua violação. Por este motivo, observa-se por vezes uma certa reticência em relação aos estrangeiros, para os quais a tartaruga não é tabu.

A estratégia de proteção das tartarugas deve, sem dúvida, ser revista, porque há dois interesses em conflito:

- Por um lado, as populações locais querem que os seus territórios sejam "esvaziados" de tartarugas indesejáveis;

- conservacionistas que trabalham arduamente para salvar a espécie.

[38][39]Gostaríamos de destacar dois rituais, um dos quais, o "*tsotse*", está diretamente ligado às alterações climáticas e o outro, o "*soro an-kazomanga lava*", ao reforço dos poderes dos grandes clãs decisores.

Em conclusão, os clãs do planalto *de Mahafale* são muito diferentes em termos de dimensão. Seja qual for a sua dimensão, cada clã tem um grande *hazomanga*, o altar do clã onde reside o *Mpisoro*, o sacerdote do clã. Este altar é constituído por uma série de postes, geralmente de madeira *katrafay*, plantados verticalmente no solo e com cerca de 2 m de altura. Um desses postes tem uma tábua horizontal presa à sua extremidade pontiaguda, sobre a qual são expostos, após os sacrifícios, pedaços do fígado, do lombo ou da corcunda do zebu consagrado.

O clã é uma realidade viva e, por conseguinte, mutável, sob a pressão de causas geográficas, mas também, ao que parece, mais frequentemente devido a rivalidades pessoais ou de linhagem.

1.1.3.5.2 Funerais

Os funerais têm uma grande importância cultural na sociedade *Mahafale*. São organizados em três fases.

Foto 1: Trabalhos de revestimento do túmulo após a inumação

---

[38] *Tsotse*" é um "*soro*" especial, um sacrifício anual do zebu mais bonito para pedir chuva.

[39] Também conhecido como "*sorombe*": periodicamente, os membros de cada clã maior - *Tevondrone, Temitongoa, Temilahehe* - reúnem-se no local da "*lava hazomanga*" ou "*hazomanga lahy*" para um grande sacrifício, uma oferta de zebus "*sorombe*" ao deus *Zanahare* e aos antepassados *Raza*. Esta é uma oportunidade para as linhagens e os membros da família alargada se conhecerem uns aos outros, confirmando e reforçando assim a coesão social. É também uma oportunidade para provar e/ou reforçar o poder do clã.

1.1.3.5.2.1 Primeira fase: enterro *(ahaja)*

[40]A família direta do defunto deve sacrificar zebus e cabras. O número destes animais varia em função do poder económico dos oficiantes. O corte de *Mendoravy* (*Albizia tuleriensis*), UMA árvore utilizada para fazer caixões *(Hazondolo)* e construir túmulos, exige o sacrifício de zebus castrados.

1.1.3.5.2.1 Segunda fase: preparação das cerimónias fúnebres

A família do falecido procura dinheiro para financiar a cerimónia. Convidam os familiares e amigos mais próximos a assistir às cerimónias e a contribuir para as despesas do funeral.

1.1.3.5.2.2 Terceira fase: cerimónia fúnebre - (*fihisà*)

É um momento de festa. Todos os convidados trazem bens para as famílias próximas do defunto. Especificamente, os genros e genro devem oferecer pelo menos um zebu. Para além do gado, podem ser oferecidos outros bens, como cadeiras, camas, malas, bicicletas ou máquinas de costura. [41]Este gesto chama-se "*enga* " e é acompanhado de dança.

Em troca destas prendas, a família do defunto deve oferecer cabras ou alimentos aos convidados. Este gesto chama-se *"famaha"* ou *"Laobary"*. Como diz o ditado, a recompensa dependerá da sua contribuição *(Arakarake ty enganao ty mahasoa ty laobarenao)*.

O "Fihisà" dura três dias. [42ème]*O "Fanengana"* e o *"Famaha"* têm lugar nos dias 1 e 2. No terceiro dia, dois zebus são levados para o local de enterro onde o defunto será enterrado. Os zebus são sacrificados para serem comidos pelos convidados. Se a família do defunto o desejar, podem também ser mortos zebus doados por familiares. Os cornos são utilizados para decorar o túmulo e são um sinal de posição social.

Após a cerimónia, a família queima ou destrói a casa do falecido e muda o nome do falecido de acordo com o seu comportamento em vida, a sua idade e o seu sexo, acrescentando os seguintes sufixos

- ✓ Jovem : Laza
- ✓ Menina/Mulher: Vola
- ✓ Velho : *Arivo*
- ✓ Uma pessoa que gostava de lutar: *Aly*

Por exemplo: *Alivola*: uma rapariga ou mulher que gosta de lutar.

---

[40] A família do defunto mata os bois e as cabras para dar às pessoas que vão assistir ao funeral e às pessoas que vêm de longe a oportunidade de exprimir as suas condolências à família do defunto. Os bois e as cabras abatidos simbolizam a carne do defunto para a comunidade.

[41] Ato de trazer coisas para um dos membros da família do defunto. A coisa trazida pode ser encomendada pela pessoa (algo que ela deseja ter: por exemplo, uma cabra ou um bode castrado; um zebu de 1 ano ou muitos outros) ou bens materiais como cadeiras de plástico, uma máquina de costura, colchões, etc. Em geral, os bens materiais são encomendados ou destinados às mulheres e os bois e cabras são destinados aos homens. Se uma pessoa recebeu um boi ou uma cabra, deve fazer-se acompanhar de uma quantia em dinheiro, porque esta quantia tem um significado particular: *"tadiny"* é para amarrar o zebu para que ele não fuja. Esta pessoa receberá em troca uma prenda do dono da Enga.

Uma pessoa que tenha trazido o seu "Enga" espera a sua vez porque, na sua família, em caso de morte, deve esperar receber um zebu de 2 anos se tiver dado, por exemplo, um zebu de 1 ano. Se a pessoa que recebeu um zebu de 1 ano não puder trazer a sua prenda (isto é conhecido por *"Mamaly"*), a relação entre eles deteriora-se imediatamente.

[42] Realização do seu projeto Enga

1.1.3.6 Território da aldeia

Cada aldeia tem um território chamado *"faritany"*, cujos limites, marcados por árvores, ervas, pedras ou outros objectos físicos facilmente identificáveis, são bem conhecidos dos *"fokonolona"* (comunidades).

A *"faritany"* é vivida pelos habitantes da aldeia não como um suporte geográfico neutro, mas como um espaço com o qual têm uma ligação mística e agro-económica.

É um espaço onde o sagrado está fortemente presente, porque é neste espaço sociológico que se acumulam as habitações dos defuntos, os túmulos, os postes de sacrifício *"hazomanga", os* postes de circuncisão, os locais de culto, mas também os locais de reunião e outras manifestações da socialidade comunitária.

A *"faritany"* é também uma zona económica que corresponde a terrenos urbanizados ou urbanizáveis, mas também a zonas não cultivadas de pouco valor agrícola, incluindo zonas de pastagem e terrenos agrícolas. As áreas de pastagem são divididas apenas por limites territoriais que correspondem aos da

Foto 2: Túmulo *de Mahafale* decorado com *Aloalo*

aldeia, ou *"faritany"*. Para as populações costeiras, as zonas de pesca fazem parte da sua *"faritany"*. Cada clã soube identificar os limites dos seus territórios marinhos.

A apropriação de terras só diz respeito às terras agrícolas e é efectuada por linhagem. Muitas vezes, a posse significa apenas o direito de utilização ao nível do fragmento de linhagem ou da pequena família. A cada duas ou três gerações, pode haver uma redistribuição entre irmãos, chefes de pequenas famílias [RAZAKANDRENY C, 2005].

1.1.3.7 Desafiar os clãs tradicionais

Os fundamentos do sistema tradicional, baseado na família clânica e no culto dos antepassados, estão agora a ser postos em causa. Os clãs tornaram-se demasiado numerosos devido à pressão demográfica, o seu antigo centro religioso tende a cair em desuso e há cada vez menos candidatos ao cargo de *"mpitan-kazomanga"* ou *"mpitata"*.

Está a desenvolver-se uma divisão social entre os *Mahafale* que continuam a viver nas aldeias e os que partiram para procurar novas oportunidades noutros locais.

No entanto, os clãs *de Tanalana* conseguiram resolver esta divisão através da formação de uma confederação denominada *"Toko Bey Telo"*. Periodicamente, os membros de cada um dos principais clãs *de Tanalana (Temilahehe, Tevondrone e Temitongoa)* organizam um *"sorom-be"* ou *"soro an-kazomanga lava"*. Reúnem-se ao pé da *"hazomanga lava"* ou *"hazomanga lahy"* para um grande sacrifício, oferecendo zebus ao Deus Criador (*Zagnahary*) e aos antepassados (*Raza*). Trata-se de uma ocasião para renovar *o* pacto de não agressão e de entreajuda para reforçar a coesão social.

1.1.3.8 Religião

Existem edifícios religiosos na nossa área de estudo. Estes edifícios são católicos e protestantes (a *FLM*). No que diz respeito à religião, para além da ECAR e da *FLM,* as comunas têm também a igreja Adventista, a igreja Pentecostal, a igreja Assembleia de Deus, a FJKM e a *Jesosy Mamonjy*. A religião muçulmana (xiita) está a começar a fazer incursões nas capitais de distrito, nomeadamente em *Betioky*.

Quanto à prática quotidiana, há costumes e hábitos como a circuncisão; as pessoas também adoram *Tambahoaka* ou *Bilo* ou *"fanompoa tromba"*.

1.1.4 Actividades económicas

1.1.4.1 Modo de funcionamento

Em primeiro lugar, o modo de exploração é a agricultura direta. Estas explorações são de pequena dimensão, variando entre 0,5 e 5 hectares, sendo a maioria de cerca de 2 hectares, embora a terra disponível não seja totalmente explorada por falta de recursos ou de iniciativa, ou por razões de propriedade da terra.

Além disso, a contribuição dos membros da família é limitada a certos tipos de operações, daí o recurso a mão de obra externa: trabalhadores assalariados.

Trabalho assalariado: inicialmente, eram os membros das famílias sem terra afectadas pela escassez de alimentos que forneciam trabalho agrícola assalariado. O trabalhador é contratado como diarista, com um contrato verbal, para executar uma tarefa muito específica. De acordo com o contrato, o pagamento do trabalho efectuado é feito em dinheiro, à razão de 3.000 *Ariary* por dia.

Na paisagem de *Mahafale*, as principais actividades económicas são a agricultura, a pecuária, o comércio, o artesanato e muitas outras.

1.1.4.1.1 Agricultura

[43]Mais de 96% da população da paisagem vive da agricultura e da criação de gado, embora as terras cultivadas não representem mais de 20% da superfície total da paisagem. [44]A agricultura ainda está a dar os primeiros passos para a maioria dos agricultores. 95% das plantações não utilizam qualquer fertilizante, mesmo mineral ou orgânico. Menos de 1 000 agricultores adoptaram métodos de agricultura agro-ecológica (SCV, associação e sucessão de culturas, etc.). [45]Há mais de uma década que se regista uma degradação dos solos nas zonas cultivadas da paisagem, sendo as zonas costeiras (comunas de *Beheloke, Itampolo* e *Soalara Sud*) as que apresentam a pior degradação. Mais de 80% das terras agrícolas da região não estão tituladas e as restantes são partilhadas, arrendadas ou não alugadas. O rendimento por hectare de quase todas as culturas cultivadas no planalto diminuiu: mandioca, milho,

---

[43] Dados SIRSA 2004 e SAP 2010

[44] Serviço de Estatística Agrícola, MAEP, 2006

[45] FOFIFA / INSTAT / Cornell - 2001

leguminosas, batata doce, etc. As principais causas são as condições de pluviosidade (distribuição espacial e temporal e volume), a degradação dos solos e as doenças das plantas, que estão a aumentar em frequência e intensidade. A capacidade técnica dos agricultores também é insuficiente e, embora a agricultura seja a atividade económica mais praticada, nunca se desenvolveu como uma atividade profissional.

1.1.4.1.2 Reprodução

A criação de gado, ou seja, a posse de animais de pequeno e grande porte (cabras, ovelhas e zebu), bem como de aves de capoeira, desempenha um papel fundamental nas tradições e na vida económica das populações da paisagem *de Mahafale*. Os animais, em particular os rebanhos de zebus, determinam o estatuto económico e social dos seus proprietários.

1.1.4.1.2.1 Importância socioeconómica

Na região de *Mahafale*, não existe um sistema bancário. Por conseguinte, o gado representa a reserva financeira mais importante para as famílias. [46]Os proprietários de grandes rebanhos de zebu pertencem ao *"manankanàna"*, o grupo social mais rico. Os criadores com um pequeno número de zebuínos ou um grande rebanho de cabras e ovelhas formam uma segunda classe conhecida como *"mahitahita"*. Mais abaixo na escala económica, os membros da terceira e quarta classes, os *"mahavelompo"* e *"latsa"*, não têm quaisquer animais ou possuem apenas algumas cabras ou ovelhas. Trabalham frequentemente como jornaleiros para os dois primeiros grupos.

Os animais são vendidos se os seus donos precisarem de dinheiro para comprar comida durante os períodos de *'kere'* (fome), para comprar roupa e outros artigos de primeira necessidade e, em alguns casos, para financiar a educação dos filhos. Também são sacrificados, especialmente os zebus, durante as cerimónias tradicionais. Quando o proprietário morre, uma parte do rebanho é sacrificada e o resto é herdado pelos descendentes masculinos.

A perda de um grande número de animais, ou mesmo de um rebanho inteiro, como resultado de doenças durante períodos de seca, roubo de gado, ou simplesmente "má gestão", pode levar à queda de uma categoria social mais pobre. Quanto menor o rebanho, maior o risco. Por outro lado, existe a possibilidade de ascensão económica através da herança, bem como através da compra de cabras e ovelhas e depois de zebus.

1.1.4.1.2.2 Importância cultural

---

[46] In MARP REPORT, Research for Sustainable Development, SuLaMa, 2011: A importância do gado diminuiu desde a década de 1960. Antes da independência (antes de 1960), havia mais animais e quase todas as famílias tinham zebus. As manadas podiam atingir vários milhares de cabeças (até 10.000, segundo um informador). Isto exercia uma grande pressão sobre a vegetação natural nas áreas utilizadas para pastagem e contribuía para a desflorestação. Os zebus eram já o tipo de gado mais importante e não eram vendidos (ou trocados antes da introdução do dinheiro). Dez cabras podiam ser trocadas por um zebu para aumentar o efetivo do rebanho.
Após a década de 1960, o efetivo bovino diminuiu drasticamente devido às secas, que obrigaram o gado a ser vendido a preços baixos; à redução das áreas de pastagem devido à   expansão das áreas cultivadas; às epidemias (sobretudo na década de 1980); e ao roubo de gado.
Desde há algum tempo que se assiste ao início de uma intensificação dos sistemas agrícolas, com duas plantas forrageiras a serem plantadas com maior frequência e em maiores áreas: *a samata* (*Euphorbia stenoclada*), uma espécie local que abunda nos matos costeiros e que é plantada na aldeia e à volta dos currais; e *a raketa* (*Opuntia* sp.), uma espécie exótica plantada nas cercas dos campos e currais, mas também como cultura forrageira em campos abertos.

As cabras, as ovelhas e sobretudo os zebus são sacrificados durante as cerimónias tradicionais, incluindo os funerais e a construção de um túmulo, os casamentos ou a introdução de uma nova "*hazomanga*". Estes sacrifícios têm uma importância cultural e social muito forte e as pessoas que não têm gado ou dinheiro têm de pedir um animal emprestado, que reembolsam mais tarde com um animal do mesmo tamanho.

1.1.4.1.2.3 Caracterização dos sistemas de criação

Os sistemas de criação de gado na paisagem de *Mahafale* estão sujeitos a um clima extremamente seco e à falta de alimentos e água durante vários meses do ano. Os agricultores desenvolveram estratégias para se adaptarem a estas condições difíceis.

1.1.4.2 Transumância

Para as pessoas que vivem no litoral, durante a estação seca, ou seja, entre abril e novembro, os rebanhos pastam nas zonas costeiras e nas aldeias próximas, onde podem encontrar comida e água suficientes, apesar da falta de chuva.

Foto 3: Transumância para a zona de acolhimento em outubro

No final deste período, os alimentos tornaram-se escassos e a qualidade nutricional das principais plantas forrageiras começou a diminuir. [47]A qualidade da *samanta*, em particular, diminuiu, pois tornou-se indigesta devido ao seu elevado teor de látex. A disponibilidade de água, por outro lado, não parece ser um fator crítico, apesar da salinidade relativamente elevada da água retirada de poços e charcos naturais.

Para fazer face à falta de forragem, quase todos os zebus, e mesmo algumas cabras e ovelhas, deslocam-se para as zonas de pastagem situadas a leste do planalto calcário. Esta transumância (*làlan'aomby*) tem lugar logo que caem as primeiras chuvas no planalto calcário, o que ocorre entre o final de outubro e dezembro, um pouco mais cedo do que na zona costeira.

Costumes e métodos de gestão tradicionais

De um modo mais geral, as práticas pastoris não podem ser separadas das práticas religiosas e mágicas globais dos grupos da região. O zebu permanece no centro da comunicação entre os vivos e os antepassados da linhagem, dos quais depende, em última análise, a prosperidade. É sempre através do sacrifício do zebu, a riqueza por excelência, que a qualidade desta comunicação é assegurada.

---

[47] Nome Zoológico: Euphorbia stenoclada

Tradicionalmente, a transumância é regida por um conjunto de regras que se apresentam de seguida:

- 		*Titike* ou "pacto social" entre os nativos e os transumantes.

Ao chegar a uma zona de acolhimento, o transumante deve pedir à população local para realizar o "*titike*". Durante este pacto, um animal (de preferência um zebu) é sacrificado pelo *Mpitan-kazomanga* em frente do poste sagrado. O transumante jura então seguir as regras locais ou enfrentar um castigo divino: está proibido de roubar os pertences dos seus vizinhos, de mentir, de cometer adultério e de faltar às suas obrigações "locais". Além disso, os indígenas designam as regras de utilização da terra, bem como os locais de rega e as pastagens a utilizar pelo transumante.

Além disso, era costume o proprietário de um rebanho visitar a aldeia de acolhimento antes da chegada do seu rebanho, para anunciar a sua chegada e definir as regras de acesso aos recursos, em concertação com os habitantes locais.

- 		O "*tsotse*" ou bênção do transumante.

Para as populações da paisagem *de Mahafale*, qualquer que seja a sua etnia, há uma semelhança nas tradições de transumância. [48]Antes de partirem, realizam um sacrifício chamado *"Tsotse"*. Durante o culto, os transumantes pedem a bênção dos deuses e dos antepassados para a prosperidade do seu gado e para uma boa saúde durante a transumância. [49]Sacrificam uma cabra ou uma ovelha, mas não um boi. Nesta ocasião, borrifam o curral e os bois com o "grigri dos antepassados". No regresso, fazem também um sacrifício de agradecimento.

- 		O *Kabary* ou rito de conciliação social e de resolução de litígios.

O *Kabary* é simultaneamente um rito e uma reunião de conciliação social conduzida pelo *Mpitan-kazomanga* para resolver disputas e desacordos no seio da sociedade. As infracções cometidas e os tabus ou proibições desrespeitados são discutidos e resolvidos, com a possibilidade de sanções.

- 		O *Vilo*, ou marca simbólica para afirmar o direito à terra

O boi desempenha um papel fundamental na conquista e ocupação do novo espaço. Ele traz uma marca simbólica na orelha, o *vilo*, que perpetua e afirma a existência de um grupo através dos tempos e na sociedade. De acordo com este conceito, o boi, pela sua presença, permite ao criador afirmar naturalmente os seus direitos sobre a terra.

- 		Outros ritos e tabus associados à transumância

Outros ritos tradicionais estão ligados à transumância, como o uso de grigri para afastar doenças e *malaso*, e para assegurar o bom desenvolvimento e a prosperidade do rebanho. Existem também vários tabus, tais como a proibição de usar sal durante a transumância e a utilização de tochas acesas durante a noite.

---

[48] Tsotse = Tso-drano ou bênção

[49] O sacrifício de uma galinha é aceitável se não tiver cabras ou ovelhas para aqueles que não comem cabras ou ovelhas.

[50]Em *"Kialo"*, um grupo de conhecidos imola uma cabra para pedir hospitalidade aos habitantes locais. Os antigos transumantes aproveitam a ocasião para explicar aos recém-chegados as regras que regem o seu território de acolhimento.

Durante este reagrupamento, os rebanhos são acompanhados pelos próprios proprietários, ou por membros da sua família ou aldeões contratados para lhes fornecer água e forragem. Estas pessoas permanecem com os animais durante todo o período de transumância, ou seja, até cinco ou seis meses consecutivos.

Nas savanas orientais, os rebanhos descansam e engordam, alimentando-se de plantas forrageiras abundantes e de boa qualidade. A quantidade de água, embora seja um fator limitante noutras épocas do ano, é geralmente suficiente para sustentar não só os rebanhos locais mas também os do litoral. No final da estação das chuvas, a água torna-se cada vez mais escassa e os rebanhos regressam ao litoral em março ou abril, completando assim o ciclo anual.

[51]Os *konda* , ou zebus puxados por carroças, não fazem a transumância e permanecem durante todo o ano na zona costeira. São parcialmente alimentados com resíduos de culturas, que constituem um bom suplemento forrageiro, mas não abundante. Por vezes, são espetados dentro dos recintos *(vala)* após a colheita.

A maioria dos caprinos e ovinos permanece na zona costeira durante todo o ano. Apenas alguns, principalmente pertencentes a criadores de zebu que não podem contratar um assalariado para cuidar dos seus pequenos ruminantes, participam na transumância.

As doenças mais comuns na paisagem de *Mahafale* são as seguintes

> ➢ *Besoroke* ou "carvão", que provoca uma inflamação do ombro;

> ➢ *Beareke*, uma doença fatal que incha o pâncreas dos animais;

> ➢ *Kopake*, que provoca paralisia.

Os *Mahafale* gostam de criar bois vermelhos ou brancos porque são fáceis de vender desta forma. Além disso, os criadores de hoje começam a concentrar-se na transação (venda de bois, troca de bois de tração). Estão mais preocupados com a saúde do seu gado e aceitam vacinar os seus bois, mesmo que a vacinação custe 1000 *Ariary* por zebu.

Os bois de cor escura, como os pretos ou castanhos, são utilizados para venerar Tambahoake (um espírito considerado dono da floresta). Para respeitar Tambahoake, o possuído deve imolar um boi, mas não uma cabra ou uma ovelha.

Para fazer um sacrifício para que a chuva caia, oferece-se um boi preto com a testa branca (*Tsiriry em Mahafale*). Em suma, os bois de cor escura são utilizados para as oferendas.

De acordo com os nossos resultados, os inquiridos do distrito *de Betioky* têm muito mais gado do que os do distrito de *Ampanihy*. Eles temem o possível desaparecimento da raça bovina malgaxe.

---

[50] O espaço de acolhimento dos transumantes
[51] Esta palavra vem do francês condamner, porque os bois de tração são condenados a ordenhar as carroças. Esta é a sua única função.

[52]Os transumantes revelaram que apenas o heteropogon contortus (*ahidambo em mg*) é preferido pelos bois, pois engorda-os rapidamente e, sobretudo, tem poderes afrodisíacos. [5354]A samanta e *a raketa* (cato de espinho queimado) são alimentos de sobrevivência.

Devido à insegurança, os pastores transumantes estão a refugiar-se no interior do parque. Espalham-se pela parte sul da nova extensão.

De acordo com a nossa breve entrevista com os chefes de sector do Parque, o chefe de sector sediado em *Beahitse* informou-nos da existência dos "Dez Mandamentos de *Itampolo*", que estabelecem que é permitida a circulação de bois dentro do Parque, a existência de aldeias dentro do Parque, o enterro dentro do Parque e o corte de madeira para caixões dentro do Parque. No interior do parque, *Ankororoke* é um conhecido local de repouso para os transumantes provenientes da parte sul de *Itampolo*.

A criação de áreas de repouso fora do parque merece ser cuidadosamente considerada, dado que os pastores transumantes se deslocam atualmente dentro do parque devido à insegurança.

A título informativo, já elaboraram um projeto de *Dina* para governar a zona de *Antselempasy*, no distrito de *Maroarivo* de *Betioky*.

1.1.4.2.1 Força de trabalho

De um modo geral, os rebanhos são tratados por homens jovens da família do proprietário. Quando uma família não tem filhos homens mas tem dinheiro, pode contratar um pastor profissional para fazer o trabalho. Neste caso, o empregado recebe um zebu de 2 anos como salário anual.

No início da estação seca, a carga de trabalho envolvida no pastoreio do gado zebu é menor. As vacas precisam de ser ordenhadas uma vez por dia e os rebanhos são fáceis de vigiar. À medida que a estação avança, a necessidade de mão de obra aumenta devido à utilização de samanta e *raketa* como plantas forrageiras. Esta utilização atinge o seu pico em agosto e setembro. Durante este período, os pastores têm de trabalhar quase todo o dia para colher e preparar esta forragem. Os ramos de samanta *são* cortados e picados, enquanto as folhas *de raketa* são queimadas superficialmente p a r a retirar os espinhos antes de serem cortadas em pequenos pedaços. A recolha da lenha, a recolha dos caules *de raketa*, a sua disposição em montes, a queima dos espinhos (feita à noite) e o seu posterior corte ocupam noites e dias inteiros de uma pessoa que cuida de 30 zebus.

No final da estação seca, as vacas já não precisam de ser ordenhadas, a fim de conservarem o leite para os vitelos. O trabalho de preparação das plantas forrageiras aumenta. A vigilância dos rebanhos torna-se então a tarefa mais exigente, pois a transumância requer uma mão de obra suplementar para acompanhar os rebanhos. A guarda dos rebanhos a leste do planalto representa também um pesado encargo, devido ao risco de roubo de gado, ainda que este risco seja reduzido durante a estação das chuvas.

---

[52] Alguns membros do Zamasy CoBa já tentaram cultivar esta variedade de erva em casa, para se prepararem para deixar de transumir mais tarde, porque para eles a procura desta erva significa ter de percorrer grandes distâncias.
[53] samanta (Euphorbia stenoclada)
[54] Raketa (Opuntia sp.).

Os rebanhos de cabras e ovelhas são tratados por rapazes a partir dos 7 ou 8 anos de idade. As cabras são ordenhadas 3 vezes por dia durante a estação das chuvas até ao início da estação seca.

Por último, o sector da pecuária (em especial o sector do zebu) evoluiu muito pouco, tendo permanecido numa fase "contemplativa", mais cultural do que económica. Foi gravemente afetado pelas condições climáticas desfavoráveis dos últimos anos, uma vez que as longas secas são sinónimo de falta de forragem, problemas de abeberamento, transumância longa (distância e duração) e doenças animais mais frequentes e intensas. Além disso, a insegurança, associada à seca, à fome e à instabilidade política, continua a agravar-se. As culturas forrageiras são praticadas por um número muito reduzido de agricultores e ainda não atingiram uma escala viável.

1.1.4.3   Artesanato

As actividades artesanais incluem a cestaria e a tecelagem (*tegnone*), a escultura (arte *Mahafale, aloalo*), a construção de túmulos *Mahafale*, o fabrico de carroças, a forja, a carpintaria, a construção de casas e a joalharia. De um modo geral, o artesanato da paisagem *Mahafale* caracteriza-se pela falta de organização e de profissionalismo, pelo subequipamento, por matérias-primas insuficientes e caras, pela falta de escoamento e pela baixa produção.

60% das mulheres *Mahafale* sabem tecer esteiras e cestos de fibras para as necessidades da sua família, mas esta atividade tornou-se uma atividade secundária, motivada pela necessidade de compensar o rendimento insuficiente para as despesas familiares: compra de vestuário e medicamentos, contribuições para a segurança social, compra de bens de primeira necessidade, etc. Uma desvantagem desta profissão é a falta de matérias-primas.

O fabrico de carroças e a forja de pequenas alfaias agrícolas (pás, machados, assegais) desempenham um papel importante nas actividades geradoras de rendimento. O principal mercado é o mercado semanal.

[55]A terceira atividade mais comum é a construção de casas e, sobretudo, a mudança do telhado para *"boka"* durante a estação seca. Esta é uma atividade regular e constitui uma fonte de rendimento relativamente importante para alguns jovens durante a época de escassez. As outras actividades artesanais são muito limitadas.

A paisagem *de Mahafale* é conhecida em todo o mundo pela sua tecelagem de tapetes de mohair. [56]A escultura é praticada por todos, com exceção da escultura em *aloalo*, reservada exclusivamente aos homens, e da construção de carroças, que é o meio de transporte mais utilizado pelos habitantes da paisagem. O entalhe *do aloalo* e a construção de carroças são benéficos para os que se dedicam a este sector.

Por outro lado, durante o período de colheita, há uma interrupção da produção entre os artesãos.

Mas, atualmente, a carpintaria, os bordados e a tecelagem de seda começam a ganhar terreno.

---

[55] Seco Heteropogon contortus
[56] Escultura destinada a decorar um túmulo da região.

Por último, as pequenas empresas não agrícolas, como o fabrico de rum local (*toaka gasy*), podem também ser consideradas como produção em pequena escala.

1.2　Coesão no seio da comunidade

O ponto de partida para uma avaliação da participação dos cidadãos n a s acções de conservação dos recursos florestais é a relevância da escala da ação de desenvolvimento local, ou seja, a própria comuna. Os responsáveis das ONG afirmaram *que "é mais fácil criar solidariedade no campo do que na cidade"*. No entanto, cada comuna ou território dos elementos da população da comuna e a realidade global da comunidade rural serão assim justificados, para ver se isso tem alguma consequência na participação de cada pessoa no desenvolvimento da sua comunidade ou na conservação da biodiversidade. Poderemos então alcançar a participação exigida pela democracia se existir uma diferenciação social?

Para o efeito, serão levantadas algumas questões para clarificar a situação.

1.2.1　Coesão familiar

A família é a unidade básica da sociedade. Representa uma organização ideal para uma participação efectiva e bem coordenada. D e f a c t o, o incentivo à mobilização da família é facilitado pelas regras e disciplinas que unem estreitamente os membros da família.

Além disso, a família malgaxe continua a ser uma instituição tradicional, onde todas as representações colectivas e todos os costumes são orientados para a reprodução da *"aina"*, para o aquecimento da ideia de viver em conjunto e para a transmissão de um património material, biológico e simbólico de geração em geração. Desta forma, o grupo familiar pode exercer o mais estrito controlo sobre os seus membros, porque, no seio do grupo, o comportamento dos membros da família é programado de acordo com esta instituição.

A realidade observada no terreno reflecte uma entreajuda familiar incitada pelos chefes de família (homens ou mulheres) ou uma entreajuda devida a afinidades desenvolvidas no passado. Em geral, esta entreajuda é designada por *"rima"* em *Mahafale* ou *"valin-tanana"*. As relações familiares facilitam assim a mobilização da população, uma vez que as afinidades permitem transmitir mais rapidamente as informações necessárias para consciencializar cada um dos seus deveres e incentivá-los a cumpri-los.

No entanto, no fundo desta realidade do planalto *de Mahafale*, a instituição familiar tende a perder a sua virtude. Quando se trata de conservar os recursos naturais renováveis, os membros já não estão preocupados em respeitar as regras em nome do grupo e dos seus próprios interesses, porque estão a surgir novos valores e têm mais liberdade de escolha. Por conseguinte, a própria família começa a desagregar-se e o carisma das autoridades é ameaçado. A implementação da transferência de gestão em torno do planalto *de Mahafale* está a esgarçar o tecido social. O caso de CoBa *Mizakamasy* e de *Ambolisogno* é a prova disso.

Estes agrupamentos familiares distinguem-se uns dos outros e reacendem as divisões entre eles: os grupos dos primeiros a chegar querem distinguir-se dos recém-chegados. Por outro lado, a identificação com os antepassados conduz a divisões no seio da comunidade. Os descendentes das famílias numerosas que fundaram os terroirs orgulham-se de ser os

"Tompon-tany" (donos do terroir) e, por conseguinte, existem divergências latentes entre os primeiros e os recém-chegados, ditos neo-rurais.

Os "neo-rurais" estão a emergir porque são mais instruídos do que os primeiros a chegar, ou seja, os nativos; os neo-rurais administram o planalto à sua maneira. São professores e agricultores que vivem nas comunas do planalto *de Mahafale*.

No decurso de um inquérito efectuado durante a nossa visita de campo, as pessoas das famílias numerosas que fundaram os territórios onde a gestão dos recursos florestais foi transferida para as comunas disseram-nos que, aquando da elaboração dos seus instrumentos de gestão, os detentores do poder, juntamente com as ONG ambientais, escolhiam quem podia e quem não podia participar, como bem entendiam. Declararam unanimemente que havia nepotismo na constituição dos comités de gestão que deviam participar n a elaboração destes instrumentos de gestão e na gestão dos recursos naturais.

Por outro lado, durante a nossa entrevista com os chefes distritais da comuna, eles afirmaram que o desenvolvimento destes instrumentos de gestão exige um mínimo de capacidade:

> *"Não se pode conceber uma estratégia de desenvolvimento eficaz e adequada ou um plano de ordenamento do território se não se tiver formação. [Chefe do distrito de Bemanateza]*

Por isso, desafiaram o nível intelectual das pessoas. No entanto, os parceiros são catalisadores e o seu papel é ajudar as pessoas a formularem as suas aspirações no plano de desenvolvimento e no plano de conservação destes recursos naturais.

Na paisagem de *Mahafale*, os neo-ruralistas querem mudar a situação política e, sobretudo, a estrutura social existente. Tentam marginalizar os autóctones de várias formas, nomeadamente nos assuntos públicos e nos encontros oficiais de formação organizados pelas ONG de apoio. O resultado é uma quebra de coesão na comuna, provocada por um antagonismo social oculto: daí a fraca taxa de participação na aplicação do plano de desenvolvimento e dos instrumentos de gestão dos recursos florestais.

No entanto, as comunidades da paisagem *de Mahafale* manifestaram, de um modo geral, o seu desejo de conservar os recursos florestais que as rodeiam.

Figura 1: Motivação para proteger a floresta

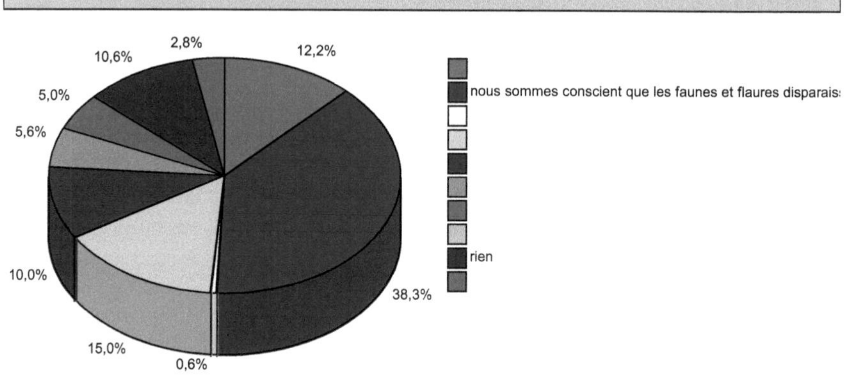

Fonte: O nosso próprio inquérito, 2014

Neste gráfico, três razões motivam as comunidades a proteger os recursos florestais que as rodeiam. A primeira razão é a consciencialização da comunidade para a ameaça de desaparecimento da flora e da fauna: 38,3%. A segunda razão para motivar as pessoas a proteger a floresta deve-se às actividades de sensibilização do WWF: 15% dos inquiridos. A última razão é o receio da aridez do seu solo: 12,2% dos participantes no inquérito. Por outro lado, 10,6% dos inquiridos não tinham qualquer motivação para proteger os recursos florestais em torno do Parque *Tsimanampesotse.* 10% estavam motivados para proteger as suas florestas a fim de obterem ajuda financeira de organizações de apoio.

1.2.2 Pertencer a uma categoria social

A pertença a uma ordem social tradicional é mais ou menos oculta. Tem pouca influência na vida quotidiana das pessoas. Já referimos este facto em capítulos anteriores.

A posição de uma pessoa é definida sobretudo pelos seus sentimentos de identidade, pelas suas reticências ou pelas suas afinidades.

O quadro seguinte apresenta algumas das principais caraterísticas da participação das pessoas por categoria.

Quadro 3: Nível de participação por categoria

Nível de participação	Autoridades locais				Membros da VOI				Não membros da VOI				Total geral	
Tipo	Homens		Mulher		Homens		Mulher		Homens		Mulher			
Posição	Nb	%	Nb	%	Nb	%	Nb	%	Nb	%	Nb	%	Nb	%
Andriana	84	47,19	-	-	17	10,11	08	25	45	16,98	62	39,49	216	27
Hova	58	32,58	-	-	78	46,42	15	46,87	158	60,37	75	47,77	384	48
Andevo	0	0	0	0	0	0	0	0	0	0	0	0	0	0
Estrangeiros	36	20,22	-	-	76	45,23	9	28,12	59	22,64	20	12,73	200	25
Total	178	100	-	-	171	100	32	100	262	100	157	100	800	100

Fonte: O nosso próprio inquérito, 2014

De acordo com esta tabela, são os *Hova* que estão mais motivados para participar na gestão dos recursos naturais renováveis, uma vez que são 384 pessoas e a sua taxa de participação na transferência da gestão dos recursos naturais é de 48%. Seguem-se os *Andriana* e os estrangeiros (27% contra 25%).

Para além disso, os descendentes de *Andriana* estão muito mais interessados no desenvolvimento do seu território do que os descendentes de Hova (47,19% contra 32,58%). Isto pode dever-se ao grande número de *Andriana* no comité executivo de cada comuna.

É também de referir que a comunidade *Mahafale* estava dividida em apenas duas ordens: *Andriana* e *hova*. O grupo *andevo* não existia entre os Mahafale.

No que diz respeito ao grau de participação por género, o das mulheres é muito baixo em comparação com o dos homens, uma vez que 23,62% da população total são mulheres e apenas 4% delas participaram na gestão dos recursos florestais. Esta atitude pode ser explicada pela sua capacidade, bem como pela sua cultura, que as limita ao trabalho doméstico. Exceptuando as *Andrianas* que ousam afirmar-se, é difícil pedir aos inquiridos que se definam em termos da sua posição social, e foi através do seu comportamento durante a entrevista e dos seus lucros que tirámos conclusões.

Os *Andriana* administram o seu território com os neo-rurais. Quanto aos *Hova*, sentem-se excluídos desta administração, porque as pessoas com maior responsabilidade no seu território são *Andriana* e é por isso que se atrevem a reclamar o estatuto de proprietário. Os descendentes de *Hova* são totalmente marginalizados do poder executivo e mesmo na *Fokontany*, mas fazem o trabalho no campo como assalariados.

Esta forma de exclusão, baseada numa divisão social virtual, está a bloquear a abordagem participativa para o desenvolvimento bem sucedido da paisagem *de Mahafale*.

Durante uma entrevista de grupo com os habitantes do planalto *de Mahafale*, interrogámo-los sobre a sua perceção da coabitação e das relações com outros habitantes de nível social diferente, de onde deduzimos que esta se revela difícil, pois existe o risco de destruição total da coesão social.

A "luta de classes" entre os não nativos e os nativos da paisagem *de Mahafale* está a levar à desestruturação da comunidade, o que, por sua vez, irá desmotivar os cidadãos no processo de desenvolvimento e, especialmente, no processo de gestão do ecossistema florestal.

No entanto, o casamento entre *Hova* e *Andriana* levou a uma mistura das comunas. Esta mistura teve duas consequências: reduziu a tenacidade do antagonismo social, mas também reforçou a coesão da comunidade para que esta pudesse "dar as mãos" (*mifanome-tanana*) para a conservação dos recursos naturais e o desenvolvimento da sua comuna. A não participação registada entre os descendentes *de Hova* pode ser transformada em participação indireta, uma vez que são eles que fornecem a força de trabalho na sua comuna.

Em suma, podemos esperar que o resultado desta mistura apareça em breve, mas até agora a posição social tem sido decisiva na divisão de tarefas. Este facto pode perturbar a coesão das mulheres, uma vez que o papel de cada uma já está estabelecido de família p a r a família.

1.2.3   A existência de instituições fortes nos municípios

1.2.3.1   Os templos

"Toy ny ladim-boatavo ny olombelona ka raha fotorina dia iray ihany" - Literalmente, significa que o homem é considerado como o caule rastejante de uma cabaça, mas quando se procura a sua raiz, ela é única. Este adágio ilustra a *fihavanana* malgaxe baseada na ajuda mútua e na c o n v i v ê n c i a. As pessoas estão conscientes da sua fonte, e essa fonte é Deus ou os antepassados:

> *"Além disso, os razana não são passivos; devem intervir na vida quotidiana dos vivos, quer penalizando aqueles que não demonstram o respeito e a veneração a que têm direito, quer, pelo contrário, recompensando aqueles que cumprem as suas obrigações de todo o tipo para com eles"* [RAKOTO (I) ; RAMIANDRASOA (F) et RANDRIAMBOAVONJY (R), 1995].

Existe sempre uma ligação entre os vivos e os antepassados.

Quando os habitantes locais se identificam com o s seus nobres antepassados, fundadores da sua terra, parece que estão ligados ao templo. O facto de ser descendente de uma grande família, de frequentar o templo, d e ter aí uma responsabilidade importante, leva o indivíduo a ser dinâmico e ativo no serviço do seu território.

Os habitantes do planalto *de Mahafale* são muito ligados à sua religião tradicional. Este apego também se reflecte no primeiro contacto que os líderes dos distritos *de Marofototse* e *Behombe* tiveram com a   ONG AVSF quando esta lançou a introdução de uma nova técnica de cultivo: SCV em 2007.

O planalto é o lar de muitos lugares sagrados. Estes são geralmente as casas de *Tambahoake*, um espírito adorado pelas comunidades. De facto, a maioria dos lugares sagrados está incluída nas terras transferidas para as comunidades.

De um modo geral, as seitas não actuam como catalisadores do desenvolvimento, mas antes como pregadores da Bíblia. No entanto, estão a mudar a sua abordagem. Deixam que os seus seguidores participem na conservação dos recursos florestais, de modo a atrair muitos apoiantes.

Durante a nossa entrevista com um catequista de *Jesosy Famonjena*, ele afirmou que

> *"Mesmo que não haja nada a esperar neste mundo terreno, encorajamos as pessoas a respeitar e a proteger os recursos naturais, para que tenham consciência de que só Deus lhes pode dar uma nova esperança: uma vida sem dificuldades nem lágrimas, que é a vida eterna".*

Isto prova o desespero do povo malgaxe no que diz respeito ao crescimento económico, e a sua última esperança é confiar a sua vida ao Criador; já não procuram uma saída para a sua pobreza; além disso, o nível intelectual destes seguidores é geralmente muito baixo. Para além disso, estas seitas fazem todos os esforços para ganhar um grande número de seguidores. Para isso, recrutam seguidores das principais igrejas, tanto católicas como protestantes, daí o desacordo latente entre os dirigentes dos templos da comuna de *Betioky*. E m vez de ser uma força unificadora que incentiva a participação da comunidade, o templo tornou-se uma fonte de divisão comunitária. As seitas estão a ficar marginalizadas e a enraizar-se na periferia da comuna.

Finalmente, a noção de comunidade religiosa é omnipresente no planalto *de Mahafale*. É muito importante porque estrutura o ritmo social e porque reúne a quase totalidade da população em função de diferentes temporalidades simbólicas. Quer seja católico, protestante ou tradicional, o *mpitan-kazomanga* (mestre de culto) tem grande influência, e a relação com Deus é simultaneamente submissa (Deus é o poder superior que ordena o mundo) e dinâmica (as pessoas imploram a Deus ou aos seus representantes, interagindo com o mundo invisível). No entanto, os laços de solidariedade entre os crentes são pouco desenvolvidos, pois cada um tem uma relação pessoal com Deus. Assim, a comunidade religiosa não é sinónimo de solidariedade.

Apenas alguns ritos tradicionais, como o *enga lolo* (cerimónia fúnebre), implicam trocas simbólicas e reciprocidade económica a nível familiar. Por exemplo, durante certas cerimónias, são distribuídos presentes aos membros mais necessitados do grupo de parentesco, através de doações aos espíritos (*soro*). Deste modo, os espíritos satisfeitos satisfazem os desejos dos doadores e as pessoas que recebem as dádivas (em espécie) comprometem-se a prestar serviços aos seus benfeitores.

1.2.3.2   A forte presença de um partido político

Os partidos políticos e a sociedade são como a água e o arroz, são interdependentes. Os partidos desempenham um papel fundamental na formação da vontade política do país. Fornecem ao Estado ou às colectividades locais descentralizadas os quadros políticos, através de eleições e nomeações democráticas. Devem incentivar a participação ativa dos cidadãos na vida política, a fim de alcançar um desenvolvimento sustentável e harmonioso no país.

No entanto, são vistos como uma fonte de conflitos políticos, de corrupção e de escândalos financeiros, nomeadamente após a procura de dinheiro por parte do presidente do CoBa,

Magnasoa Tane de *Behombe*. Esta pessoa tem dois chapéus porque é também membro do gabinete político de *Hiaraka Isika*. Para usufruir das escunas para vedar os campos ou para os currais dos bois, é preciso pagar 200.000 Ariary. Os agricultores pagaram esta quantia, mas não receberam nada.

Além disso, o período de renovação do contrato da CoBa coincidiu com o período de eleições municipais abortadas durante a transição em 2011-2012.

A maior parte dos comités de gestão da CoBa eram membros do partido AVI e, durante a campanha de propaganda presidencial, o AVI dividiu-se em dois blocos: um manteve-se fiel ao seu partido, que apoiava o candidato *Hery Rajaonarimampianina*, e o outro reforçou as fileiras do novo partido: o MMM. Os detentores do poder escolheram quem deveria participar na transferência da gestão dos recursos florestais para os seus territórios.

A crise de 2009, provocada pelo protesto do TGV e dos seus aliados que queriam a todo o custo validar o respeito pela escolha dos cidadãos, agravou a zizânia entre os apoiantes dos dois clãs, *pró-Ravalomanana* e pró-TGV.

De um modo geral, a origem de qualquer iniciativa de desenvolvimento local é a insatisfação com uma situação que já não responde às necessidades e aspirações dos indivíduos ou grupos de indivíduos de uma comunidade. Esta fase permite que os diferentes actores tomem consciência da utilidade da sua participação no desenvolvimento da sua localidade. A aplicação de uma política de desenvolvimento local exige que os actores envolvidos trabalhem em conjunto e criem redes e mecanismos de parceria. Por conseguinte, não há desenvolvimento local sem sensibilização dos eleitos locais, vontade comum de agir, capacidade colectiva de lançar e apoiar o processo de desenvolvimento, valorização dos recursos, reconhecimento e apoio das iniciativas locais pelos eleitos locais. Por outras palavras, a sensibilização da população interessada para estimular as iniciativas locais e provocar uma autoanálise da situação por parte da população local com vista a reativar uma dinâmica interna de discussão e de mudança.

Consequentemente, o evento que desencadeia a consciencialização é interno ou externo à comunidade.

No primeiro caso, a comunidade não é o iniciador da consciencialização colectiva: o evento desencadeador é provocado por um ator externo. Os iniciadores exprimem as suas opiniões e tentam reunir em torno de si uma parte da população para reforçar a sua posição. Trata-se de uma resposta a uma situação em que a solução reside numa autoridade exterior ao grupo em causa. Neste caso, quando a comunidade está em condições de reagir, adopta um modo de ação passivo.

No segundo caso, a comunidade ou um pequeno grupo dentro da comunidade tomou consciência de certos problemas que estão a minar a população, ou de certos sinais de alerta de crise. Neste segundo cenário, o evento desencadeador terá lugar de forma ativa. A comunidade terá o controlo da escolha e da condução das respostas adequadas à situação. Os dois principais mecanismos deste modo são: a participação, ou seja, o acesso dos indivíduos às esferas de decisão, e a planificação, ou seja, a definição de objectivos precisos e dos meios para os atingir.

Neste segundo caso, a única perspetiva é a de uma ação coordenada, levada a cabo por pessoas preocupadas, motivadas e capazes de lançar e apoiar um projeto de desenvolvimento ou um projeto de conservação dos recursos naturais renováveis. Esta é a via ideal para o desenvolvimento local.

No entanto, a participação da população na vida política depara-se com muitos problemas na vida da comunidade. A participação da população na vida política vai encontrar muitos problemas na vida da comunidade. A população tornou-se desconfiada, o que afectou a sua solidariedade. A vida da comunidade *Mahafale* degenerou gradualmente. Esta situação tornou-se muito evidente durante a mobilização social.

Em suma, a incapacidade de integrar toda a população na mobilização social, devido à existência de laços familiares de diferentes categorias ou à segregação de grupos nas comunas, tem um impacto negativo na vontade das pessoas de participarem na gestão/conservação dos recursos florestais e, sobretudo, no desenvolvimento comunitário. Além disso, só as grandes instituições mantêm um certo dinamismo entre os habitantes das comunas e são capazes de mobilizar mais facilmente os habitantes.

Assim, no caso do planalto *de Mahafale*, os factores políticos, sociais e familiares têm uma influência direta na participação dos membros da comunidade na conservação dos recursos naturais renováveis e no desenvolvimento das comunas que compõem a paisagem.

1.2.3.3   Contradição entre duas aldeias: ascendente e descendente

Antes de mais, a comunidade *hazomanga Mahafale* é um Estado fundamental dentro do Estado. Os *Mahafale* não levam consigo a sua *hazomanga* quando imigram. Regressam sistematicamente para circuncidar os filhos homens ou celebrar ritos familiares em frente da *hazomanga*. A hazomanga, que é plantada no chão, é uma fundação sagrada. Marca a propriedade da terra. Os pais fundadores plantaram-na para significar que se estavam a estabelecer ali e que a terra lhes pertencia; tornaram-na sagrada através deste rito de fundação, daí o nome muito especial de acampamento ou *Toby* (a terra do grupo). Para os habitantes do planalto *de Mahafale*, o poste *hazomanga* e a comunidade são inseparáveis, porque o poste cósmico plantado significa um templo concreto da comunidade. A comunidade é uma comunidade orante fundada no solo após o rito de fundação pelos pais fundadores. O poste representa a realidade no centro da comunidade (a vida de descendência). A vida de descendência é o coração deste sistema. Tocar na *hazomanga* é tocar nesta vida e, por conseguinte, matar a comunidade. A forma pontiaguda do mastro levantado em direção ao céu é uma oração contínua.

[57]A comunidade *Mahafale* pratica a autogestão de cima para baixo: autogestão significa tomar a seu cargo a administração e a gestão de uma comunidade, em vez de "domesticar" e "despojar" a administração.

---

[57] A autogestão da descendência pode ser resumida em três aspectos:

-   a consciência dos descendentes de serem uma comunidade nascida da mesma "aina" divina de descendência. Esta comunidade é então confrontada com a batalha da vida;

-   Gerir os descendentes significa também gerir a auto-gestão desta vida dos descendentes. A comunidade tem consciência de ser auto-dinâmica e auto-responsável, tanto a nível pessoal como comunitário. Este é o núcleo da autogestão da linha descendente, uma autogestão de baixo para cima. Esta dinâmica de auto-gestão de baixo para cima foi agora quebrada pelos missionários e pelas ONG;

No entanto, a cidade também tem algo a dizer sobre a sua gestão. A figura seguinte revela a contradição entre as aldeias.

Figura 2: Contradição entre as aldeias descendentes e ascendentes

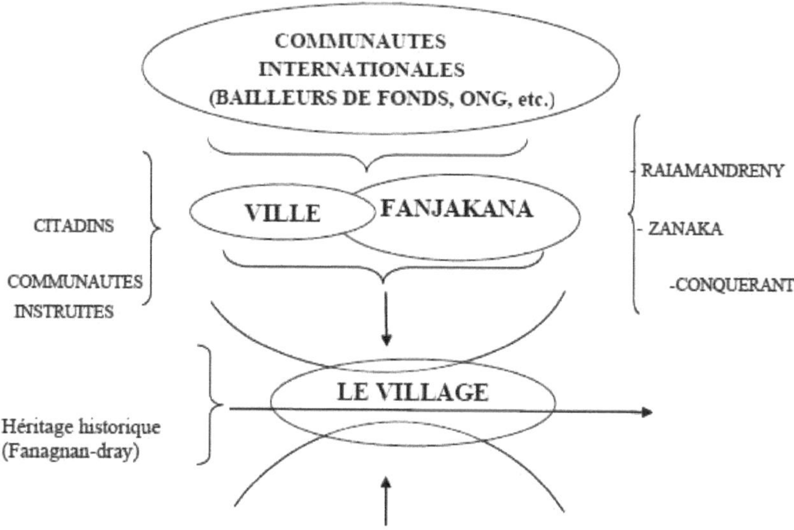

Comunidade sacerdotal e protetora de descendentes (CPPD)

Fonte: Parson RAMBINIZANDRY, 2014

Esta figura mostra duas dinâmicas que se chocam na atual aldeia *de Mahafale*:

-   dinâmica ascendente baseada na dinâmica *hazomanga*. A este respeito, a aldeia ascendente constitui o primeiro nível de uma nova forma histórica de viver em conjunto. Esta será a *fokonolona* ascendente;

-   por outro lado, a *Fanjakana*, a cidade e as comunidades internacionais que lhe são indissociáveis penetram e conquistam esta aldeia ascendente e aí colocam os seus agentes. Como resultado desta conquista, existe uma contradição fundamental entre a aldeia e a *Fanjakana.* Concretamente, a aldeia descendente encontra-se na aldeia sob a forma de agentes do Estado: o chefe *de Fokontany,* o presidente da câmara, o chefe do distrito, a gendarmaria, os extensionistas e os chefes de Cantonnement, os professores e a rádio. Por outro lado, a cidade está presente através dos comerciantes, mas também dos reformados, das crianças instruídas da aldeia e sobretudo dos modelos culturais da cidade. Por fim, as comunidades internacionais, através do Banco Mundial e das ONGs internacionais de desenvolvimento, civilizam as aldeias, difundindo as mensagens de

---

-   Por fim, a autogestão dos descendentes diz respeito à gestão da economia dos descendentes (gestão dos sujeitos dos descendentes ou "aina" sujeitos de vida para fazer uma posteridade válida ou "vagnogne" e solidariedade parental de entreajuda ou "rima" ao nível do trabalho de linhagem).

conservação integrada, de partilha equitativa dos benefícios e de gestão sustentável dos recursos dos bens comuns. Por conseguinte, são os agentes externos que decidem o destino da aldeia. Por outro lado, os aldeões, que dependem deles, são marginalizados, afastados e estruturalmente excluídos. A partir destes elementos, a aldeia *de Mahafale* apresenta-se no seu quotidiano muito precário, muito duro, mas muito essencial.

A dominação interna e externa produz uma crise generalizada na aldeia. Esta crise manifesta-se sob diversas formas de contestação. Para contrariar esta pressão descendente, as comunidades do planalto *de Mahafale* adoptaram as duas estratégias seguintes:

- uma estratégia de recusa e de retração: a aldeia defende-se à sua maneira, em silêncio e recolhendo-se em si mesma. A comunidade rejeita as trocas comerciais e é autossuficiente em termos de descendência e autossuficiência, daí a rejeição do cristianismo, da *Fanjakana* central ou descentralizada, do gendarme, do chefe de cantão e, sobretudo, da escola;

- uma estratégia de recurso a fenómenos de possessão. É o caso dos fenómenos *do "bilo"* e da *"tromba"*, que mobilizam a aldeia quase todas as noites (uma liturgia nocturna);

- uma estratégia de partida: de facto, a comunidade está condenada a encontrar a sua subsistência e o seu dinheiro. A aldeia está empobrecida, os descendentes têm imensas necessidades em relação aos antepassados ou aos funerais, à relação *fanjakana*, à igreja, daí a partida dos membros da comunidade:

    - simples saída por conta de outrem ou migração sazonal em busca de dinheiro ;

    - períodos mais longos de escolaridade e de acumulação nas cidades e regiões.

1.3 Confiança entre gestores e trabalhadores

"Se o líder persistir nas suas atitudes negativas e na sua recusa de confiar em alguém, não terá esperança de fazer prevalecer a lei; nada se constrói sem confiança (...a confiança c o n s t r ó i - s e)" [DEMONQUE M., EICHENDERGER J.Y, 1968].

Isto requer confiança mútua entre os gestores e os geridos; é um processo que se constrói pouco a pouco.

A participação de cada membro do grupo depende da escolha do líder e da sua capacidade de fazer prevalecer a confiança mútua ou a relação de poder da comunidade. Os líderes que querem envolver toda a comunidade num projeto devem mostrar que estão livres de qualquer compromisso, que não estão sufocados por obrigações externas ou excessivamente preocupados apenas com os seus próprios interesses, porque também há outras preocupações: o interesse geral da zona ou da comuna. É assim que poderão ganhar a confiança dos cidadãos, o que pode ser confirmado porque a relação sócio-política do planalto *de Mahafale* influencia as formas de participação dos habitantes.

As relações entre as autoridades e a população local variam consoante os grupos sociais. A inexistência de uma estrutura de diálogo ao nível da Comuna, onde os cidadãos se possam exprimir livremente, pode ser a principal razão para este facto. Apesar do apoio da Comuna à criação de comunidades de base para a gestão dos recursos naturais e à revitalização das organizações de agricultores, o objetivo da Comuna continua a ser a procura de colaboração e de financiamento. Ainda não tenciona criar uma plataforma que possa ser um fórum de diálogo entre as autoridades e a população local, devido à falta de recursos, mas também, talvez, porque não é a sua prioridade.

O comité de desenvolvimento, que deveria ter sido criado para representar as diferentes categorias de actores rurais, não funciona devido a estas estruturas não representativas, e as autoridades não têm qualquer vontade de o reformar e revitalizar. Além disso, existe uma falta de vontade de participação por parte da população, que considera que os assuntos comunais pertencem exclusivamente aos dirigentes e que lhes compete assegurar o bem-estar de cada cidadão.

Durante um debate, por exemplo, um agricultor afirmou: *"Foi o próprio Presidente que disse que amanhã todos terão pelo menos um carro de 4 litros e serão ricos, mas até agora a minha situação só piorou"*.

É uma afirmação, talvez gratuita e vulgar, mas que reflecte uma certa imagem falsa dos detentores do poder e reflecte também a atitude dos cidadãos face às autoridades.

Para confirmar este espírito de expetativa, durante a consulta das diferentes comunidades de base, muitas delas consideraram que a existência de situações regulares, como estatutos e regulamentos internos, conduzia automaticamente ao financiamento.

Por outro lado, a instabilidade, sobretudo durante o período de transição, é sentida no campo como o resultado da desorientação do Estado, que leva a uma perda de valor das normas malgaxes e conduz o Estado à anarquia, pois *"o Estado atual não tem normas"*, e os transumantes do planalto *de Mahafale*, mostrando a sua falta de confiança nos dirigentes, consideram que o aumento do fenómeno do *malaso* é uma manobra dos dirigentes do Estado. *"A criação de gado no planalto de Mahafale degradou-se, é o Estado que está a fazer reinar o malaso"*, observou um transumante durante uma entrevista. Acusaram os dirigentes de terem criado este fenómeno *do malaso* e troçaram do governo central pela sua incapacidade de resolver o problema da insegurança, que hoje mina a nação. Assim, alguns transumantes temem que a raça bovina malgaxe se dissolva devido ao fenómeno da exportação maciça e do roubo de bois. *"O Estado deve estar atento à criação de gado, caso contrário não haverá mais gado"*.

Acusam os detentores do poder (central ou descentralizado) de venderem as suas terras. Para eles, a transferência da gestão dos recursos naturais é apenas uma forma dissimulada de venda das terras dos seus antepassados *'tanin-draza'*.

"Desde a subida dos Ambaniandro ao poder, ouvimos dizer que se multiplicam as tomadas e vendas de terras aqui e ali. Porque é que estão a vender terras que não lhes pertencem?... Até já demarcaram a nossa "kiririsa" (um lugar perto de casa onde as crianças podem brincar juntas) para fazer parte da Tsimanampesotse, que fica a 70 km de onde vivemos. Já andamos a pedir isto há muito tempo, mas acho que os nossos filhos o vão fazer. [Entrevista com uma pessoa importante em Behombe].

De acordo com esta figura proeminente, já não têm força para reclamar diretamente a terra dos seus antepassados, talvez devido ao sistema político moderno. Acredita que os seus descendentes já não aceitarão facilmente esta situação. No entanto, de uma forma indireta, os notáveis do planalto *de Mahafale* estão a contrariar esta política ou "dominação" vinda do exterior, permitindo que os membros da comunidade desocupem o parque *Tsimanampesotse*. Para além disso, houve um problema de comunicação durante a consulta pública. As razões da extensão do parque foram pouco explicadas, mas não tardaram a recolher assinaturas da comunidade para autenticar os seus argumentos.

O diagrama seguinte resume os problemas de comunicação entre os gestores e os trabalhadores.

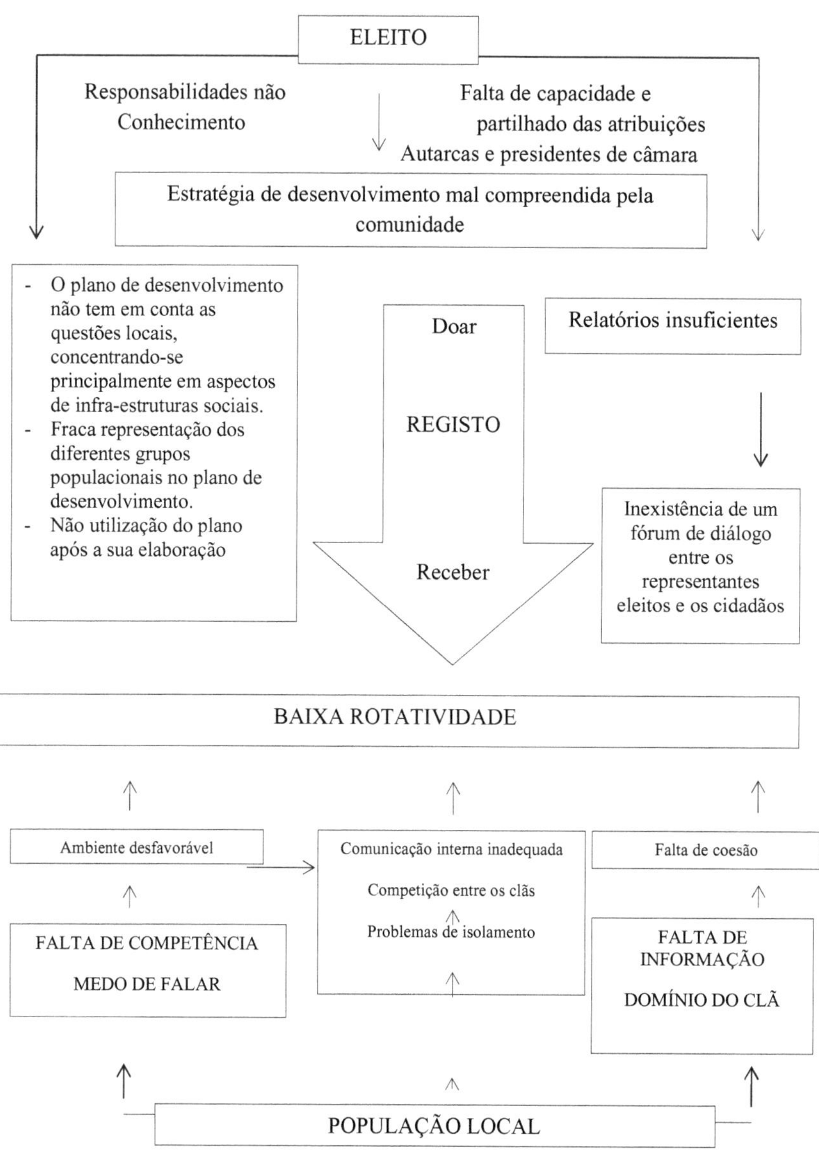

Este diagrama revela o problema de comunicação entre os dirigentes e os trabalhadores. Neste diagrama, a fraca participação dos dirigidos deve-se à falta de competência e de coesão resultante da competição entre os clãs, bem como a uma comunicação interna inadequada e a uma informação insuficiente que circula no seio da população. Esta falta de comunicação faz com que a população tenha medo de se manifestar. Por outro lado, os dirigentes eleitos têm muita relutância em partilhar as suas responsabilidades. Por falta de capacidade e de conhecimento da sua missão, os dirigentes não prestam atenção aos cidadãos. Por conseguinte, não se sentem motivados para criar um fórum de diálogo entre eles e os cidadãos. Consequentemente, a prestação de contas à comunidade é escassa ou nula.

1.3.1 Influência dos valores e instituições comunitários

Não podemos concluir apressadamente que só eles podem orientar a participação dos cidadãos no planalto *de Mahafale*. Mesmo que se tenha demonstrado que o templo cria solidariedade e que a política partidária engendra reticências e a não integração da comunidade, é também necessário apostar nas relações entre os dirigentes e os líderes das comunas para criar instituições *Fokontany* fortes que condicionem a mobilização.

1.3.1.1 Burocracia *fokontany*

Se o líder do bairro inspirar realmente confiança nos membros e não representar apenas uma autoridade formal de acordo com a estrutura hierárquica, mas se afirmar como um líder com um carisma natural, terá mais influência sobre esses membros.

A imagem do gestor distrital e a sua perspetiva podem ser associadas à do gestor no atual estilo democrático de liderança. Ele deve planear o seu trabalho de acordo com o que os seus colegas são susceptíveis de aceitar. Utiliza o tato e a diplomacia para atribuir responsabilidades e garantir que o seu pessoal aceita o que lhe é pedido. Verifica e acompanha os progressos realizados pelo seu pessoal, de modo a poder fazer uma boa projeção.

Os membros do gabinete distrital formam uma estrutura administrativa favorável à comunicação, uma vez que dispõem de agentes de comunicação e informação de cada aldeia para o *Fokontany*. Estes agentes, que estão mais próximos da população, têm um representante no gabinete distrital. No entanto, os membros do gabinete não estão à altura das suas tarefas. Não sabem como envolver os habitantes. As suas capacidades de liderança não são suficientes para ajudar o grupo a atingir os seus objectivos. Se os habitantes não progridem, é porque o chefe não soube desempenhar o seu papel de motivação da sua equipa.

Além disso, as aldeias que compõem um distrito estão bastante distantes umas das outras, o que perturba a comunicação entre as aldeias e os distritos. O contexto político também desempenha um papel importante. A relação da população com o chefe do bairro é de facto uma questão muito sensível, pois a ambivalência do seu estatuto é vista como um dos obstáculos à participação.

O chefe do distrito é nomeado por capricho do presidente da câmara, mas não é eleito através de um processo democrático. Os cidadãos têm cada vez menos confiança nos representantes do Estado no distrito, pelo que se dão ao trabalho de os conhecer melhor antes de depositarem a sua confiança nos chefes nomeados, ou mesmo nos que vêm de para-quedas da capital da comuna.

De facto, alguns chefes de distrito da periferia das comunas foram lançados de para-quedas, uma vez que só aí viviam há um mês antes da eleição comunal, com o objetivo de serem nomeados chefes de distrito dessas localidades. São, portanto, estrangeiros que aproveitaram a eleição p a r a   se integrarem nos bairros.

Para melhor gerir e controlar a população, são obrigados a recorrer a diferentes tipos de *"dina"* (regras ou convenções para os litígios). Eles próprios criaram estas convenções e validaram-nas com alguns cidadãos da aldeia. A aplicação destas *dina* foi, portanto, recebida com relutância pelos membros do gabinete de bairro, porque a assembleia geral que decidiu criá-las não era verdadeiramente representativa de todos os habitantes do bairro, mas a sua eficácia foi apreciada. Isto levanta a questão de saber se os chefes de bairro devem ou não ser excluídos do projeto de conservação e/ou de gestão dos recursos naturais e do projeto de desenvolvimento, a fim de melhor encorajar e maximizar a participação dos cidadãos.

A maioria dos habitantes sente-se marginalizada no que diz respeito à tomada de decisões; além disso, sente-se muito pouco envolvida nas grandes decisões a tomar nos bairros, incluindo as decisões sobre a *dina* a aplicar e os terroirs a transferir para uma CoBa. Os intervenientes falaram disso durante as entrevistas e pareceu-nos que estavam a aproveitar-se desta apatia habitual da população passiva para reforçar uma estratégia pessoal d e   tomada do poder. Chegaram mesmo a dizer-lhes que *"os habitantes são apenas empregados de mesa e têm medo de assumir responsabilidades"*.

Além disso, é difícil para os habitantes locais prepararem a documentação administrativa nos escritórios, porque não existem instalações oficiais; de facto, a casa do chefe do bairro é geralmente utilizada como escritório do bairro. O medo das instituições estatais e da política ainda persiste. Além disso, existem diferentes tendências políticas; os opositores políticos do chefe do bairro têm dificuldade em obter qualquer documento administrativo.

Os habitantes da aldeia não se sentem motivados a participar nas acções comunitárias organizadas pelos dirigentes, nomeadamente nos projectos de desenvolvimento, porque nem todos se sentem beneficiários diretos dos projectos e das obras, ou seja, pensam que estas obras podem ser utilizadas para fins eleitorais. Perante esta situação, é difícil transformar esta população numa força motriz dinâmica dos bairros. É necessário ganhar a sua confiança e apelar à sua iniciativa, caso contrário, os partidos políticos assumirão o controlo e os membros visados da comunidade tornar-se-ão cada vez mais marginalizados.

Em conclusão, as comunas e os gabinetes de bairro do planalto de *Mahafale* são uma entidade importante para a continuidade da ação comunitária nos bairros; no entanto, com base nesta constatação, duvidamos que as relações entre os detentores do poder nos bairros e os cidadãos possam funcionar. O contacto com os detentores do poder do Estado continua a assustar a população, a s s i m   c o m o   tudo o que tem a ver com política. Uma grande parte da população tem medo das instituições, nomeadamente no que se refere aos procedimentos administrativos. Esta atitude pode ser ilustrada pela taxa de posse de certidões de nascimento nas comunas, que continua a ser inferior a metade da população. No entanto, é o diálogo entre a população e as instituições que reforça a motivação dos cidadãos para participarem em todas as actividades comunitárias.

1.3.1.2 Destacar a abordagem de género

Graças à democracia e ao Estado de direito, os direitos das mulheres foram há muito estabelecidos em teoria e registaram-se progressos; no entanto, o desenvolvimento humano sustentável continua a exigir grandes esforços.

De facto, embora as mulheres comecem agora a ser consideradas para participar na tomada de decisões, ainda não estão em condições de desempenhar papéis importantes. Continua a ser necessário c r i a r um ambiente mais favorável à participação das mulheres nos assuntos políticos e económicos, especialmente ao nível das comunidades locais.

A divisão do trabalho entre homens e mulheres mudou consideravelmente nas grandes cidades de Madagáscar. Homens e mulheres podem respeitar-se m u t u a m e n t e , cooperar e ajudar-se mutuamente a melhorar o seu ambiente imediato. De um modo geral, o potencial de desenvolvimento das mulheres não foi bloqueado nem n e g l i g e n c i a d o . No entanto, as mulheres que se dedicam ao trabalho agrícola e às tarefas domésticas não são bem vistas, uma vez que não são aceites como profissão. As mulheres também contribuem para o orçamento familiar e o seu horário é tão preenchido como o dos homens, mas continuam a ser mais ou menos s u b v a l o r i z a d a s, apesar do valor produtivo e social das suas acções para o desenvolvimento local.

Na paisagem *Mahafale*, as mulheres são geralmente excluídas dos assuntos públicos, que continuam a ser prerrogativa dos homens, especialmente dos homens de meia-idade. Por exemplo, não há mulheres no comité de desenvolvimento local. A população não compreendeu o valor da participação das mulheres na tomada de decisões sobre o futuro de uma comuna; no entanto, dadas as tarefas que lhes são atribuídas, parece que elas representam uma alavanca para o desenvolvimento da comunidade.

Quadro 4: Nível de participação por género

Grau de participação	Autoridades locais				Membros da VOI				Não membros da VOI				Total geral	
Tipo	Homens		Mulher		Homens		Mulher		Homens		Mulher			
Origem	Nb	%	Nb	%	Nb	%	Nb	%	Nb	%	Nb	%	Nb	%
Nativo	142	79,77	-	-	95	55,55	23	71,87	203	77,48	137	87,26	600	75
Estrangeiros	36	20,22	-	-	76	44,44	9	28,12	59	21,51	20	12,73	200	25
Total	178	100	-	-	171	100	32	100	262	100	157	100	800	100

Fonte: O nosso próprio inquérito, 2014

Este quadro mostra o grau de participação dos cidadãos do planalto *de Mahafale*, segundo o sexo, no p r o c e s s o de elaboração de um instrumento de gestão dos recursos florestais, na conservação destes recursos florestais e na coordenação das acções de desenvolvimento. Assim, 87,26% da população feminina inquirida não pôde participar na gestão e conservação dos recursos florestais, em comparação com 77,48% da população masculina. As mulheres participam, pelo menos, no processo de elaboração do instrumento de planeamento e gestão dos recursos naturais renováveis locais. Esta não participação pode ser explicada pela taxa de analfabetismo mais elevada das mulheres em comparação com os homens; além disso, as mulheres estão preocupadas com a sua agenda doméstica, pelo que não têm tempo para se dedicarem às actividades comunitárias e à proteção do ambiente; finalmente, a divisão de tarefas entre homens e mulheres ainda está em vigor na paisagem de *Mahafale* e, consequentemente, as mulheres ainda não têm qualquer poder de decisão. Isto é demonstrado pela diferença entre a taxa de participação das mulheres em função da sua origem; de facto, 20 das 29 mulheres que não são da região, ou seja, 68,96%, não participaram; por outro lado, 137 das 160 mulheres da região, ou seja, 85,62%, não puderam participar, apesar da utilização d a abordagem participativa para desenvolver esta ferramenta. De facto, uma abordagem participativa baseia-se na parceria entre todos os intervenientes no desenvolvimento, mas tem obviamente em conta a pluralidade dos níveis de decisão.

1.3.1.3   O poder do Raiamandreny

A cultura malgaxe marcou a sociedade como uma comunidade governada pelos mais velhos, e o conhecimento deste facto é fundamental para o estudo do poder em Madagáscar. Este facto é fundamental para o estudo do poder em Madagáscar. Isto era anteriormente visível na constituição da família, onde a hierarquia na partilha do poder dependia, em primeiro lugar, do homem, porque as famílias malgaxes são patriarcais. É o carácter do poder dos mais velhos que queremos evocar nesta secção, mas não uma gerontocracia no sentido comummente utilizado pelos políticos.

Esta forma de poder tradicional, baseada no poder dos homens e sobretudo dos pais, parece perpetuar-se de geração em g e r a ç ã o . Se esta situação se mantiver, não há dúvida de que os jovens e as mulheres são excluídos da responsabilidade pela vida da região, pois o mito dos anciãos experientes e capazes de tomar decisões persiste nas relações familiares e entre as forças vitais que participarão na vida da comunidade. Os jovens, considerados como o potencial e o futuro do planalto *de Mahafale*, não estão suficientemente integrados para fazerem realmente parte da população ativa ou para serem líderes na sua comunidade. São frequentemente excluídos dos grandes projectos de desenvolvimento e da elaboração de um instrumento de gestão dos recursos florestais para a sua zona. A sua falta de formação, devido ao elevado custo da educação, explica em parte a sua passividade, ou melhor, a sua falta d e iniciativa. Os seus pais também os impedem de se lançarem e de tomarem o seu futuro nas suas próprias mãos, daí a sua marginalização.

No entanto, o desenvolvimento no contexto da globalização exige cada vez mais a adoção de outra cultura. É a cultura ocidental que dará uma oportunidade aos competentes, independentemente do género e da idade.

A sociedade malgaxe, particularmente nas zonas rurais, precisa de mudar a sua trajetória para ter uma nova visão e uma nova perspetiva no quadro do desenvolvimento comunitário. Isto requer unidade e integridade comunitárias. Os jovens devem preparar-se e convencer os mais velhos a trabalhar em conjunto para gerir a situação económica da comuna.

Aquando da elaboração de um instrumento de gestão dos recursos transferidos para as comunidades, os jovens não tiveram a oportunidade de participar. Referimo-nos aqui aos jovens como pessoas solteiras que ainda vivem com os pais, independentemente da idade ou do sexo. Talvez pelo facto de viverem com os pais, ainda sejam considerados crianças. Por conseguinte, serão apenas executores enquanto os pais tomam as decisões. As grandes decisões são muitas vezes influenciadas pelo pai, mesmo que resultem de uma consulta: modos de produção, grandes despesas, assuntos familiares e comunitários. Tudo isto explica a passividade dos jovens, sobretudo quando são confrontados com o mundo dos adultos.

Consequentemente, os jovens estão a abandonar as suas terras, escolhendo, na sua maioria, a região de *Morondava* para trabalhar como operários, e alguns deles vão tentar a sua sorte na exploração de recursos como a safira na região de *Sakaraha*. Esta fuga de jovens potenciais enfraquecerá o planalto *de Mahafale*.

Em suma, a assunção do poder pelos mais velhos não incentiva os jovens a assumir responsabilidades.

1.3.2   Formas de empoderamento

Antes da constituição dos comités de gestão do CoBa, os objectivos da transferência de gestão e outras explicações foram destacados numa assembleia geral nos bairros das comunas que acolhem as transferências de gestão. No entanto, segundo os membros entrevistados, este documento de referência foi elaborado ao mesmo tempo que a sensibilização para a criação de agrupamentos de agricultores. Esta situação não favorecia o dinamismo do grupo, que devia prosseguir a sua ação no processo de elaboração de um instrumento de gestão dos recursos florestais. Os verdadeiros objectivos não foram captados ou foram ocultados por sub-objectivos temporais, mas estes foram considerados primordiais porque a atenção do cidadão ainda estava monopolizada pela criação destes grupos.

O estudo de caso da transferência da gestão dos recursos florestais na paisagem *de Mahafale* mostrou-nos que nem todos os habitantes estavam interessados no programa, porque o desenvolvimento do instrumento de gestão destes recursos demorava muito tempo e coincidia com a época de crescimento. Das pessoas inquiridas, apenas 203 em 800, ou seja, 25,37%, tinham participado no processo de desenvolvimento de um instrumento de gestão e na gestão das florestas transferidas, enquanto 52,37% não se sentiam muito preocupados, desde que as suas necessidades básicas não fossem satisfeitas.

As pessoas que não participam n a gestão das florestas transferidas ainda não assimilaram a razão de ser deste instrumento de gestão e de planificação e confundiram o comité de gestão com os agentes das ONG que trabalham no domínio da conservação dos recursos naturais renováveis e, por vezes, com os guardas florestais da paisagem. As pessoas exteriores ao comité sentem-se mais excluídas e são hostis a qualquer mobilização, considerando que os projectos elaborados pelo comité e, nomeadamente, pelas ONG de proteção do ambiente, estão a ser dominados, para além da sua incapacidade de compreender os fenómenos que ocorrem na sua comuna.

A caraterística do comitê gestor é a sua participação no diagnóstico participativo da comunidade. No entanto, percebemos desde o início que a participação efetiva não é constante, os interesses individuais se sobrepõem aos interesses da comunidade e há falhas na elaboração dos projetos a serem realizados anualmente, pois as informações não são repassadas como deveriam.

O sentimento de pertença a este comité e a coesão dos seus membros estão a tornar-se repulsivos e as necessidades não são identificadas nem priorizadas. O desequilíbrio entre as aldeias e os bairros está a tornar-se evidente devido à não comparência de alguns membros do comité que vivem nas aldeias.

A longo prazo, o objetivo das ONGs ambientais é criar uma unidade de projeto ou uma estrutura representativa e próxima da população para melhor gerir a implementação das actividades de gestão e conservação dos recursos florestais. No entanto, já referimos que, para desenvolver estes famosos instrumentos de gestão dos recursos naturais, é necessário criar o comité de gestão. Este desempenha o papel de mediador, influenciando e motivando a comunidade a participar ativamente na gestão e conservação destes recursos naturais renováveis.

Existem 25 CoBa em torno do parque *Tsimanampesotse* na paisagem de *Mahafale*. A maior parte destes CoBa mudaram o seu contrato para o GCF, quando antes estavam ao abrigo de um contrato agar. No entanto, alguns CoBa optaram por continuar com um contrato de ágar. Inicialmente, a informação circulou através de uma rede específica: a dos notáveis do bairro e uma associação criada por um dos notáveis do bairro.

O comité de gestão foi, portanto, criado informalmente por membros da classe dirigente, ou seja, pessoas próximas ou pertencentes à comuna e mesmo aos bairros: membros do gabinete, do comité local de segurança, membros do conselho comunal. A razão da sua criação era a de monopolizar o poder atribuído ao comité, para que os membros desta classe dirigente pudessem controlar os membros do comité e, sobretudo, controlar tudo.

A não representatividade da associação da comuna explica-se pela abundância de forças activas que trabalham no desenvolvimento da comuna, argumentam, mas o número de membros do comité não ultrapassa os 40. Deduzimos, portanto, que a escolha dos membros do comité de gestão explica o funcionamento da comuna ou da região *de Mahafale*. Com efeito, durante as nossas entrevistas, pudemos constatar que um representante do *Magnasoa Tane* CoBa reflecte a recuperação do poder por uma entidade que pretende tornar-se a classe dominante da comunidade e provoca a rejeição da população, que deveria ser orientada para a ação.

A cultura malgaxe, que dá mais oportunidades aos homens em todos os domínios, não permite a aplicação ou mesmo a popularização de uma abordagem de género que permita livremente a integração das mulheres no desenvolvimento. No planalto *de Mahafale*, esta situação é agravada pela inexistência de uma associação ou de um grupo de mulheres que possa mobilizar as mulheres para participarem nas iniciativas de desenvolvimento, quer a nível comunitário quer a nível nacional.

Enquanto não houver igualdade de oportunidades entre homens e mulheres no nosso país, a ação de desenvolvimento comunitário continua a ser bloqueada, apesar da adoção pelas autoridades de diferentes modelos de desenvolvimento.

Além disso, as pessoas que estão envolvidas na política são as mais politizadas e, por conseguinte, consideram-se "*Raiamandreny*", responsáveis pela população de todos os bairros. Tomar a seu cargo um projeto de desenvolvimento, nomeadamente a conservação e/ou a gestão dos recursos florestais, sem estar motivado, não faz sentido para uma população que já se submete, apesar de tudo, por medo da política. Além disso, a população foi pouco envolvida no processo de conservação dos seus recursos naturais renováveis. Não foi informada e não fez qualquer esforço para se informar sobre a conservação do ecossistema florestal ou sobre as acções levadas a cabo pelo comité de gestão do CoBa. A ausência de uma verdadeira motivação reduz a participação a longo prazo; a população abandona voluntariamente a zona, procurando pretextos para se furtar ao seu dever.

A população não estava realmente envolvida no processo de gestão dos seus recursos florestais; não se sentia representada pelo comité de gestão e nem sequer sabia da sua existência. As pessoas reconhecem os nomes dos membros da estrutura do CoBa porque vivem nos bairros da comuna, mas não a existência deste comité.

A capacidade sócio-organizativa das comunidades só pode ser desenvolvida num pólo. Por exemplo, o envolvimento no desenvolvimento de um instrumento de gestão dos recursos florestais permitiu aos líderes desenvolver a sua capacidade de mobilização e de agrupamento. A estrutura de gestão foi criada, mas a sua fraqueza foi constatada após a sua instalação. Havia cerca de trinta membros na primeira sessão de formação, mas este número foi reduzido durante a fase de diagnóstico no terreno.

Para concluir, podemos dizer que as formas de poder envolvidas na realização de um projeto também paralisam a maioria dos habitantes na sua participação ativa na proteção destes recursos naturais ou no desenvolvimento, especialmente porque uma grande parte da população parece incapaz de participar devido à sua pobreza.

1.3.3   Dependência das ONG

A abordagem "top down" anteriormente utilizada pelos projectos de desenvolvimento e a estratégia de intervenção manifestada por um regime de Estado paternalista cultivaram um espírito de assistencialismo e de irresponsabilidade na gestão da coisa pública ao nível das bases. Nos programas de apoio anteriores, como o Programa Nacional de Extensão Agrícola e os financiamentos bancários do regime socialista, as diretivas eram dadas pelas autoridades e pelos técnicos e os agricultores limitavam-se a executar o trabalho. Estas abordagens excluíam sistematicamente a população dos processos de decisão, de conceção e de controlo.

Em termos de ambiente, *Madagáscar é um dos sete hotspots mundiais de biodiversidade, com uma taxa de endemismo de 80%. É um paraíso do património ecológico mundial, cuja gestão e conservação são da responsabilidade da comunidade internacional* [GOEDEFROIT S., 2002].

Para melhor gerir estes activos, os doadores adoptaram a abordagem vertical aplicada pelo regime socialista. Assim, foi criada uma nova estrutura de execução. Daí o aparecimento de novos actores, vulgarmente designados por "ONG", que irão executar um projeto de desenvolvimento ou um projeto de conservação da biodiversidade para o desenvolvimento local ou regional num país do Sul como Madagáscar.

Além disso, do ponto de vista dos doadores, as ONG parecem estar bem colocadas para atuar como agentes bidireccionais, através da sua capacidade de encorajar adaptações recíprocas de visões e estratégias. Deve dizer-se que o termo "ONG", que se tornou parte da linguagem corrente, é em parte mal utilizado: na realidade, refere-se a associações com funções de ONG, ou por vezes a ONG de facto.

A ONG tornou-se, de facto, um meio de integração económica, social e cultural dos intelectuais na modernidade. Tanto na cidade como no campo, a elite intelectual, que frequentou a escola ou a universidade, serve de intermediário entre o mundo dos projectos e as realidades do campo.

Formada em universidades malgaxes ou, nalguns casos, estrangeiras, a elite intelectual do país tem dificuldade em entrar no mercado de trabalho muito limitado e sofre de um sentimento de marginalização e desvalorização. Perante este impasse, alguns regressaram à terra, à sua terra natal. Surgiram associações de colegas estudantes, na esperança de trabalharem para o desenvolvimento do seu país e de resolverem a sua própria situação.

Estes intelectuais constituem uma oferta para as ONG internacionais que procuram pessoal qualificado. Constituem a maior parte do pessoal, com exceção dos cargos de direção e de consultoria técnica.

As ONG que operam em Madagáscar dividem-se em duas categorias: internacionais e nacionais.

As ONG internacionais, ou seja, as organizações com sede no estrangeiro, participam ao lado dos doadores e do Estado na conceção de estratégias de desenvolvimento sustentável, como as ONG de proteção da natureza (WWF e Conservation International) e as ONG ou projectos que funcionam como agentes de implementação dos objectivos prosseguidos pelos doadores, como a LDI (Landscape and Development Intervention).

Estas estruturas dispõem de recursos financeiros muito importantes, fornecidos pelo Banco Mundial e por outros doadores e, consoante os casos, beneficiam também de contribuições de doadores ocidentais. Trabalham em zonas bastante vastas. Trabalham sempre durante um longo período de tempo, por vezes mais de uma década.

 As ONG nacionais malgaxes, de menor dimensão, conseguiram estabelecer relações privilegiadas com os actores ocidentais, graças à seriedade que demonstram e ao seu apoio político. Estas estruturas são frequentemente financiadas por outras ONG internacionais. Foram afastadas das discussões sobre as estratégias ambientais a implementar e desempenham essencialmente um papel executivo. Operando num ou vários municípios, no âmbito de projectos geralmente plurianuais, desempenham as mesmas tarefas que as suas antecessoras, mas com recursos mais limitados.

Finalmente, no extremo inferior da escala, muitas pequenas associações malgaxes trabalham como subcontratantes de estruturas de nível superior. Trabalham em zonas geográficas específicas. As suas missões são breves: estudos de viabilidade ou de impacto, diagnósticos socioeconómicos, formação em diversos domínios, etc.

As ONGs são financeiramente dependentes dos doadores e não podem afirmar-se porque estão sob a sombra e as ordens dos doadores. São os doadores que ditam os métodos e as estratégias a adotar.

No seu livro intitulado "Des associations des villes aux associations des champs en pays betsileo", Sophie Moreau constata que

> *"Esta dependência financeira leva-os a modelar as suas intervenções em função das expectativas dos doadores que encomendam a política ambiental, correndo o risco de se desligarem da realidade dos agricultores. Este facto não as encoraja*

*certamente a serem inovadoras ou críticas. Os trabalhadores das ONG aderem às
normas ambientais mundiais, quer porque as cumprem efetivamente, quer porque
escondem o seu desacordo para proteger os seus próprios interesses".*

Em geral, as ONG não têm em conta os calendários ou as tradições das sociedades agrícolas malgaxes. Seguem o calendário do doador. É difícil que o ritmo dos parceiros técnicos e financeiros coincida com o calendário dos agricultores e não gere a continuidade essencial para a adoção de inovações. Por último, a falta de atenção prestada à comunidade de base deve-se à atitude ambivalente do pessoal das ONG em relação a esta.

Para os habitantes da cidade, o mundo agrícola representa as suas raízes identitárias, uma vez que são frequentemente descendentes de agricultores. Mas, ao longo dos seus estudos, tudo fizeram para se distanciarem desse mundo. Raramente visitam a sua aldeia natal e não têm praticamente nenhuma experiência de trabalho agrícola. Assim, na cidade, os valores fundadores da identidade malgaxe, como a *fihavanana*, estão em declínio.

A relutância dos camponeses em abraçar tudo o que a cidade tem para oferecer leva ao desprezo pelo campo por parte dos habitantes da cidade. Assim, trabalhar para uma ONG aproxima-os dos modelos ocidentais. Entre doadores e agricultores, estão mais inclinados a adotar os valores dos primeiros do que os dos segundos.

Os trabalhadores do campo, sujeitos aos constrangimentos da vida e do trabalho no mato, têm muitas vezes apenas um pensamento em mente: regressar à cidade. Os trabalhadores das ONGs são os primeiros a serem confrontados com os semi-fracassos das suas acções, que muitas vezes atribuem à falta de vontade ou à preguiça dos agricultores. Por conseguinte, nem sempre são os mais bem colocados para tirar partido das representações dos agricultores.

Em conclusão, a dependência das ONG, internacionais ou nacionais, torna-as frágeis quando se trata de realizar actividades de desenvolvimento ou de conservação. Não têm a possibilidade de escolher se querem ou não adotar uma estratégia e/ou uma abordagem para levar a cabo as suas actividades. São os doadores que ditam o que devem fazer e quais devem ser os seus objectivos. Consequentemente, são instrumentalizados por esses doadores. São responsáveis apenas perante os doadores. Numa palavra, são cúmplices e participam, assim, na *"ingerência ecológica"* [ROSSI G., 2000] ou mesmo no *"neocolonialismo verde"* [HUFTY M. & RAZANAMANATSOA A. et CHOLLET M., 1995] cometido pelos doadores hiperconservacionistas.

Para concluir este capítulo, o planalto *de Mahafale* situa-se na região sudoeste, limitado a norte pelo rio *Onilahy*, a sul pelo rio *Menarandra,* a leste pela RN10 e a oeste pelo canal de Moçambique. Apresenta um clima sub-árido. É uma região de planaltos e planícies que faz parte das regiões do Sara. A estação seca é longa, com uma duração de 7 a 9 meses. A estação das chuvas é frequentemente muito irregular e sempre pobre em precipitação. Ameaçada constantemente pelos gafanhotos, é habitada principalmente pelos *Mahafale* no interior e pelos *Tanalana* no litoral.

No que respeita à organização social, o tecido social *mahafale* está desfeito. A comunidade sente-se frustrada pela dominação externa (*Fanjakana* central, evangelização com dominação cultural, ONGs de desenvolvimento e neocolonialistas ou doadores), mas também pela dominação interna dos instruídos. Estas formas de dominação conduzem a uma crise geral nas aldeias. Esta crise manifesta-se em diversas formas de protesto, como a retirada, a posse e o êxodo rural.

As comunidades *Mahafale*, enfraquecidas pela dominação interna e externa, estão, portanto, a ser encorajadas a conservar e a gerir os seus recursos naturais. No próximo capítulo, tentaremos identificar as questões relacionadas com a conservação dos recursos naturais.

Capítulo II : Conservação dos recursos naturais

Vamos tentar explicar o que significa a conservação ou a gestão dos recursos naturais, tomando como ponto de partida o sistema de áreas protegidas de Madagáscar.

Começaremos por definir o que se entende por transferência da gestão dos recursos naturais, seguido de um processo de implementação desta transferência de gestão e de um plano de proteção social e ambiental.

2.1 Os fundamentos históricos das políticas de conservação de Madagáscar

2.1.1   O Sistema de Áreas Protegidas de Madagáscar (SAPM)

A política ambiental de Madagáscar foi adoptada na Carta do Ambiente de 1990. Foi elaborado um Plano Nacional de Ação Ambiental (PNAE). [58]Este está dividido em três Programas Ambientais (PE) de 5 anos. A implementação destes programas ambientais permitiu a criação de duas gerações de áreas protegidas: a primeira geração diz respeito à rede de parques nacionais geridos pelo PNM (Parque Nacional, Reserva Natural Integral e Reserva Especial). A segunda geração é constituída pelas novas AP criadas sob a égide da Direção Geral das Águas e Florestas (Parque Natural, Monumento Natural, Reserva de Recursos Naturais e Paisagens Protegidas Harmoniosas).

Estas duas gerações de Áreas Protegidas enquadram-se nas diferentes categorias de AP definidas pela UICN e destinam-se a constituir o Sistema de Áreas Protegidas de Madagáscar (SAPM).

Além disso, o compromisso assumido pelos dirigentes governamentais malgaxes na Conferência Mundial de Durban, em 2003, de aumentar a superfície das zonas protegidas é um objetivo fundamental da política ambiental malgaxe para o período 2007-2012. O objetivo é aumentar a superfície das zonas protegidas para assegurar a conservação e a valorização da biodiversidade terrestre, lacustre, marinha e costeira do país.

[5960]Uma série de decretos interministeriais permitiu colocar grandes áreas de espaços naturais sob proteção global temporária e, através de decretos definitivos, chegar às actuais 122 áreas protegidas .

Ao criar este sistema, o SAPM tem dois objectivos:

-       conservar a biodiversidade única de Madagáscar (ecossistemas, espécies, diversidade genética);

-       manter os serviços ecológicos e a utilização sustentável dos recursos naturais para a redução da pobreza e o desenvolvimento sustentável.

[61]No quadro jurídico-institucional, as leis estaduais de 2008 e o Código de Áreas Protegidas (COAP) de 2015 definem o regime jurídico das áreas públicas protegidas.

---

[58] PE I de 1991 a 1995, PEII de 1996 a 2000 e PEIII de 2001 a 2005.
[59] Despachos interministeriais 52005/2010 de 20 de dezembro de 2010 e 9874/2013 de 05 de maio de 2013.
[60] Decretos de 21 de abril e 28 de abril de 2015 no Anexo 2.

Após a Cimeira do Rio, em 1992, e o Congresso de Durban, em 2003, a conservação dos recursos florestais e a criação de zonas marinhas protegidas são questões internacionais importantes.

Em Madagáscar, para construir uma imagem respeitável, os dirigentes aproveitaram para alargar as zonas protegidas, nomeadamente as marinhas, que mobilizam os doadores, as ONG internacionais e as instituições do Estado.

2.1.1.1 Política de conservação das florestas

A gestão florestal em Madagáscar está a evoluir, independentemente do regime e da inovação institucional aplicada (regime monárquico; regime democrático).

Foram adoptadas medidas e regras para assegurar a gestão eficaz destes recursos naturais. Os responsáveis por estes diferentes regimes estão, pois, conscientes da importância dos recursos naturais, nomeadamente das florestas. É por isso que estas são consideradas como capital natural. Estas medidas e regulamentos variam consoante a época e o local onde se encontram os recursos naturais.

2.1.1.2 As origens da regulamentação florestal de Madagáscar

Em Madagáscar, a gestão local dos recursos renováveis tem raízes históricas profundas. [eme]Já no início do século XIX, o rei *Andrianampoinimerina* [1787-1810] tinha consciência da importância da floresta malgaxe e considerava estes recursos como parte do seu património. Proibiu os incêndios florestais logo que chegou a época dos fogos e não permitiu o fabrico de carvão para a ferraria. No entanto, deixou que os malgaxes obtivessem estes recursos florestais para si próprios.

Desde então, os malgaxes têm evitado o desaparecimento total e irremediável da floresta. Esta proibição consuetudinária constituiu um primeiro quadro para a gestão das florestas malgaxes.

Segundo Sourdat, em 1998, a política de *Andrianampoinimerina* baseava-se, portanto, em :

> (i) dissuasão através de ameaças;
>
> (ii) gestão participativa;
>
> (iii) sensibilização, mostrando que a floresta é, em última análise, o último recurso dos pobres.

Em 1881, a rainha *Ranavalona* II publicou um novo código denominado "Código dos 305 artigos". Este código foi promulgado em 29 de março de 1881. Contém 6 artigos relativos às florestas [101 a 106] num total de 305. A Rainha estabeleceu um quadro formal para a gestão das florestas e especificou as sanções a aplicar aos infractores. O artigo 101° estabelece: "*As florestas não devem ser queimadas; aqueles que as queimarem serão postos a ferros durante 10 anos*". Cerca de 25 anos antes da colonização francesa, o Estado já demonstrava o seu interesse pelos recursos naturais renováveis de Madagáscar.

No início do período colonial, as regras estabelecidas pelas autoridades malgaxes não protegiam os ecossistemas florestais esperados. No entanto, a biodiversidade era

---

[61] Estas leis são completadas por um regime específico anunciado na Lei 2005-019 de 17 de outubro de 2005 (art. 38), uma lei que estabelece os princípios que regem o estatuto da terra.

unanimemente reconhecida como excecional, mas ameaçada, porque a gestão da política florestal estava, na altura, nas mãos dos colonizadores. Consequentemente, o ambiente amplamente descrito deteriorou-se ao longo do século XX. As avaliações desta degradação são ainda discutíveis.

O surgimento da colonização em Madagáscar levou à introdução de novas regras impostas pelos colonizadores.

De 1896 a 1913: Primeiros textos legislativos e regulamentares; Os eixos fundamentais da política florestal nos países sob domínio francês encontram-se nos fundamentos do código florestal de 21 de maio de 1827. Parece que se tratava de transpor os objectivos da legislação florestal metropolitana.

Logo após a conquista colonial, em janeiro de 1896, foi organizado um serviço florestal, mas o cargo de chefe do serviço florestal foi rapidamente reconhecido como desnecessário e a gestão florestal foi colocada sob as ordens do administrador responsável pelo gabinete de colonização. O próprio governador-geral Gallieni não parecia estar convencido da importância deste sector.

A partir de 1896, a colónia elaborou uma série de textos relativos à exploração florestal, à limpeza das terras, aos direitos dos utilizadores e aos incêndios florestais.

Para além do questionamento de Gallieni do próprio princípio da existência de um serviço florestal, a sucessão de textos que irão reger os sectores até ao final dos anos 20 inspira-se em textos franceses e argelinos.

Longe das realidades malgaxes, os responsáveis pretendem gerir a utilização da madeira para fins comerciais, limitando os direitos das populações locais à sua utilização e proibindo o cultivo "*Hatsake*" ou de queimada.

1930: É redigido um decreto-quadro que cria a primeira reserva florestal ecológica do mundo, em resposta à ineficácia da legislação anterior. Constatou-se que o hábito malgaxe de destruir os povoamentos florestais pelo fogo continuava a ser tolerado pelas autoridades locais; esta tolerância era, por vezes, o preço de uma cobrança fiscal rigorosa, da submissão a recrutamentos ou de medidas sanitárias impopulares, e que a tranquilidade administrativa era obtida à custa da floresta. A floresta era objeto de chantagem administrativa: paz social em troca de autorização para arder. Para além disso, a necessidade colonial de terras agrícolas implicava também o desbravamento de áreas florestais.

[62]No final da década de 1920, o governo colonial constatou que a floresta estava a ser desarborizada em grande escala, pelo que elaborou e promulgou o decreto de 25 de janeiro de 1930, cujo relatório introdutório anunciava que :

> *"Um facto brutal domina a questão florestal em Madagáscar: pelo menos 100.000 hectares de floresta desaparecem todos os anos de uma superfície total estimada em 10 milhões de hectares".*

Este decreto apenas faz referência aos contextos locais, aos costumes e a outros métodos tradicionais de gestão, e apenas por referência ao código de 305 artigos (proteção contra

---

[62] Depois de terem as terras necessárias para as suas actividades agrícolas, os colonos decretaram a reorganização do regime florestal de Madagáscar a seu favor.

incêndios; limpeza e utilização da madeira), o que dá a estes textos uma orientação clara para a proteção rigorosa das florestas. Este texto tornou-se, durante várias décadas, o quadro jurídico do regime florestal. Trinta anos mais tarde, os serviços florestais tornaram-se novamente independentes dos serviços agrícolas através da criação de seis circunscrições florestais. Este decreto reorganizou o sistema florestal de Madagáscar e estipulava, no seu artigo 1.º, que *"as florestas pertencentes ao Estado, à colónia, às comunas e a outros estabelecimentos públicos são inalienáveis e imprescritíveis"*.

Uma mudança ocorreu nos anos 90, num contexto de liberalização e democratização. Esta mudança reflectiu-se na adoção de uma política de conservação da biodiversidade, que levou à introdução de mecanismos territoriais. As estratégias centralizadas, consideradas ineficazes, foram substituídas por abordagens participativas. Novas regras institucionais acompanham a descentralização e o envolvimento das populações locais na gestão dos recursos. As mudanças são, portanto, marcadas pela inclusão da proteção do ambiente a nível local, com a transferência da responsabilidade de gestão para as comunidades locais.

2.1.1.3   A evolução destes regulamentos ao longo do tempo

Madagáscar é mundialmente conhecida pela sua natureza exótica e pela sua biodiversidade excecional, com uma das taxas de endemismo mais elevadas do mundo. No entanto, o ambiente sofreu uma degradação muito rápida e catastrófica devido a uma desflorestação intensa e a uma erosão preocupante, resultado de práticas agrícolas e pastoris inadequadas e degradantes. Além disso, o crescimento demográfico está a provocar a desocupação das terras, o que, por sua vez, leva à desflorestação, ao aumento da variabilidade climática e, sobretudo, a uma pobreza rural preocupante.

No início do século XX, durante o período colonial francês, Alfred Grandidier [Grandidier, 1928], um caminhante incansável, calculava que 200 000 hectares da Grande Ile eram desflorestados todos os anos devido a incêndios e desmatamentos [Bertrand e Randrianaivo, 2003].

Por outro lado, o relatório de 1995 sobre o ambiente em Madagáscar indica que *"de acordo com estimativas baseadas em antigas fotografias aéreas de 1950, as florestas e as leis cobriam 14 a 16 milhões de hectares, representando 24 a 28% do território nacional.* [63]*Atualmente, a cobertura florestal está estimada em 12 milhões de hectares e a floresta natural cobre apenas 9 a 10 milhões de hectares, ou seja, 16 a 17% da ilha"*.

Por conseguinte, é difícil quantificar com seriedade e precisão a redução das áreas florestais em Madagáscar.

No entanto, estudos recentes forneceram alguns pormenores interessantes e, mais uma vez, contraditórios. A taxa anual de desflorestação é estimada em 0,83% para o período 1990-2000. [64]Entre 2000 e 2005, registou-se uma diminuição de 0,53% por ano. Este relatório estima que, em 2005, restavam 9,4 milhões de hectares de floresta natural e que mais de 1,2 milhões de hectares se tinham perdido entre 1990 e 2005 [quinze anos].

Há mais de um século que as "estimativas" de Grandidier são geralmente consideradas como referências e incluídas em documentos oficiais. Todos os anos, certas organizações ou autores

---

[63] ONE et al, 1995.
[64] MEFT, USAID e CI, 2009

repetem estas avaliações, ou outras ainda mais catastróficas, para justificar aos políticos e decisores uma política que exclui ainda mais as populações do acesso aos recursos florestais. Outros utilizam provas duvidosas para sobrestimar a extensão da desflorestação.

O objetivo da repetição da estimativa de Grandidier (1928) é claro: legitimar as acusações recorrentes de degradação ambiental, de incêndios florestais e de desflorestação contra as populações rurais para justificar a repressão e a exclusão destas últimas dos espaços naturais, mas sobretudo pressionar o Estado malgaxe a adotar a proposta de Abel Parrot (1925) de gestão das florestas malgaxes pelas colectividades locais e a introduzir em Madagáscar o regime francês das florestas comunais. Há cinquenta anos, esta retórica era utilizada em benefício dos silvicultores [Lavauden, 1934], mas nas duas últimas décadas tem sido utilizada em benefício dos ambientalistas. Através destes discursos, é um conflito recorrente sobre o controlo e o acesso aos recursos da biodiversidade que precisa de ser decifrado.

Não se pode alterar os regulamentos se se estiver convencido de que os actuais chegaram a um impasse.

Se voltarmos à gestão local dos recursos naturais sob a realeza malgaxe, vários autores sublinham que esta fez da floresta o seu domínio inalienável, mas, ao mesmo tempo, deixou às populações locais uma grande margem de manobra para gerir diretamente este domínio, uma vez que havia poucas proibições.

Foi durante a colonização que a política de repressão e de expulsão das populações foi aplicada. Tudo começou com a criação do serviço florestal em 1896. Já em 1897, uma circular do Governador Geral proibia os incêndios nas pastagens e um decreto regulamentava a exploração dos produtos florestais. *O tayy* e *o hatsake* foram proibidos por decreto em 1900. Após 1904, iniciou-se um curto período de menor repressão até 1907. De 1907 a 1917, uma sucessão de decretos reforçou o arsenal repressivo e o serviço florestal foi alargado até 1930, quando o decreto de 1930 redigido por Lavauden introduziu prémios de desempenho para os oficiais florestais com base no número de relatórios oficiais elaborados.

A política colonial era justificada pela preocupação de preservar as florestas da destruição irreparável que as ameaçava [Lavauden, 1931], mas, ao mesmo tempo, as superfícies concedidas para a exploração da madeira aumentaram, entre 1897 e 1901, de 700 para 101 630 ha, 43% dos quais só na floresta de Manjakandriana [Bertrand, 2004]. Esta política tinha claramente um carácter repressivo. [65]Mas em 1937, era evidente que esta política repressiva estava a conduzir a um beco sem saída [Coudreau, 1937].

A colonização reduziu consideravelmente os horizontes internacionais de Madagáscar, com as relações, tanto comerciais como culturais, centradas principalmente no continente francês. Após a restauração da independência, os sucessivos dirigentes optaram por estabelecer relações diplomáticas com parceiros estratégicos que correspondiam à ideologia da época e às suas necessidades.

Durante a Primeira República, o regime do Presidente *TSIRANANA* optou, por exemplo, por manter uma administração e um modo de governação de tipo francês. No entanto, abriu as portas da diplomacia malgaxe a países como a Alemanha Ocidental, os Estados Unidos e a África do Sul. Na sequência da crise de 1972, foram estabelecidos laços entre Madagáscar e a

---

[65] Bertrand A., Rabesahala N. H. e Montagne P., 2009

URSS, a China e a Coreia do Norte. De 1972 a 1974, o regime do Presidente *Ratsiraka* tentou romper com a França, iniciativa que foi reforçada com a sua chegada ao poder em 1975.

É normal que os laços culturais unam dois países que estão "entrelaçados" há quase 70 anos. Por outro lado, não é natural que o antigo colonizador continue a governar na sombra o país ao qual supostamente restituiu a liberdade. É ainda menos normal que continue a manipular a sua antiga propriedade na cena mundial para servir os seus próprios interesses. [66]Este fenómeno tem um nome: Françafrique .

Devido às escolhas políticas dos sucessivos dirigentes, mas sobretudo devido à globalização, Madagáscar tem muitos parceiros. Por conseguinte, as potências regionais e internacionais estão envolvidas em jogos de rivalidade, cooperação e alianças.

[67]A estratégia política ou "realpolitik" das potências internacionais mobiliza o "hard power", nomeadamente o poder militar e político; o "soft power", religioso, linguístico, mediático ou cultural, desenvolve a diplomacia de influência. As estratégias dos principais actores estão orientadas para a conquista, a presença para aproveitar as oportunidades, mas também a proteção contra o incómodo ou o risco de efeitos dominó. Combinam poderes estruturais (segurança, produção, finanças e conhecimento) e poderes relacionais (Estrangeiro). Os espaços estruturados por redes diferem das fronteiras oficiais criadas pela violência da história, mesmo que, paradoxalmente, confirmem a base territorial dos Estados e contribuam para os enfraquecer. Algumas potências, como a França e a China, têm um perfil elevado, enquanto Israel, os Estados do Golfo e o Irão operam através dos serviços de informações, nomeadamente militares, da esfera religiosa para as potências sunitas e xiitas, e das redes (diásporas libanesas, indianas).

Em suma, Françafrique é uma grande história de hipocrisia que não está prestes a terminar, porque os laços históricos que ligam Madagáscar a França, laços que o povo malgaxe não escolheu, continuam a pesar no seu destino.

E alguns autores já estão a falar da Indeafrique e da Chinafrique. Para além da ajuda a fundo perdido, estes últimos utilizam outra estratégia para trabalhar ou cooperar com os países africanos. Recorreram a manobras diretas como a compra de terras. O mapa abaixo mostra que existe procura e que Madagáscar tem potencial. [e]Madagáscar é um dos 9 países que mais vende terras no mundo.

---

[66] A Françafrique é uma espécie de pacto tácito entre a República Francesa e as suas antigas colónias. Garante aos dirigentes africanos uma proteção permanente contra as vicissitudes que podem entravar o seu poder, asilo em caso de perseguição e certas facilidades administrativas, patrimoniais e financeiras que o cidadão comum desconhece. Tudo isto em troca de facilidades económicas, financiamento secreto de partidos políticos e prioridades de investimento nos países em causa.

[67] Estratégia política cujo único objetivo é a eficácia ou o poder político baseado na força.

Mapa 7: Mapa que mostra os maiores vendedores e compradores de terras do mundo

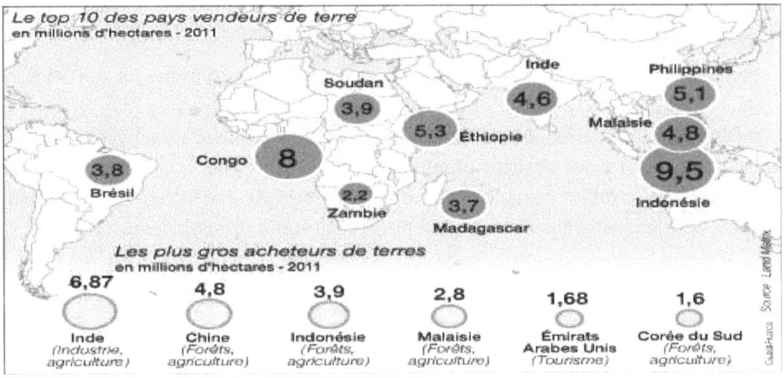

Fonte: Land Matrix, 2012

[68]Perante a ameaça da Indafrica e da Chinafrica, a França definiu 17 países pobres como prioritários para a ajuda. A diplomacia económica, que deve traduzir-se em efeitos de retorno, influência e poder, complementa tanto uma política de transparência e de direitos humanos como as intervenções militares. A cooperação para o desenvolvimento e a cooperação cultural, embora estratégicas a longo prazo, perderam peso face às prioridades ambientais e militares.

No caso de Madagáscar, a promulgação da Carta do Ambiente em 1990 constituiu o ponto de partida para uma mudança de abordagem do Estado em relação à gestão dos recursos naturais renováveis, que até então consistia em atribuir à administração a responsabilidade exclusiva por essa gestão. A década de 1990 foi um período de convulsão sociopolítica no país, na sequência do discurso de François MITTERRAND [junho de 1990] em La Baule sobre a adoção pelos países africanos de um sistema político baseado na democracia, que culminou com a adoção de uma política geral baseada na liberalização da economia, na desvinculação do Estado do sector produtivo e na descentralização. No que diz respeito à gestão dos recursos naturais, constatou-se que, devido à falta de recursos de todos os tipos, as administrações responsáveis por esta atividade se tornaram cada vez mais impotentes para travar a onda de destruição e de exploração ilegal destes bens nacionais, devido à existência de situações de livre acesso.

A segunda constatação é que as populações que vivem na proximidade dos recursos são simultaneamente vítimas e, em grande medida, responsáveis pela espiral de degradação do ambiente natural malgaxe.

A terceira constatação é que as comunidades das aldeias em várias partes da ilha aplicam certas formas de gestão tradicional dos recursos que não são valorizadas devido ao sistema de exclusividade aplicado pelas autoridades neste domínio.

---

[68] Hugon P., março de 2016. A maioria destes países são países menos desenvolvidos da África Subsariana, incluindo Madagáscar.

Por conseguinte, a França agarrou-se ao ambiente através da cooperação francesa e do Fundo Francês para o Ambiente no Mundo (FFEM). Os doadores tradicionais utilizam instrumentos jurídicos para travar a "invasão" chinesa e indiana de África, incluindo Madagáscar.

O primeiro instrumento a ser desenvolvido foi um instrumento jurídico, a Lei 96 025 de 30/09/96, conhecida como a Lei Gélose, que foi aprovada e promulgada apenas dezoito meses após *Antsirabe*; diz respeito a todos os recursos naturais renováveis, à silvicultura, à pesca continental e marinha e aos recursos pastoris; define as instituições a envolver e as regras e condições para desenvolver e implementar a transferência da gestão dos recursos naturais; esta lei-mãe será gradualmente desenvolvida por regulamentos de implementação.

O sector florestal estava a evoluir no sentido de definir as grandes linhas da sua nova política florestal, com base, nomeadamente, nas experiências de gestão florestal participativa na região de *Menabe*, apoiadas pela cooperação suíça.

Assim, a lei de revisão da legislação florestal, promulgada em 08/08/97 sob o número 97-017, e o seu texto de aplicação em termos de exploração sob o número 98-782 de 16/09/98, referiam-se à lei Gélose em termos de contratos de transferência de gestão dos recursos florestais até 2001. Nesse ano, a administração florestal publicou o decreto 2001-122 de 14/02/0, especificamente para o contrato de transferência de gestão dos recursos florestais denominado Gestion Contractualisée des Forêts (GCF); este decreto constitui uma alternativa ao contrato Gélose, considerado demasiado complicado devido à utilização de um mediador, à assinatura obrigatória do presidente da câmara da comuna de CoBa e à relativa segurança da posse da terra.

2.1.1.4 Política de conservação da biodiversidade marinha

Em comparação com a política de conservação dos recursos florestais, a política de proteção da biodiversidade marinha foi sempre um pouco vaga. A lei sobre o mar ou sobre a conservação da biodiversidade marinha não fazia parte das leis promulgadas durante o período feudal. É verdade que *Andrianampoinimerina* afirmou durante o seu reinado que *"ny ranomasina no valam-parihiko"*, literalmente, é o mar que delimita o meu território. Os reis e rainhas *Merina* que se sucederam "reconhecidos pelos europeus como reis ou rainhas de Madagáscar" não se preocuparam apenas com o seu território: o centro de *Imerina*.

Durante o período colonial, a política de conservação da biodiversidade marinha foi sempre pouco clara, uma vez que o mar malgaxe era regido pelo direito francês.

Foi apenas nos anos 90, quando o governo malgaxe adoptou a Carta do Ambiente, que Madagáscar optou por uma política de conservação da biodiversidade. Esta política foi reforçada pela Lei 2001-005 de 11 de fevereiro de 2003 relativa ao Código de Gestão das Áreas Protegidas [COAP].

2.1.1.4.1 Criação de zonas marinhas protegidas (AMP)

[69]De acordo com a definição habitual da UICN, as Áreas Marinhas Protegidas dizem respeito apenas ao ambiente marinho. Incluímos nesta categoria as áreas marinhas e costeiras protegidas (MCPAs), que incluem componentes marinhas e terrestres.

A zona marinha protegida é um espaço de gestão e de governação que funciona frequentemente como um sistema fechado, com ligações mínimas às bacias hidrográficas e ao ambiente socioeconómico local, a não ser para minimizar a caça furtiva ou gerar receitas. Do ponto de vista turístico, a AMP é uma zona atractiva, gerando por vezes uma concentração de hotéis e clubes de mergulho ao longo das suas margens, enquanto para os pescadores a AMP é um elemento dissuasor (transferência do esforço de pesca para outras zonas e outras espécies), mas também uma zona atractiva (efeito de borda).

A primeira área marinha protegida de Madagáscar foi oficialmente criada em 1989 com o Parque Marinho de *Nosy Antafana*, parte da Reserva da Biosfera *Mananara* Nord, seguido das três parcelas marinhas do Parque Nacional *de Masoala*. Ambos estão situados na ponta da baía de Antongil. A superfície total destas duas zonas marinhas a leste é inferior a 100 km2.

Em 2003, no Congresso Mundial de Parques organizado em Durban pela UICN, foi adotado o objetivo de classificar 20% das águas marinhas do mundo como AMP num prazo de 20 a 30 anos. Os Estados insulares estão fortemente envolvidos neste processo [CHABOUD et *al.,* 2008]. Em Madagáscar, o regime atual está empenhado em triplicar o número de áreas protegidas, nomeadamente nos meios florestais e marinhos. Entre 2003 e 2009, a superfície dedicada à proteção da biodiversidade deverá aumentar de 1,7 milhões para 6 milhões de hectares, incluindo 1 milhão de hectares no meio marinho [DAVID G. et *al.*, junho de 2008].

2.1.1.4.2 Contexto institucional das AMPs em Madagáscar

Desde 1990, a ANGAP (atual MNP) gere diretamente as áreas protegidas. É também responsável pela promoção e gestão do ecoturismo nas AMPs. O MNP acredita que o sucesso das áreas protegidas depende do apoio das populações locais, e que este apoio só será alcançado se a conservação da biodiversidade for acompanhada de operações de desenvolvimento que beneficiem essas populações. A lei Gélose de 1996 prevê um contrato de cogestão entre o Estado, por intermédio da Comuna, e as comunidades de base vizinhas dos recursos naturais. Este processo é apoiado pela associação SAGE, que trabalha respetivamente nos seguintes domínios

-   planeamento participativo, com a promoção de plataformas de consulta que envolvam as várias categorias de actores regionais e locais;

-   transferência de gestão ;

-   reforço das capacidades e da comunicação social para permitir que as comunidades locais se encarreguem da gestão sustentável dos seus recursos.

Se nos reportarmos aos relatórios de avaliação do primeiro contrato de agar para a CoBa no planalto *de Mahafale,* a missão da associação SAGE estava condenada ao fracasso. Antes de mais, os CoBa foram criados à pressa. Talvez se tratasse de uma primeira experiência. Houve

---

[69] "Qualquer zona intertidal ou subtidal e as suas águas subjacentes, a flora, a fauna e os recursos históricos e culturais, que tenham sido retirados por lei ou por outros meios eficazes para proteger a totalidade ou parte da zona assim delimitada".

também um problema de comunicação ou de persuasão, uma vez que o princípio da transferência de gestão não era claro para as comunidades durante a nossa entrevista com os membros do conselho de administração da CoBa apoiada pelo SAGE mas não renovada pelas ONGs que trabalham na zona.

Até à data, a criação de áreas marinhas protegidas foi sempre da responsabilidade do Estado. No entanto, o Estado pode já não dispor dos meios necessários para cumprir as suas prerrogativas de criador e gestor das zonas marinhas protegidas, uma vez que a criação destas AMP continua a ser difícil. O custo financeiro e social da conservação, já elevado para as zonas protegidas terrestres, continua a ser um problema não resolvido para as futuras AMP.

Os doadores assumiram o controlo do processo de criação das AMP (controlando o financiamento e o funcionamento da AMP, o que os serviços públicos não podem fazer). Não estão isentos da necessidade do Estado, indispensável para a ratificação do estatuto jurídico da AMP, o zonamento, o policiamento, etc. Os doadores contactam constantemente os serviços do Estado. Uma vez criado o quadro jurídico, os proprietários propõem-se muitas vezes geri-lo ou patrocinar a sua delegação a uma ONG ou agência. Desta forma, o Estado deixou e continua a deixar o campo aberto à ação de numerosas ONG internacionais ou associações de utilidade pública.

A notoriedade da biodiversidade malgaxe leva as ONG internacionais a envolverem-se cada vez mais na conservação desta biodiversidade, nomeadamente na criação de áreas protegidas. Isto reduz, por conseguinte, a capacidade efectiva de intervenção do Estado, mesmo que as ONG não possam passar ao lado do Estado em todos os aspectos administrativos e na formalização da AMP.

A gestão das AMPs em Madagáscar pelas ONGs internacionais é muito delicada porque elas impõem os seus conceitos e o seu ponto de vista, definem os problemas, os objectivos e os meios de ação. Se a política pública malgaxe é, portanto, uma política de inspiração internacional, podemos interrogar-nos sobre o grau de liberdade de que o país dispõe para definir as suas opções de desenvolvimento e a sua ação pública.

Para tentar responder a esta questão, Ranaivomanana et *al.* afirmam que, em *Madagáscar, em particular, por um lado, existe uma vontade desmedida do Estado de atingir objectivos colossais (para não se desfasar do movimento mundial) com recursos quase insignificantes e, por outro lado, existem gesticulações de ONGs, com uma forte marca ecológica, que pilotam a criação de AMPs; esta inserção é ainda confirmada pela perceção da população local: As AMP, com as suas proibições e restrições, representam sempre um constrangimento, uma perda de rendimento e um obstáculo à sua vida quotidiana* [Ranaivomanana et al, 2010].

É evidente que a criação de zonas marinhas protegidas tem efeitos complexos na pesca, como a exclusão das zonas protegidas e a reafectação dos pescadores no espaço e em função das espécies-alvo. Implica também um reposicionamento da pesca nos sistemas de actividades costeiras, sendo a exploração direta dos recursos marinhos parcial ou totalmente excluída das AMP a favor de actividades turísticas ou de não utilização.

No entanto, as pessoas que vivem ao longo destas costas, a maioria das quais se dedica exclusivamente à pesca, correm o risco de ter de suportar este sistema. Os pescadores são, por conseguinte, muitas vezes os principais opositores à criação de zonas marinhas protegidas ou, pelo menos, a sua perceção destas últimas é mais negativa do que a média da população costeira, uma vez que os efeitos (positivos ou não) da criação de reservas marinhas sobre as populações marinhas só são perceptíveis após um período mínimo de cinco anos.

A sustentabilidade e a aceitabilidade social destas orientações decretadas a nível internacional suscitam igualmente um certo número de considerações [Chaboud, 2007].

Por exemplo, as reservas temporárias de polvo nas zonas marinhas protegidas de *Velondriaka e Andavadoaka* já não são respeitadas pela população local. Pescam à noite durante o período de defeso. Já não são regidas por convenções estabelecidas. A produção nestas reservas tem vindo a diminuir de ano para ano desde 2014.

2.1.1.4.3 Área marinha protegida de *Nosy Ve - Androka*

A área marinha protegida de Nosy *Ve-Androka* situa-se na região sudoeste, em três comunas rurais, nomeadamente *Beheloke* no distrito de *Toliara* II, *Itampolo* e *Androka* no distrito de *Ampanihy*.   A AMP *Nosy Ve-Androka* é uma zona protegida de categoria V. Cobre uma superfície de 92 080 hectares, dos quais 28 829 hectares de núcleos duros e 63 260 hectares de zonas tampão. Possui oito (8) núcleos duros de categoria II. Faz parte da rede de Parques e Reservas Nacionais de Madagáscar.

Para fazer face às perturbações causadas pela restrição das comunidades costeiras, esperam dispor de um programa de desenvolvimento:

- abastecimento de água potável ;

- a construção de infra-estruturas sociais, tais como escolas, CSB, estradas, mercados, etc., em especial a estrada que liga *Androka a Ampanihy*, que o tornará possível;

- o desassoreamento da baía *de Ampalaza*;

- a erradicação da *"raketa mena"*;

- combater o avanço das dunas ;

- e a criação de uma central de compras.

Recorde-se que a maioria dos habitantes da costa são *Tanalana* e *Vezo*. Os *Tanalana* propõem o desassoreamento da baía para que os pescadores (*Vezo* ou não) possam continuar as suas actividades de pesca. Para aumentar as suas áreas de cultivo, as comunidades sugerem a luta contra o avanço das dunas e a erradicação da *raketa mena*. A central de compras destina-se a fornecer factores de produção agrícola. Isto significa que os *Tanalana* estão conscientes de que as zonas de pesca vão diminuir e estão dispostos a dedicar-se inteiramente às actividades agrícolas.

[70]No entanto, o promotor do projeto e os técnicos não encontraram outra forma de compensar os pescadores senão criar zonas de pesca exclusivas, fornecer-lhes equipamento de pesca (redes, canoas, etc.) e formá-los em técnicas de pesca melhoradas.

Para os técnicos, os pescadores só beneficiarão desta indemnização se se associarem.

---

[70] 2757 pessoas são afectadas pelo projeto e 382 agregados familiares são afectados. Estas pessoas são vulneráveis. 378 agregados familiares são Populações Afectadas pelo Projeto (PAP) principais e 4 são PAP menores, de acordo com o censo de 2009.

Desde o início do projeto em 2012, os programas comunitários incluídos no plano de proteção social e ambiental não foram implementados. O mesmo se aplica aos programas propostos pelos técnicos e pelo promotor do projeto, uma vez que o custo destas compensações está estimado em 47.000.000 Ariary.

A demarcação das zonas núcleo e tampão, a criação da *dina* para gerir esta área protegida e a criação de comités de gestão para cada sítio já foram concluídas. No entanto, houve pouca formação e apoio aos comités de gestão devido à falta de financiamento. Como resultado, os comités de gestão não podem implementar as actividades definidas nos seus instrumentos de gestão.

Para além do financiamento, o PNM especializou-se no meio terrestre e tem dificuldade em gerir o meio marinho. Encontra-se ainda numa fase experimental. É por isso que se verificou um atraso na execução das actividades de proteção da biodiversidade marinha de *Nosy Ve-Androka*.

Mas porque é que os *"Toko bey Telo" de Tanalana* não reagiram à criação destas áreas protegidas de *Nosy Ve-Androka*?

No passado, a atividade piscatória ao longo da costa era ocupada pelos *Vezo*. Estes imigraram para a costa sul, que já era ocupada pelos *Tanalana*. Os *Vezo* verificaram que a zona estava ainda subexplorada, pelo que se instalaram. Para os *Tanalana,* a AMP *Nosy Ve-Androka* é um meio prometedor de recuperar e/ou retomar o controlo da gestão dos seus territórios costeiros e marinhos.

Devido a um longo período de seca que afectou o planalto *de Mahafale,* as suas actividades agrícolas deterioraram-se. Acreditam que a sua terra se tornou estéril devido ao sangue de tartaruga, apesar de praticarem *"tsotse"*, ou seja, um sacrifício anual do zebu mais bonito para pedir chuva. A solução dos *Tanalana* foi substituir as suas actividades agrícolas pela pesca marítima. Além disso, queriam ser donos da sua terra. São eles que dirigem os comités de gestão das áreas marinhas protegidas e os *Vezo*, que são considerados a "população mais afetada pelo projeto" ou PAP, ficam fora do comité.

[71]Após a criação da AMP *Nosy Ve-Androka*, para escapar a esta nova organização, os *Vezo* migraram para *Belo* sur Mer ou para as Ilhas Estéreis em *Maintirano*. Aí permaneceram durante 8 meses antes de regressarem à costa sul.

2.1.2   As origens da conservação em Madagáscar

2.1.2.1   Conservação dos recursos florestais

Os recursos florestais foram gravemente degradados em consequência da atividade humana. Após a pilhagem dos recursos florestais durante o período colonial, o crescimento da população tem sido muito rápido, especialmente nas zonas urbanas. Isto significa que as necessidades socioeconómicas da população estão a aumentar. Para satisfazer essas necessidades, os recursos naturais são sobreexplorados, nomeadamente os recursos florestais, como a madeira para a construção, a lenha p a r a   a   energia doméstica, etc.

---

[71] As Áreas Marinhas Protegidas na zona estão atualmente a ser criadas e os migrantes de Vezo opõem-se a este projeto de AMP.

Além disso, a pobreza em que vive atualmente uma grande parte da população tem como consequência imediata a procura de rendimentos suplementares através de uma exploração crescente dos recursos, muitas vezes anárquica e mesmo ilícita. A economia rural, em geral, continua a basear-se na manutenção de práticas agrícolas extensivas, por exemplo, a prática tradicional da agricultura de subsistência em regime de corte e queima ou "*hatsake*" por um número crescente de agricultores, enquanto a área de florestas naturais diminuiu, sem possibilidade de regeneração.

[72]Para limitar esta degradação, o Estado desenvolveu diversas medidas, através da aplicação de textos que constituem a base da ação pública no sector florestal, relativos à gestão e à exploração dos recursos florestais. [73]Estes textos foram-se sucedendo, mas, mais recentemente, os textos de base foram completados por disposições especiais relativas à conservação no âmbito das preocupações ambientais. No entanto, quando estes textos e leis são adoptados, surgem problemas na sua aplicação, pois baseiam-se essencialmente num sistema de proibições e restrições de utilização, acompanhadas de sanções, que são tanto mais ineficazes quanto os meios de que dispõe a administração florestal são muito insuficientes em relação à dimensão da pressão exercida sobre os recursos florestais. Por exemplo, o controlo dos incêndios florestais, o abate de árvores e a limpeza de terrenos.

O desenvolvimento do sector informal é outra manifestação da perda de controlo da administração florestal sobre o sector dos produtos florestais.

Uma das razões para a degradação dos recursos florestais é a falta de responsabilidade das pessoas envolvidas. Por conseguinte, estes exploram a floresta como bem entendem. Além disso, os produtos florestais desempenham um papel importante na economia de Madagáscar. No entanto, este potencial económico não é suficientemente explorado. Este balanço preocupante da situação florestal de Madagáscar exige uma redefinição da política florestal do país, na qual os activos florestais devem ser explorados de forma racional.

2.1.2.2   Os princípios fundamentais da política florestal

A política florestal malgaxe assenta em seis princípios de base que servem simultaneamente de critérios permanentes de orientação da ação e de referência para a avaliação dos resultados. Estes princípios inscrevem-se na perspetiva de longo prazo que caracteriza a gestão dos recursos florestais. Referem-se não só à avaliação da situação florestal do país e aos resultados obtidos, mas também aos múltiplos serviços que a floresta presta à sociedade através das suas funções ecológicas, económicas e sociais.

O primeiro princípio é que a política florestal deve ser coerente com a política de desenvolvimento nacional. A política florestal nacional deve estar tão estreitamente alinhada quanto possível com a política de desenvolvimento global do país. Por esta razão, a conformidade com os objectivos das políticas adoptadas no domínio do desenvolvimento rural e do ambiente é um critério básico para a formulação e execução da política florestal.

Do mesmo modo, a estratégia florestal deve enquadrar-se nas opções nacionais de descentralização, de desresponsabilização do Estado em relação ao sector produtivo e de

---

[72] Regido pelo decreto de 25 de janeiro de 1930, pela portaria 60-127 relativa à limpeza dos terrenos e pela portaria 60-128 de outubro de 1960 relativa aos incêndios de vegetação.
[73] Lei n.º 90-033, de 21 de dezembro de 1996, relativa à carta do ambiente.

liberalização económica: uma estratégia implementada no âmbito do programa de ajustamento estrutural desenvolvido pelos doadores tradicionais, nomeadamente o Fundo Monetário Internacional (FMI) e o Banco Mundial (BM).

O segundo princípio coloca a tónica na conservação dos recursos florestais através de uma gestão sustentável adequada, uma vez que estes recursos florestais são renováveis mas não inesgotáveis. É necessário garantir as melhores condições possíveis para a sua conservação e renovação, em benefício do país e das gerações futuras. Isto implica melhorar os métodos de gestão em vez de reforçar os sistemas de proibição. Métodos de gestão sustentáveis e adequados devem permitir conciliar a satisfação das necessidades económicas e sociais, por um lado, e a preservação de um equilíbrio global entre a extração e a reconstituição do recurso, por outro.

O terceiro princípio diz respeito à limitação dos riscos ecológicos. O coberto florestal desempenha um papel importante na preservação de certos equilíbrios, cuja rutura pode causar problemas ecológicos importantes e por vezes irreversíveis. Estes problemas acarretam custos sociais e económicos consideráveis, diretos ou indirectos, para a coletividade. As autoridades públicas devem atuar para evitar que tais problemas surjam a médio ou longo prazo. A adoção de medidas destinadas a proteger ou a restabelecer o coberto florestal nas zonas de risco faz parte desta abordagem.

O quarto princípio baseia-se na contribuição do sector florestal para o desenvolvimento económico: a floresta constitui a base de um sector de atividade económica destinado a satisfazer as necessidades domésticas das famílias e a abastecer os mercados com produtos florestais. O funcionamento deste sector pode ser significativamente melhorado em termos de colheita, transformação e comercialização, de modo a aumentar a sua contribuição para o desenvolvimento económico nacional. Esta contribuição deve refletir-se na satisfação da procura crescente de produtos de melhor qualidade, na criação de mais empregos e no aumento da parte do sector florestal no rendimento nacional. O desenvolvimento florestal, enquanto fonte de rendimento, pode e deve ser conduzido de forma a garantir a manutenção e mesmo o aumento a longo prazo do capital representado pela floresta.

O quinto princípio diz respeito à responsabilização dos actores locais na gestão dos recursos florestais. A gestão sustentável dos recursos florestais não pode ser encarada sem a participação dos diferentes actores locais interessados. Por conseguinte, a estratégia florestal nacional dará prioridade à sua participação na gestão dos recursos florestais, atribuindo-lhes responsabilidades no âmbito de contratos de gestão.

O sexto e último princípio reflecte a adaptação das acções florestais às realidades do país. A eficácia das acções florestais deve ser procurada sobretudo na sua adaptação. Este é um critério importante para hierarquizar as acções a desenvolver. Isto significa, por um lado, concentrar as acções nas questões florestais mais cruciais que se colocam nas diferentes regiões ecológicas e, por outro lado, dar prioridade às acções cuja execução seja compatível com as capacidades técnicas, económicas e organizativas dos agentes envolvidos. Por último, tendo em conta a insuficiência dos recursos financeiros e humanos susceptíveis de serem afectados à execução da política florestal, é necessário procurar otimizar a sua utilização, tendo em conta a noção de custo-benefício.

2.1.2.3   Objectivos da política florestal

A política florestal de Madagáscar assenta em quatro grandes orientações. Estas diretrizes determinam o s domínios de intervenção prioritários para resolver os principais problemas identificados na avaliação da situação florestal, tendo em conta os princípios fundamentais acima definidos. Consistem em travar o processo de degradação florestal que, pela sua dimensão, constitui uma ameaça à sustentabilidade do património florestal e biológico. Com efeito, a manter-se o atual ritmo de degradação, o património florestal está ameaçado de extinção num futuro relativamente próximo. É, pois, imperativo fazer tudo o que for possível para travar este processo. Os objectivos correspondentes centrar-se-ão, portanto, na conservação da biodiversidade e dos ecossistemas florestais. Estes objectivos consistirão em :

– apoiar práticas rurais alternativas ;

– ajudar a controlar os incêndios florestais ;

– preservar o património florestal e os grandes equilíbrios económicos.

2.2   O conceito de transferência da gestão dos recursos naturais

Apesar da independência, só no final dos anos 80 é que a política florestal repressiva e exclusiva de Madagáscar foi posta em causa pelas propostas do projeto GPF (Gestão e Proteção das Florestas, financiado pelo Banco Mundial) e pelas primeiras orientações do Plano de Ação Ambiental (PAE), cuja elaboração, em 1986, deu início a uma importante reorientação da sua política ambiental.

Já em 1989, foi proposto romper com a política de exclusão e iniciar um processo de reorientação da política florestal e de reforma da regulamentação e da fiscalidade florestal, que deveria estar concluído em 1997. O artigo 6º da Lei 90-033, de 21 de dezembro de 1990, completada pela Lei 97-012, de 6 de junho de 1997, relativa à Carta do Ambiente, prevê no seu último parágrafo: "contribuir para a resolução dos problemas de propriedade fundiária".

No âmbito do projeto do GPF, foi proposto em 1989 fazer da floresta um meio de acumulação económica e de desenvolvimento das actividades florestais, ou seja, tornar as árvores e as florestas investimentos rentáveis sem ter de destruir estes recursos esgotáveis. O objetivo essencial desta política é reconciliar a população com o seu ambiente numa perspetiva de desenvolvimento sustentável.

Foram adoptadas várias abordagens para alcançar este objetivo, incluindo a gestão participativa dos recursos naturais renováveis, atualmente conhecida como Gestion Locale Sécurisée (Gélose) ao abrigo da Lei 96-025, e a gestão participativa das florestas, atualmente conhecida como Gestion Contractualisée des Forêts (GCF) ao abrigo do Decreto 2001-122.

Esta gestão sustentável dos recursos naturais renováveis não pode, evidentemente, ser encarada sem a intervenção e o envolvimento de todas as partes interessadas, em particular as comunidades locais. Graças à lei Gelose e ao decreto GCF, o Estado pode transferir a gestão destes recursos naturais renováveis para as comunidades locais de base.

2.2.1   Definição de conservação dos recursos naturais

A conservação é um conceito recentemente utilizado no domínio do ambiente.

No seu sentido mais lato, a conservação refere-se ao ato de preservar um elemento num estado constante. [74]A conservação da natureza consiste em proteger as populações de espécies animais e vegetais, bem como em preservar a integridade ecológica dos seus habitats naturais ou de substituição (como sebes, pedreiras, escombreiras, lagoas ou outros habitats artificiais). O seu objetivo é manter os ecossistemas em bom estado de conservação e prevenir ou corrigir qualquer deterioração que possam sofrer.

A palavra inglesa "conservation" é traduzida para o francês como "préservation". Em francês, a preservação exclui explicitamente os seres humanos (ou seja, as populações locais) como a principal causa da degradação ambiental. Em francês, pelo contrário, a "conservação" baseia-se numa gestão sustentável sob diversas formas e não exclui nem as populações locais nem a utilização ponderada dos recursos. Em francês, não há antagonismo entre a conservação e o desenvolvimento, ou seja, a exploração comercial dos recursos dentro dos limites da gestão sustentável.

Além disso, o conceito de ecossistema não exclui os seres humanos da sua definição, uma vez que Tansley, que introduziu o conceito de ecossistema em 1935, já considerava que *a atividade humana tem o seu próprio lugar na ecologia* [Tansley, 1935, p. 303].

Além disso, não é possível conservar os ecossistemas e os habitats naturais sem gerir uma área geográfica claramente definida, reconhecida e consagrada, por qualquer meio eficaz, legal ou não. [75]Trata-se de uma zona protegida .

As áreas protegidas são essenciais para a conservação da biodiversidade. Constituem as pedras angulares de praticamente todas as estratégias de conservação nacionais e internacionais e são reservadas para manter o bom funcionamento dos ecossistemas naturais, atuar como refúgios para as espécies e preservar os processos ecológicos que não podem sobreviver em paisagens ou marinhas geridas de forma mais intensiva.

As áreas protegidas são os marcadores que nos permitem compreender as interações entre os seres humanos e o mundo natural. Atualmente, são muitas vezes a única esperança que temos de evitar que muitas espécies ameaçadas ou endémicas desapareçam para sempre. Complementam as medidas destinadas a assegurar a conservação e a utilização sustentável da diversidade biológica fora das zonas protegidas.

No contexto desta definição, a conservação refere-se à manutenção *in situ* de ecossistemas e habitats naturais e semi-naturais e de populações viáveis de espécies nos seus ambientes naturais e, no caso de espécies domesticadas ou cultivadas, no ambiente em que desenvolveram as suas propriedades distintivas.

---

[74] Neste contexto, a natureza refere-se *sempre* à biodiversidade a nível genético, das espécies e dos ecossistemas e também, muitas vezes, à geodiversidade, à modelação e a outros valores naturais mais gerais. A geodiversidade é a variedade de rochas, minerais, fósseis, topografia, sedimentos e solos, e os processos naturais que os formam e alteram. Geodiversidade é também a variedade de minerais, rochas (sólidas e soltas), fósseis, formas de relevo, sedimentos e solos, e os processos naturais que constituem a topografia, a paisagem e a estrutura subjacente da Terra.

[75] Uma zona protegida é um espaço geográfico claramente definido, reconhecido, dedicado e gerido, por quaisquer meios eficazes, legais ou outros, para assegurar a conservação a longo prazo da natureza e dos serviços ecossistémicos e valores culturais que lhe estão associados.

O termo ambiente refere-se a uma floresta. De acordo com a FAO, uma floresta é um terreno com um coberto arbóreo (ou um nível de povoamento equivalente) superior a 10% e uma área superior a 0,5 ha. As árvores devem ser capazes de atingir uma altura superior a 5 m na maturidade *in situ*.

Uma floresta pode consistir numa formação florestal densa em que árvores de diferentes alturas e vegetação rasteira cobrem uma parte significativa do solo, bem como em formações florestais abertas com uma camada de vegetação contínua em que o coberto arbóreo é superior a 10%. Incluem-se no termo floresta os novos povoamentos naturais e todas as plantações operacionais que ainda não tenham atingido uma densidade de copa de 10% ou uma altura de 5 m, bem como as áreas que normalmente fazem parte da área florestal, mas que estão temporariamente desflorestadas em resultado da intervenção humana ou de causas naturais, mas que devem voltar a ser arborizadas.

A floresta inclui viveiros ou pomares de sementes que sejam parte integrante de uma floresta; estradas florestais, clareiras, corta-fogos e outras pequenas clareiras; florestas em parques nacionais, reservas naturais e outras áreas protegidas, tais como as de interesse científico, histórico, cultural ou espiritual específico; quebra-ventos e cinturas de refúgio com árvores de mais de 0,5 ha e uma largura superior a 20 m; plantações utilizadas principalmente para fins florestais, incluindo plantações de borracha e montados de sobro.

Os investigadores florestais estão interessados nos "recursos naturais" ou nos "recursos florestais". Este conceito não é neutro na forma como a floresta é representada. O dicionário da Academia Francesa define a palavra recurso genericamente como "*aquilo que pode fornecer o que é necessário*". A noção de recurso implica, portanto, utilidade. No caso dos recursos naturais, Weber et al [1990] salientam que uma espécie ou um objeto da natureza se torna um recurso a partir do momento em que é explorado pelo homem. O recurso pode, portanto, ser visto como uma unidade localizada na interface entre os seres humanos e os ecossistemas florestais. No entanto, o carácter *natural* do recurso favorece uma utilização ambígua do termo.

2.2.2 Definição da transferência da gestão dos recursos naturais

A transferência de gestão significa a entrega da gestão dos recursos humanos renováveis às comunidades locais. Uma comunidade local é constituída por uma comunidade de base (CoBa). Esta é qualquer agrupamento voluntário de indivíduos unidos pelos mesmos interesses e obedecendo às mesmas regras de vida. Consoante o caso, agrupa os habitantes de uma aldeia, de uma vila ou de um grupo de aldeias. A comunidade de base tem personalidade jurídica e funciona como uma ONG nos termos da regulamentação em vigor.

A Lei n.º 96-025, de 30 de setembro de 1996, relativa à gestão local dos recursos naturais renováveis, conhecida como "Lei Gelose", define, em vários artigos, os recursos a transferir e a entidade jurídica que os vai gerir.

O primeiro artigo estipula que, com o objetivo de permitir a participação efectiva das populações rurais na conservação sustentável dos recursos naturais renováveis, a comunidade de base pode ser encarregada, nas condições estabelecidas na presente lei, da gestão de alguns desses recursos no seu território.

O artigo segundo (2) da presente lei explica que os recursos naturais renováveis cuja gestão pode ser confiada à comunidade de base, nos termos do artigo primeiro da presente lei, são

aqueles que se inserem no domínio do Estado ou das autarquias locais.
do presente diploma, são aqueles que são do domínio do Estado ou das autarquias locais.
Nesta categoria incluem-se as florestas, a fauna aquática e terrestre, a água e as
pastagens.

A transferência é concedida por um período inicial de três anos, renovável por períodos
adicionais de dez anos, após avaliação dos resultados.

2.2.3 Objectivos de conservação da biodiversidade

A reputação de Madagáscar pela sua rica biodiversidade só é igualada pelo seu nível de
pobreza e pela ameaça ao seu ambiente. Num documento publicado pelo Banco Mundial
intitulado The Sad Analysis, o PIB per capita caiu de 383 dólares em 1960 para 220 dólares
em 1990 e 200 dólares em 2000, colocando Madagáscar entre os 15 países mais pobres do
mundo. Este aumento da pobreza foi acompanhado por uma aceleração da degradação
ambiental durante o mesmo período. O rápido desaparecimento do coberto florestal, que
passou de 25% da superfície em 1950 para 16% em 1995, é um exemplo disso [ONE, 1995].
Esta situação põe em evidência a estreita relação entre o ambiente e a pobreza. Por
conseguinte, o homem é visto como o inimigo da natureza. Com uma taxa de endemismo
muito elevada, a biodiversidade deve ser conservada para :

-        manter os recursos genéticos nos organismos domesticados: preservação destes
        recursos: utilização imediata ou potencial pelo homem (plantas e animais
        domesticados + espécies selvagens aparentadas);

-        conservação e perpetuação de espécies animais e vegetais ameaçadas: assegurar a
        sobrevivência de uma espécie ameaçada e/ou a sua adaptabilidade a longo prazo
        (processo evolutivo);

-        preservar os ecossistemas ameaçados: as actuais reservas naturais não
        correspondem, em termos quantitativos, aos ecossistemas mais ameaçados;

-        manter a continuidade de comunidades complexas auto-reguladas, ou seja, manter o
        seu papel no funcionamento dos ecossistemas;

-        permitir estudar e descrever a diversidade do mundo vivo: compreender (e
        monitorizar) as consequências da atividade humana no funcionamento das espécies,
        comunidades e ecossistemas.

A biodiversidade está, portanto, ameaçada pela ação humana. A destruição dos ecossistemas
conduz à extinção direta das espécies. Os recursos naturais que têm apenas valor económico
(alimentos, medicamentos, fibras, combustíveis, etc.) também estão em perigo.

O bom funcionamento dos ecossistemas é essencial para a nossa sobrevivência (serviços
ecossistémicos: produção de oxigénio; controlo do clima pelas florestas; reciclagem de
bioelementos, etc.).

2.2.4 A base para a conservação dos recursos naturais.

2.2.4.1 Descentralização [RAMBINIZANDRY, 2004]

^è Depois de décadas de centralismo jacobino, a III República malgaxe, sob o impulso da
França, nomeadamente após o discurso de Baule, enveredou por uma nova forma de
administração: a descentralização. Assim, foi necessário atribuir às colectividades locais eleitas

poderes de decisão e de gestão. Estas colectividades locais devem adotar uma administração livre.

Assim, no Título IV sobre as províncias autónomas, Capítulo I, artigo 126º, a Constituição estipula que :

"As Províncias Autónomas são organismos públicos dotados de personalidade jurídica e de autonomia administrativa e financeira...

As províncias autónomas, organizadas como autoridades territoriais descentralizadas, são constituídas por regiões e comunas, cada uma das quais com um órgão deliberativo e um órgão executivo.

Do mesmo modo, a base da descentralização na Constituição da atual Quarta República inspira-se na da antiga Constituição acima referida.

ᵉO artigo 3.º da IV República estipula que *"a República de Madagáscar é um Estado baseado num sistema de colectividades locais descentralizadas, constituídas por comunas, regiões e províncias, cujos poderes e princípios de autonomia administrativa e financeira são garantidos pela Constituição e definidos por lei"*.

No que diz respeito às autarquias locais, o artigo 139º da atual Constituição estipula que *"As autarquias locais descentralizadas, dotadas de personalidade jurídica e de autonomia administrativa e financeira, constituem o quadro institucional para a participação efectiva dos cidadãos na gestão dos assuntos públicos e garantem a expressão das suas diversidades e especificidades...".*

A denominação e os limites de cada autoridade territorial descentralizada podem ser alterados por decreto do Conselho de Ministros, após consulta dos órgãos das províncias interessadas, com base em critérios de viabilidade geográfica, económica e sociocultural. A comuna é, por conseguinte, a autoridade territorial descentralizada de base.

Uma vez nomeada, a comuna deve pôr em funcionamento a sua máquina administrativa, sob pena de ser destituída, passando assim a ter o estatuto de *Fokontany*. Para conservar o seu nome, a comuna deve ter um plano de desenvolvimento comunal, o que facilitará as negociações com os doadores.

ᵉ Além disso, no seu subtítulo II relativo às estruturas das colectividades territoriais descentralizadas, o artigo 149º da Constituição da IV República estipula que

"Os municípios contribuem para o desenvolvimento económico, social, cultural e ambiental do seu território. As suas competências têm em conta os princípios constitucionais e legais, bem como o princípio da proximidade, da promoção e da defesa dos interesses dos habitantes.

Isto significa que é a descentralização que dá autonomia às províncias, e mesmo às comunas. A duração da vida de uma comuna depende do seu desenvolvimento, que por sua vez depende do sucesso das competências assim atribuídas às comunas.

A *Fokonolona*, organizada em *Fokontany* no interior das comunas, constitui a base do desenvolvimento e da coesão sociocultural e ambiental.

Enquanto instrumento de gestão e de conservação dos recursos naturais renováveis, a lei Gélose baseia-se, por excelência, na descentralização. Ao não adotar esta descentralização ou empowerment, a transferência da gestão dos recursos naturais renováveis também não existia. A vontade de facilitar a transferência dos recursos naturais renováveis deve ser incluída.

Cada coletividade local descentralizada detentora de recursos naturais deve, por conseguinte, facilitar a sua transferência para as comunidades locais de base que desejem geri-los, a fim de assegurar a sua sustentabilidade.

Capítulo Três: Teoria da participação

3.1 Conceito de participação

A palavra participação parece-nos ser uma palavra muito simples à qual não prestamos muita atenção. De acordo com a Larousse, refere-se ao facto de participar; mas também se refere ao facto de se associar ou tomar parte numa atividade de qualquer tipo. Alternativamente, participação pode ser o ato de contribuir para algo a fim de receber a sua parte. Além disso, participar significa tomar parte nas decisões e/ou controlar a aplicação dessas decisões.

Há mais de uma década que os especialistas utilizam esta palavra para evocar um maior valor n a realização de uma ação. Tornou-se, assim, um método para envolver os participantes em acções ou cumprir uma quota-parte de responsabilidade.

Este método é designado por método participativo. Baseia-se no princípio de que as intervenções devem ser sempre planeadas e executadas com a participação de homens e mulheres, e avaliadas em função da medida em que melhoram as condições de vida de uma população de acordo com as suas próprias prioridades.

Este método está muito em voga e foi adotado por organizações internacionais que trabalham no terreno, como a CARE e a ADRA. O WWF está atualmente a adotar este método depois de ter constatado a incapacidade dos beneficiários de se responsabilizarem pelos projectos.

De facto, o princípio desta participação consiste em envolver a comunidade de base nas várias fases de execução do projeto, desde o estudo do seu ambiente, passando pela conceção e execução do projeto, até à sua gestão.

Por conseguinte, a participação assume várias formas.

3.1.1   As diferentes formas de participação [DEMONQUE M. & EICHENBERG J. Y., 1968]

3.1.1.1   Participação direta

A participação direta, como o nome indica, é aquela em que cada indivíduo participa pessoalmente. Por conseguinte, é necessário um espaço onde o indivíduo se sinta confortável e integrado. No entanto, a participação pode ser subdividida em vários tipos, tais como :

✓   participação do topo para a base.

Esta participação do topo para a base é conseguida através da distribuição do poder e da responsabilidade no sentido descendente, uma vez que o topo não está em condições de realizar todas as tarefas sozinho. Este tipo de participação é mais frequente nas forças armadas. Por este motivo, é por vezes designada por participação de comando;

✓   aumento da participação.

Esta participação também está relacionada com a participação nas tarefas, mas é diferente da chamada participação descendente. A participação descendente está relacionada com as funções da base, mas não impede a colaboração entre a base e o topo através da consideração de informações provenientes do topo;

✓   participação horizontal.

Consiste no intercâmbio de informações relativas a diferentes sectores, agindo num interesse comum. A participação horizontal baseia-se principalmente na informação. Esta forma de participação permite assegurar a coerência entre estes diferentes sectores e atingir objectivos sem disfunções internas;

✓   participação geral.

Esta participação diz respeito, antes de mais, à circulação da informação; e esta circulação não é inexistente. Para tal, os participantes assumem a responsabilidade pela informação que recebem regularmente sobre as suas actividades. Assim, as pessoas recebem o tipo de informação de que necessitam em função das suas funções.

3.1.1.2   Participação indireta :

Também se designa por participação colectiva. É utilizada quando não é possível envolver todas as pessoas em todas as fases da ação, porque os riscos são demasiado elevados ou porque existem demasiados pontos de vista diferentes, mesmo que todos os interessados tenham sido declarados capazes de participar em todos os pontos. Por conseguinte, a contribuição é feita com a ajuda de representantes, que decidem em nome de toda a comunidade. Neste caso, a relação entre o interesse comum e o interesse particular continua a ser clara.

Esta forma de participação facilita a consulta e torna viável a tomada de decisões.

3.1.1.3   Participação nos frutos :

É uma espécie de participação nos lucros do trabalho efectuado. É a participação no crescimento da produtividade, dos lucros e do capital através do auto-financiamento. Esta participação não exclui de modo algum o exercício da autoridade, a hierarquia das funções ou a repartição dos papéis, mas pressupõe um diálogo ininterrupto entre o topo e a base. As formas de participação de cada um dependem, de facto, da estrutura e do objetivo da empresa. Para completar esta explicação, tomámos igualmente de empréstimo quatro outros tipos de participação.

3.1.2   Os diferentes tipos de participação

3.1.2.1   Participação organizada.

Como o próprio nome indica, este tipo de participação tem lugar num quadro organizado e com objectivos explícitos. Este tipo de participação pode ser conflitual, com dois ou mais grupos de participantes com ideias diferentes sobre o mesmo problema. No entanto, não implica uma identidade de opiniões entre todos os participantes.

3.1.2.2   Participação espontânea.

Ao contrário da participação organizada, a participação espontânea ocorre a um nível não formal, em pequenos grupos espontaneamente organizados com base na afinidade.

3.1.2.3   Participação obrigatória.

A participação é obrigatória, na medida em que foram estabelecidas determinadas normas que devem ser respeitadas. Por exemplo, o respeito das condições do contrato entre o contratante agrícola e o seu proprietário. Trata-se, portanto, mais de uma questão de cumprimento de regras. Estas regras têm um carácter mais ou menos coercivo.

3.1.2.4   Participação induzida.

Diz-se que a participação é provocada quando uma minoria faz um esforço para que os outros membros do grupo participem ou para que os não membros participem.

3.1.2.5 Outros tipos e formas de participação

Vários investigadores definiram os níveis de participação dos actores num determinado processo, mas devemos notar as semelhanças entre as categorizações dos tipos de participação. As outras formas de participação são sintetizadas nos quadros abaixo de acordo com a perceção dos dois investigadores, Albert MEISTER e Silvain FORTIN.

Quadro 5: Participação de acordo com Albert MEISTER

Tipo de participação	Origem e criação	Interesses, actividades, funções
Participação de facto	Origens da vida tradicional : grupo familiar, grupo religioso, profissão...	Conservação do património
Participação espontânea	Criado pelos participantes, mantém-se fluido, sem organização formal: grupos de bairro, amadores, etc.	Responder a necessidades vitais
Participação obrigatória	Criação por facilitadores externos, mobilização da força de trabalho para o trabalho coletivo	Agrupamento essencial para o funcionamento do programa
Participação induzida	Grupo provocado e gerado no âmbito de um projeto ou programa: cooperativo...	Adoção de comportamentos e normas colectivas promovidos pela instituição interveniente
Participação voluntária	Criação do grupo como resultado de uma consciencialização, uma iniciativa do próprio grupo	Satisfação de necessidades, defesa de interesses comuns, promoção social

Fonte: Albert MEISTER, 1974

Quadro 6: Participação segundo Silvain FORTIN

Tipo de participação	Caraterísticas
1. Participação dos activistas	O comportamento de um indivíduo coloca-o num estado de solidariedade com outros indivíduos
2. Participação integradora	Trata-se de um ajustamento do comportamento de um grupo a normas pré-estabelecidas.
3. Mobilização da participação	Os participantes seguem as instruções dadas por um ou mais líderes
4. Participação consultiva	Os membros são consultados sobre o projeto de desenvolvimento
5. Participação na tomada de decisões	Os participantes decidem sobre o seu próprio desenvolvimento

Fonte: Silvain FORTIN, 1969

Nos projectos de conservação e/ou gestão dos recursos naturais, a participação voluntária e decisória é o que se procura, porque é o culminar de um processo de sensibilização e demonstra a capacidade dos intervenientes locais para iniciar, dirigir e avaliar acções de desenvolvimento de forma concertada.

É de salientar que o trabalho HIMO/VCT (High Labour Intensity)/(Live for Work) é também considerado uma forma de participação, uma vez que, na maioria dos casos, a população é remunerada com recompensas materiais em resposta à sua ajuda ocasional, o que se designa por "participação recompensada".

3.1.3   Quadro habitual de participação

Se nos referirmos à definição clássica de participação, que é o ato de tomar parte em alguma coisa, a análise das diferentes formas de participação local em função do carácter voluntário ou obrigatório dessa participação permite categorizar o tipo de participação da seguinte forma: a noção de participação é assim caracterizada em relação às relações entre duas partes, nomeadamente os actores locais (muitas vezes a população local) e os actores "de fora" da localidade, que são muitas vezes projectos de desenvolvimento ou programas de conservação dos recursos naturais.

Este ponto de vista é partilhado por outros estudos, como o que defende que "podemos então perguntar-nos se a participação não é, antes de mais, uma interação entre o papel desempenhado pelos agentes de um programa ou projeto de desenvolvimento e as responsabilidades impostas a todos os membros da comunidade envolvidos na ação de desenvolvimento".

A diversidade dos usos e costumes entre as regiões de Madagáscar: é problemático generalizar os direitos consuetudinários, que são susceptíveis de mudar de uma localidade para outra. No entanto, a sua semelhança reside no facto de cada comunidade possuir regulamentos tradicionais que regem a sua localidade. No que respeita à participação, por exemplo, a literatura refere-se a ela como solidariedade comunitária ou *"fihavanana"*. De facto, a *dina* ou os regulamentos/acordos internos de uma comunidade ou de uma *Fokontany* podem exigir a "participação" de todos os membros da comunidade para demonstrar solidariedade em trabalhos de interesse comum, sob pena de serem aplicadas sanções aos membros recalcitrantes. É de notar que a Lei 2001-004 rege a *dina* e estabelece as suas regras gerais em matéria de segurança pública.

3.1.3.1 Definição e objetivo

A abordagem participativa é uma abordagem que apoia as políticas de desenvolvimento, envolvendo a população local na conceção, na tomada de decisões, na execução, no acompanhamento e na gestão das acções de desenvolvimento, ou seja, atribui à população local a responsabilidade pelo seu próprio desenvolvimento. Pode ser aplicada a todos os programas de desenvolvimento rural. O seu principal objetivo é envolver estreitamente a população local na conceção e gestão de todas as actividades de desenvolvimento na sua área. A participação não deve tornar-se um fim em si mesmo, mas um meio de construir projectos de desenvolvimento local mais adequados e eficazes, tais como :

> ➢ melhorar a governação e incentivar formas novas ou renovadas de democracia local ;
>
> ➢ mobilizar e envolver mais eficazmente as partes interessadas locais através do debate público e do trabalho conjunto ;
>
> ➢ compreender melhor as realidades locais, aproveitando o "conhecimento" que os actores locais têm do seu território, para poderem refletir melhor sobre a política a aplicar;
>
> ➢ melhorar as sinergias entre os actores e gerar dinâmicas inovadoras e promissoras para o desenvolvimento de um território.

No entanto, há que ter em conta que a abordagem participativa assume, por vezes, formas que levam a dizer que a participação é "imposta e modelada" e que, por vezes, conduz a efeitos negativos em vez de construtivos, mas, de qualquer modo, contribui para o desenvolvimento local. O "desenvolvimento participativo", por sua vez, é considerado como "um processo de desenvolvimento em que a iniciativa cabe às populações conscientes e organizadas para levar a cabo investigações e acções que promovam o seu autodesenvolvimento".

3.1.3.2 Princípio da abordagem participativa

A abordagem participativa não é um fim em si mesma, mas um pacote metodológico. Como tal, contribui para o desenvolvimento socioeconómico do território. De facto, a abordagem participativa tende a mudar a perceção do papel de cada uma das partes interessadas (Estado, líderes locais, populações locais, etc.) e a propor uma partilha de responsabilidades entre os diferentes parceiros. A abordagem participativa é também um método de aprendizagem baseado nos princípios da aprendizagem experiencial aplicada aos adultos, que promove a partilha de conhecimentos e experiências pessoais. Permite aos aprendentes participar efetivamente na construção do seu próprio conhecimento.

A abordagem participativa, instrumento fundamental para envolver as populações locais de forma ativa e responsável, nasceu do fracasso das estratégias de intervenção preconizadas no passado, bem como da vontade bastante recente do governo de integrar a dimensão "participação das populações" nas políticas de desenvolvimento rural. Apoia os esforços de descentralização dos serviços técnicos, de desresponsabilização do Estado e de privatização das actividades de produção e de gestão.

Incentiva a população local a tomar decisões e a assumir a responsabilidade pelas acções destinadas a melhorar as condições de vida no seu território. Por outras palavras, o objetivo é associar e envolver estreitamente as populações locais nos vários níveis e fases do processo.

3.2   Participação da aldeia

3.2.1   *Fokonolona* e participação

Fokonolona vem da palavra "*Foko*" que significa assembleia ou grupo e "*olona*" que significa ser humano. Tecnicamente, *fokonolona* significa comunidade de base.

Trata-se de uma instituição tradicional que desempenhava um papel importante na antiga organização administrativa, pelo menos no país Merina. Possui uma carta não escrita relativa à sua autonomia. Os sucessivos regimes de Madagáscar mantiveram-na sob diferentes formas.

Durante o regime transitório de 1972 a 1975, o Ministro d o Interior criou a *"fokonolona"* para o controlo popular do desenvolvimento. Esta *fokonolona* é identificada pela implementação, através da *"dina"* estabelecida em assembleia geral, de novos poderes e responsabilidades e m termos de administração, gestão d o s   seus bens, assistência mútua, higiene e saúde pública, conciliação e arbitragem em matéria civil e desenvolvimento.

Atualmente, especialmente durante as crises de 2002 e 2009, a *fokonolona* é chamada a desempenhar um papel importante na segurança pública através da *dina*. Este papel foi reforçado com a criação do *Andrimasom-pokonolona (comité de vigilância)*. Além disso, *a fokonolona* é uma unidade administrativa local para as actividades sociais, económicas e educativas. Esta unidade é presidida pelo *filoham-pokonolona*. Desta forma, as estruturas criadas pela *fokonolona* serão reutilizadas a todos os níveis: boa governação, familiar, económico, social, etc. Isto contribuirá para a criação de um ambiente local aberto, saudável, estável e propício à afetação óptima e eficiente dos recursos públicos e privados, condição sine qua non da justiça social e da dignidade. A *fokonolona* tornar-se-á então um espaço privilegiado para um desenvolvimento rápido, harmonioso e sustentável.

A atual situação mundial está a mudar porque a globalização se tornou um sistema incontornável. Para fazer face a esta situação, o atual governo está a tentar reavivar, através da legislação, uma "instituição *fokonolona*" moderna. Estes textos estabelecem as disposições gerais relativas às autoridades descentralizadas: a *"fokonolona"* tornou-se uma unidade administrativa e económica de base, correspondendo à noção de aldeia ou lugarejo nas zonas rurais e de bairro nas zonas urbanas. Além disso, esta entidade devia desempenhar um papel importante no domínio social.

No entanto, as relações sociais do tempo de *Andrianampoinimerina*, que se baseavam na "*fihavanana*", já não podem ser aplicadas no contexto atual, em que as pessoas são cada vez mais individualistas. O mundo está a mudar a cada minuto, e a realidade de ontem já não é a mesma de hoje. Por isso, a *fihavanana* sofreu uma série de alterações. O trabalho coletivo é raro, e a entreajuda e a assistência são geralmente praticadas apenas no seio da família. As "*dina*" são cada vez menos ignoradas ou aplicadas, por exemplo: o desinteresse pelas reuniões da comunidade começa a ser notório e a repressão dos ladrões, nomeadamente dos "ladrões de bois" em certas regiões, está a abrandar.

Esta situação pode ser explicada pelo facto de a ajuda mútua da época "*valin-tànana*" e o trabalho comunitário terem sido substituídos pela relação "patrão-empregado". O desenvolvimento das relações comerciais destruiu a comunidade. As relações tornaram-se, assim, superficiais, regidas apenas por interesses individuais. Os grandes projectos comunitários já não podem ser levados a cabo da mesma forma que a participação idealizada no tempo de *Andrianampoinimerina*. Além disso, a atitude negativa da comunidade em relação ao poder público está a conduzir a uma situação de conflito mais grave: é difícil encontrar um terreno comum, especialmente quando se trata de manter infra-estruturas públicas ou de se mobilizar para obras públicas, porque as pessoas estão a tornar-se cada vez mais individualistas.

O sistema democrático foi então introduzido em Madagáscar, com o objetivo de alcançar um desenvolvimento baseado no modelo ocidental.

3.2.2   Democracia e participação

[76]Segundo GRAWITZ, *"a democracia é o processo de promoção da igualdade, permitindo aos menos favorecidos um acesso mais rápido a certos valores: a educação, o ensino, a cultura, as responsabilidades e o direito de exprimir as suas opiniões".*

Pressupõe a regra da maioria, a liberdade dos indivíduos (respeito pelos direitos humanos) e a igualdade dos cidadãos (que se estende à igualdade das condições sociais no pensamento socialista). Mas Abraham Lincoln, o Presidente americano, definiu a democracia como *"o governo do povo, pelo povo e para o povo"*. Isto significa que todos os cidadãos, independentemente do seu nascimento, riqueza ou capacidade, dirigem ou controlam o poder político. E existem diferentes tipos de democracia, pelo que podemos distinguir entre uma democracia política que respeita as liberdades cívicas e políticas (liberdade de expressão, de imprensa, etc.) e uma democracia económica e social que garante os direitos sociais (direito ao trabalho, à habitação, etc.).

Mas que papel desempenha a democracia atual na participação dos cidadãos?

A democracia é vista como a estrutura mais favorável à participação dos cidadãos, porque, neste sentido, esta forma de organização dos cidadãos reflecte uma luta pelo poder.

Desde os anos 70, vários países estão a fazer a transição para a democracia. O objetivo é claro: procurar o respeito pelos direitos humanos e pela liberdade, a fim de alcançar o desenvolvimento desejado. A democratização assume muitas formas, desde o derrube violento do governo até à reforma a partir de cima.

Além disso, segundo Jean Jacques ROUSSEAU, a democracia liberal deve dar a imagem de um cidadão que se deve interessar pelos assuntos da cidade e participar nos assuntos políticos, e que deve ter uma forte motivação para participar na vida política.

No entanto, na sociedade atual, especialmente durante a crise de 2009, a participação na vida política é muito baixa e a população carece de motivação, especialmente durante as eleições; para além disso, a falta de informação sobre questões políticas só agrava a situação. Assim,

---

[76] In Méthode des sciences sociales, Dalloz, 1996.

durante a crise de 2002, o *Fokonolona* foi chamado a desempenhar um papel que foi reforçado pela criação de um comité de vigilância *chamado "Andrimasom-pokonolona"*. Numa democracia, a participação dos cidadãos centra-se principalmente na participação política. Esta participação gera controlo sobre a vida e o ambiente.

Em suma, esta democracia e esta participação podem ser interpretadas como uma e a mesma coisa, porque a palavra participação está aberta simultaneamente aos dois significados da palavra democracia: o ideal de respeito pelas pessoas e todos os meios institucionais que permitem aproximar-se dele. Por conseguinte, a democracia favorece, desde o início, a participação dos cidadãos.

3.2.3 Democracia participativa e GELOSE

[77]Em primeiro lugar, a democracia participativa é o resultado do fracasso do Programa de Ajustamento Estrutural (PAE) experimentado pelos doadores em 1985. Este programa foi uma política concebida e imposta pelos doadores aos países endividados e deficitários na balança de pagamentos, nomeadamente os do Terceiro Mundo. O objetivo do programa era financiar os países endividados para que pudessem pagar as suas dívidas externas e, ao mesmo tempo, alcançar um desenvolvimento económico a longo prazo. Assim, os doadores decidiram elaborar os programas sem a participação dos países em causa.

Nestas actividades, a população foi considerada como um mero beneficiário e não como um ator do desenvolvimento. Esta situação provocou uma certa incoerência entre as reivindicações da população e as acções empreendidas, uma vez que estas últimas se centravam essencialmente nas reformas macroeconómicas e não nos objectivos de ajustamento em questão.

Esta incoerência, por sua vez, conduziu ao fracasso a nível estatal, uma vez que produziu resultados mais ou menos decepcionantes. Estes resultados modestos foram fruto da ausência de qualquer forma de participação dos beneficiários, tanto na conceção como na execução das acções preconizadas pelo ajustamento. Trata-se, portanto, de uma questão de incompatibilidade entre a abordagem tecnocrática adoptada pelos doadores e as necessidades das populações.

Além disso, o termo "democracia", etimologicamente derivado do grego *demos* que significa povo e *kratein* que significa governar. A democracia pode, portanto, ser traduzida, literalmente, pelas seguintes expressões: *governo do povo ou governo da maioria*.

A democracia é, portanto, um sistema em que o poder político pertence a todos os cidadãos. A vontade do povo é considerada a base do poder. Para ser participativa, a democracia requer os fundamentos da participação. Participar é tomar parte ou sentir-se como parte de um todo e assumir o papel ativo que resulta dessa pertença. A democracia participativa remete também para a noção de pertença e de cidadania. A pertença justifica a cidadania, que permite a participação.

---

[77] Os principais objectivos são: um crescimento real per capita positivo, a fim de elevar o nível de vida da população e reduzir a pobreza; a estabilidade dos preços e das taxas de câmbio; um aumento mais significativo das receitas fiscais e o controlo das despesas públicas, a fim de reduzir o défice das operações financeiras; a regulação da moeda em circulação de acordo com as necessidades reais da economia; a restituição das reservas externas de divisas; o cumprimento dos calendários de reembolso da dívida externa; a liquidação gradual dos pagamentos em atraso a nível interno e externo.

O conceito de democracia participativa desenvolveu-se em França no final dos anos sessenta. A tomada de consciência pelos políticos dos limites da *democracia representativa* conduziu a uma nova conceção de democracia. Este conceito dá mais importância à opinião pública. As descobertas científicas e os avanços tecnológicos geram controvérsia na sociedade. Os cidadãos passaram a dispor de meios para exprimir as suas opiniões e influenciar as decisões que os afectavam. Os cidadãos foram encorajados a debater, a exprimir as suas opiniões e a influenciar as decisões que lhes diziam respeito. A democracia participativa caracteriza-se pela sua natureza deliberativa. Incentiva o debate e a discussão sobre questões de política pública, criando uma plataforma de discussão entre os actores envolvidos. Ultrapassa a simples democracia de opinião, centrando-se em questões de interesse público.

Para além da capacidade de "deliberação", os cidadãos têm também poder sobre o seu próprio desenvolvimento. O filósofo pragmatista John Dewey descreve este papel como uma forma de *"cidadania ativa e informada"* baseada na *"formação de um público ativo, capaz de utilizar uma capacidade de inquérito e de procurar por si próprio uma solução adequada para os seus problemas".* Isto significa que os cidadãos precisam de ter acesso a um grande fluxo de informação para que possam compreender o seu papel e os seus deveres no seu desenvolvimento.

O poder de decisão é sempre conferido ao líder, com o objetivo de respeitar as hierarquias e a ordem social de uma comunidade. De acordo com os valores democráticos, este líder será um funcionário eleito. A democracia participativa garante que as decisões têm em conta as necessidades do maior número possível de pessoas. Cada indivíduo é levado a sentir-se como cidadão. Ser cidadão tem duas vertentes: o exercício de direitos e de deveres. Para além disso, gozam de direitos de expressão, de circulação, de desenvolvimento, etc.

Os doadores e os dirigentes malgaxes consideram que, para favorecer a participação das comunidades de base na conservação e/ou na gestão dos recursos naturais, é necessária uma política de descentralização e de gestão dos recursos naturais renováveis. É a chamada "Gélose" ou gestão local segura: gestão comunitária local dos recursos renováveis.

A Gelose é um instrumento jurídico criado pela Lei 96-025 de 30 de setembro de 1996. Abrange todos os recursos naturais renováveis: silvicultura, pesca interior, recursos marinhos e pastoris. Define as instituições a envolver e as regras e condições para o desenvolvimento e a aplicação da transferência da gestão dos recursos naturais. Esta lei será progressivamente completada por regulamentos de aplicação.

Trata-se de uma lei-mãe para a transferência da gestão dos recursos naturais renováveis. Aplica-se de forma generalizada a todos os recursos cuja gestão pode ser transferida. É coerente com as políticas e programas de desenvolvimento e com o quadro jurídico da transferência da gestão dos recursos naturais renováveis. Estabelece o procedimento de execução da transferência de gestão dos recursos em causa: os actores envolvidos, a abordagem, a conclusão e a execução.

3.2.3.1 Marginalização e participação *Mahafale*

O liberalismo reina depois de ter derrotado o comunismo. Consequentemente, está a tornar-se o sistema global dominante. Este sistema global está a construir gradualmente a aldeia global, numa altura em que está a ser dilacerado pela guerra económica global.

Em Madagáscar, o sistema nacional adquiriu a sua soberania com a independência, mas está internamente dividido entre dinâmicas de cima para baixo e de baixo para cima (contradição entre *Fanjakana* e aldeia). Além disso, a tensão entre cidade e campo está a dilacerar a dinâmica malgaxe.

A nível interno, nomeadamente no planalto *de Mahafale,* as comunidades fundamentais são negligenciadas ou mesmo ignoradas. As comunidades foram divididas em duas: ricas e pobres. Os missionários tentaram arrancar-lhes a *hazomanga* e os construtores minaram as comunidades de descendentes em proveito da elite aculturada, desintegrando assim os grupos familiares. Daí a marginalização das comunidades das aldeias.

Em termos concretos, a marginalização manifesta-se em três frentes: a frente mística, a frente económica e a frente humana.

[78]A marginalização na vertente mística é a marginalização fundamental, ou seja, o "modelo *hazomanga*" tem de ser arrancado, porque para os promotores, o primeiro sinal de desenvolvimento de uma aldeia é arrancar a sua *hazomanga.*

Os neo-colonizadores estão a tentar destruir os marcos históricos das comunidades para os substituir por outra identidade cultural. Os missionários tentaram transformar a *hazomanga* numa bíblia, mas não conseguiram porque os *Mahafale* são sedentários e as suas aldeias não estavam completamente acabadas. As aldeias estão dispersas de forma esporádica. Além disso, a maioria das comunidades é analfabeta. Assim, a mudança cultural parece estar muito longe no planalto *Mahafale.*

No plano económico, o último meio de sobrevivência das comunidades - a *raketa* (cato) - tem de ser arrancado. Substituíram-no por biscoitos *"tsy mana baba".* No entanto, numa homenagem às comunidades, algumas organizações, como o PAM, tentaram organizar a transplantação de cactos durante o período de escassez, utilizando métodos baseados na mão de obra.

Depois, na terceira frente, os membros da própria comunidade são arrancados das suas terras. E assim começa a "espoliação económica" propriamente dita; a saída compulsiva, a entrada na servidão assalariada.

Assim, o desenvolvimento como processo de violência conduz ao empobrecimento nas três frentes. No entanto, tudo começa com o desenraizamento da forma fundadora de viver em conjunto, a *hazomanga* da comunidade de oração.

Atualmente, desenvolvimento significa seguir o modelo dominante à escala mundial. A pobreza do povo malgaxe não é um acaso; é o resultado deste desenvolvimento baseado na lógica do mercado, que é simultaneamente modernizador e, sobretudo, opressivo. O drama deste desenvolvimento é o facto de matar toda a vida para alcançar o desenvolvimento. O povo malgaxe exige não apenas a primeira independência, mas a verdadeira independência de uma

---

[78] Para o modelo *Hazomanga,* a economia é essencialmente agro-pastoril. Isto significa que :

Um sistema nómada por terra, pouco sedentário e, por isso, em constante deslocação para acampamentos temporários (*toby*) ao ritmo dos acontecimentos ou da transumância bovina, mas com uma aldeamento pouco completo, seguido de um sistema centrado na agricultura do mato. Em suma, a economia fundamental é a do boi, uma economia bovina de transumância também chamada de contemplação ou prestígio, mas esta economia é total. Em suma, a economia fundamental é a do boi, uma economia bovina de transumância também chamada de contemplação ou prestígio, mas esta economia é total.

economia soberana e não mais marginalizada, mas a violência colonial e neocolonial marginalizou-nos totalmente da nação, pois cada malgaxe já não faz história, já não é objeto de iniciativa histórica. Estamos à margem, despossuídos, estruturalmente excluídos, desestruturados em todas as dimensões da nossa existência.

A dignidade sagrada e eminente dos produtores malgaxes está a ser profanada. Eles estão a ser mercantilizados. Esta mercantilização permite a monopolização dos produtores e dos seus produtos. É a chamada alienação económica.

As comunidades *mahafale* não são imunes à violência neocolonial, apesar da sua insubordinação. As empresas multinacionais trazem bens supérfluos e pequenas estações de rádio para os mercados semanais. O sistema instaurado favoreceu o fenómeno do malaso, o que enfraqueceu os agro-pastores.

Além disso, as ONG internacionais que trabalham no domínio da conservação da biodiversidade implementaram o programa de conservação dos recursos naturais, demarcando aldeias e mares e impondo um método de gestão diferente do tradicionalmente aplicado pelas comunidades. Isto empurra indiretamente as comunidades do planalto *de Mahafale* a abandonar as suas terras ancestrais. Os habitantes dos arredores do parque *de Tsimanampesotse* tiveram de abandonar as suas terras ancestrais para a conservação. Tiveram de se deslocar para outras regiões para exercerem novas actividades. Os que permaneceram nas aldeias, quer façam parte do comité de gestão dos recursos florestais ou não, cultivam dentro do parque.

Quanto aos descendentes *Maroseragna* de *Ampanihy,* recusam-se categoricamente a cogerir a floresta sagrada *de Ankirikiriky com* ONG ambientais internacionais.

Para concluir este capítulo, a participação é o ato de tomar parte em qualquer atividade. Nos últimos anos, as ONGs têm utilizado a participação como um método de abordagem. Este método é conhecido como abordagem participativa. Um olhar mais atento ao conceito de participação mostra que o princípio da participação consiste em envolver a comunidade de base nas várias fases de implementação do projeto, desde o estudo do seu ambiente até à própria conceção, implementação e gestão de um projeto.

Os malgaxes já têm a sua própria abordagem participativa baseada na solidariedade comunitária, *"valin-tanana"* ou *"rima".* A abordagem difere consoante os hábitos e costumes de cada região. No entanto, os doadores estão a obrigar-nos a aplicar uma outra forma de abordagem participativa normalizada. Os doadores e as autoridades malgaxes não se preocupam com a diversidade de costumes e tradições das regiões de Madagáscar. Normalizar uma abordagem participativa significa generalizar os direitos consuetudinários. Isto corre o risco de mudar de uma localidade para outra. É por isso que podemos dizer que a abordagem participativa assume, por vezes, formas que nos levam a dizer que a participação é "imposta e modelada" e que, por vezes, conduz a efeitos negativos em vez de construtivos, mas, de qualquer modo, para os decisores malgaxes, acaba por contribuir para o desenvolvimento local.

Conclusão, parte 1

Para concluir esta primeira parte, podemos dizer que a paisagem *de Mahafale* está situada na região de *Atsimo Andrefana*. Esta região é conhecida pela sua aridez permanente. Atualmente, a paisagem *de Mahafale* é cada vez mais afetada pelo fenómeno de desertificação ligado às alterações climáticas. No entanto, esta zona de *Mahafale* alberga um certo número de grandes blocos florestais, o grande recife e comunidades subnutridas. Para além desta subnutrição, as comunidades *Mahafale* são desestabilizadas pela dominação externa. Esta dominação é perpetuada pelo governo central, pela evangelização e pelas escolas, pela dominação cultural, pelas ONG e pelos doadores. No interior, as comunidades *Mahafale* são dominadas por descendentes instruídos que se dizem civilizados. Esta situação conduziu a uma crise generalizada, que se manifesta sob diversas formas, como o abandono, a posse e o êxodo rural.

No que se refere à conservação dos recursos renováveis, os malgaxes já dispunham de uma política de proteção dos recursos florestais que remontava ao período feudal. No entanto, Madagáscar só dispunha de uma política de conservação do meio marinho após a assinatura da Carta do Ambiente em 1990. As estratégias de conservação dos recursos florestais diferem consoante o período (feudal, colonial e atual).

As comunidades do planalto *de Mahafale* já têm os seus próprios métodos de gestão florestal em função do estatuto das florestas (*"ala faly"* ou florestas tabu, *"alan-draza"* ou florestas ancestrais). Estas florestas são geridas pelos *ombiasy* e *mpitan-kazomanga* segundo as *"lilin-draza"* (leis dos antepassados).

Atualmente, os conservacionistas consideram que os recifes e os blocos florestais do planalto *de Mahafale* estão expostos a várias ameaças antropogénicas devido à prática de queimadas de pousios arbustivos e estão a impor um método de gestão normalizado através do governo central e de ONG internacionais e nacionais para conservar a biodiversidade terrestre e marinha.

Em Madagáscar, já existia uma forma de abordagem participativa baseada na solidariedade comunitária *"valin-tànana"* ou *"rima"*. A abordagem difere consoante os usos e costumes de cada região.

No entanto, os doadores estão a forçar-nos a adotar uma forma diferente de abordagem participativa. Juntamente com as autoridades malgaxes, os financiadores não se preocupam com a diversidade de costumes e tradições nas regiões de Madagáscar. Normalizam uma abordagem participativa e os direitos consuetudinários são generalizados. Esta abordagem deve mudar de uma localidade para outra. Caso contrário, a participação é "imposta e modelada" e, por vezes, tem efeitos negativos em vez de construtivos.

No entanto, não sabemos se estas comunidades, extremamente pobres e dependentes destes recursos, serão capazes de perturbar o equilíbrio ambiental e desempenhar um papel ativo na conservação dos recursos marinhos e terrestres. Este estudo será objeto da segunda parte.

Segunda parte:

Condições de participação na conservação dos recursos florestais

Nesta secção, tentaremos fazer uma análise da participação de todos os intervenientes e das condições para a sua participação na conservação dos ecossistemas florestais.

Quarto capítulo: Participação na conservação dos ecossistemas florestais

Para os especialistas, o desenvolvimento é um conjunto de transformações sociais que tornam possível um crescimento económico autónomo e auto-reprodutor. Atualmente, o desenvolvimento segue uma trajetória linear em que as sociedades ditas em desenvolvimento são obrigadas a "apanhar" os países desenvolvidos, abandonando a sua identidade para os imitar. Este modo de desenvolvimento está a destruir a capacidade de inovação das sociedades, as suas tradições, o seu capital social e, sobretudo, o seu capital natural.

Atualmente, a questão do desenvolvimento económico e social é combinada com a do ambiente   natural.
questões relacionadas com o ambiente natural, como a destruição da camada de ozono, o aquecimento global e a perda de diversidade biológica, o aquecimento global e a perda da diversidade biológica. Esta integração da Esta integração da dimensão ambiental nas questões de desenvolvimento permitiu às ciências humanas renovar a sua ligação original com as ciências naturais neste domínio específico.

O desenvolvimento humano sustentável é uma outra forma de desenvolvimento que põe a tónica nesta identidade comunitária. É o desenvolvimento do homem pelo homem e para o homem, no qual o homem é o ator principal.

Em Madagáscar, o desenvolvimento comunitário começará ao nível das bases, através da exploração dos recursos naturais locais. recursos naturais. No entanto, várias ideologias sucederam-se ao longo do tempo. tempo. Os "hiper-conservacionistas" afirmam que a natureza deve ser conservada e, para isso, deve ser feita sem o homem, porque o homem é considerado o inimigo da natureza. Para eles, o ecoturismo deve ser desenvolvido para garantir o desenvolvimento sustentável dos agricultores.

Para outras ideologias: a tendência sistémica, por exemplo, considera que o homem faz parte da biodiversidade, pelo que não podemos perturbar o equilíbrio ambiental. O problema da relação do homem com a natureza é, antes de mais, um problema especial. A natureza não pode ser conservada sem um verdadeiro esforço da sociedade. Com a sociedade, a natureza não pode ser conservada sem o homem.

Por conseguinte, a participação destas partes interessadas é essencial para harmonizar e, sobretudo, para alcançar um desenvolvimento sustentável.

4.1   Partes interessadas envolvidas na conservação dos recursos naturais.

[79]A conservação dos recursos naturais e o desenvolvimento das comunidades requerem a participação de actores a todos os níveis. Em primeiro lugar, os financiadores dos programas e dos projectos, depois os actores intermediários a nível nacional e, por fim, as comunidades, que são os principais actores da conservação dos ecossistemas florestais para uma mudança considerável do seu ambiente.

4.1.1   Apoiantes financeiros ou parceiros técnicos e **financeiros**

Os doadores operam a nível global. Persuadem os países pobres com os seus argumentos sobre a conservação da biodiversidade e o desenvolvimento sustentável, utilizando a abordagem da participação colectiva. Desta forma, encorajam cada país a aumentar a sua capacidade de implementar este processo.

É preciso dizer que o termo "doadores" foi agora alterado para "parceiros técnicos e financeiros". Pretenderam dar ênfase à vertente técnica e ocultar dos países pobres a vertente do crédito, quando o objetivo último dos doadores é a obtenção de lucros.

O principal papel dos doadores é, portanto, contribuir para a recuperação do país através de uma ação "cívica", defendendo junto dos governos a necessidade de participação nos programas de ajuda e cooperação para o desenvolvimento.

[80]A biodiversidade de Madagáscar é classificada como um bem público mundial único e insubstituível. A nível global, os conservacionistas impõem as regras do jogo aos países pobres através da comunidade internacional. Persuadem os países pobres a solicitarem crédito ao Banco Mundial: é o chamado crédito de programa ambiental. Antes de aceitarem os pedidos de crédito dos países pobres, os parceiros técnicos e financeiros impõem as suas condições e objectivos.

Em 1990, a promulgação da Carta do Ambiente marcou uma mudança na gestão dos recursos naturais renováveis: a desresponsabilização do Estado. De facto, a década de 90 foi um período de convulsão sócio-política no país, que culminou com a adoção de uma política geral baseada na liberalização da economia, na desvinculação do Estado do sector produtivo e na descentralização.

---

[79] A paisagem de *Mahafale* alberga 34 espécies de répteis e 57 espécies de aves, bem como numerosos outros recursos faunísticos endémicos: os lagartos Ebenavia *maintimainty*, Oplurus fiherinensis e Paroedura *maingoka*, as osgas: Paragehyra petiti e Phelsuma breviceps, uma espécie de serpente: Madagascarophis oecellatus, as aves Calicalicus rufocarpalis, Monticola imerinus, Pseudocossyphus imerinus, Anas bernieri e Voltzkowia *fotsifotsy*, um carnívoro Galidictis grandidieri. A tartaruga radiada Astrochelys radiata, espécie emblemática da paisagem *de Mahafale*, onde a densidade populacional mais elevada se encontra na reserva do Cabo Sainte Marie (3 000 indivíduos por km²), e as aves Coua verreauxi e Coua Cursor povoam a paisagem de forma representativa. Nos estuários do litoral, o mangal funciona como um verdadeiro filtro de sedimentos e purificador da água do mar, protegendo os recifes de coral e a fauna marinha.

[80] No Documento de Projeto EP III, Banco Mundial: Um conjunto impressionante de estatísticas atesta a extraordinária riqueza da biodiversidade de Madagáscar: 99% d o s anfíbios, 92% dos répteis, 95% dos mamíferos, 83% das espécies de plantas e 93% das espécies de peixes de água doce não se encontram em nenhum outro lugar senão em Madagáscar. Existem mais de 1.000 espécies conhecidas de vertebrados terrestres, 6.000 espécies de recifes de coral, mais de 12.000 espécies de plantas terrestres identificadas e um número desconhecido de espécies não descritas. O país foi rotulado como o "oitavo continente" em reconhecimento dos seus valores biológicos sem paralelo.

Três factos foram constatados em matéria de gestão dos recursos naturais renováveis. A primeira é que, devido à falta de recursos de todos os tipos, as administrações encarregadas desta atividade são cada vez mais impotentes para travar a destruição e a exploração ilegal dos bens do país, devido à existência de situações de livre acesso. A segunda constatação é que as populações que vivem perto dos recursos são simultaneamente vítimas e, em grande parte, responsáveis pela espiral de degradação do ambiente natural malgaxe. A última constatação é que as comunidades das aldeias em várias partes da ilha aplicam certas formas de gestão tradicional dos recursos que não são valorizadas devido ao sistema de exclusividade aplicado pelas administrações neste domínio.

Estão a ser organizados três seminários, incluindo um a nível nacional, para decidir o que deve ser feito no âmbito de um quadro jurídico.

Em setembro de 1994, realizou-se em *Mantasoa* o primeiro seminário nacional sobre o tema "capacidades de gestão local e direitos de acesso aos recursos". O seminário sublinhou a necessidade de reconhecer legalmente as estruturas locais de gestão dos recursos naturais, apesar da relutância dos decisores técnicos presentes no seminário.

O segundo seminário, que teve lugar em *Mahajanga* em novembro de 1994, foi um seminário internacional. O tema abordado foi a ocupação humana nas áreas protegidas. Deste workshop saíram dez pontos, assinados por representantes da ANGAP (atual MNP), da ONE e da Direção do Ambiente e Florestas. A mais importante dessas decisões é a abordagem contratual que torna o Estado e as comunidades rurais parceiros na gestão.

A terceira foi a conferência internacional em *Antsirabe*, em maio de 1995. Este simpósio foi financiado pelo Banco Mundial, a USAID e a Cooperação Francesa. Esta última enviou peritos internacionais em matéria de ambiente para validarem o documento ONE intitulado *"Para uma gestão comunitária local dos recursos renováveis: proposta de uma política de descentralização da gestão dos recursos renováveis"* à luz das tendências da comunidade internacional em matéria de conservação da biodiversidade a nível mundial. O objetivo da conferência é validar o documento ONE.

Foram declarados catorze pontos. Estes retomam os conceitos de *Mantasoa* e *Mahajanga*, nomeadamente a inclusão da gestão comunitária dos recursos naturais num quadro jurídico. Quase um ano após a conferência, o governo malgaxe promulgou a lei 96-025, conhecida como lei Gélose, que foi aprovada pela Assembleia Nacional.

Os doadores estão também a estabelecer parcerias com ONG nacionais e internacionais para tornar os programas menos políticos e, acima de tudo, mais próximos das bases.

Esta parceria caracteriza-se pelo apoio financeiro de parceiros técnicos e financeiros que prestam apoio financeiro para tornar operacionais os programas de desenvolvimento.

Para divulgar e pôr em prática os seus projectos de desenvolvimento sustentável e as suas perspectivas de conservação dos recursos naturais renováveis, os organismos de financiamento estão envolvidos em redes existentes. Através destas redes, podem intervir ativamente nos problemas, reunindo um certo número de pessoas que procuram resolver problemas semelhantes. Por sua vez, estas redes actuam como observadores, mas ao mesmo tempo transmitem ideias para as propagar. Estas redes podem ser governamentais, empresariais, académicas ou outras.

Quando se trata da proteção do ambiente em Madagáscar, os parceiros técnicos e financeiros não dão muita importância ao desenvolvimento social e humano. A título de exemplo, no seu relatório sobre o documento de projeto relativo a uma proposta de crédito suplementar para a terceira fase do programa ambiental, em maio de 2011, o Banco Mundial reservou apenas 6,7 milhões de dólares de 42 milhões de dólares para várias actividades: a criação de 900 comités locais de acompanhamento dos parques, o apoio a 30 comités de apoio aos parques em torno de 30 áreas protegidas e a 150 grupos comunitários de gestão florestal (50 novos grupos para 100 grupos existentes) em torno de 33 áreas protegidas. Até à data, as medidas de acompanhamento, como a construção de escolas primárias, o abastecimento de água potável, etc., não fazem parte da agenda dos parceiros financeiros de Madagáscar no planalto *de Mahafale*.

4.1.2   O Estado e os seus ramos

4.1.2.1   Administração central

Dada a atual situação de deterioração em Madagáscar, alcançar um desenvolvimento participativo e sustentável, conservando simultaneamente a biodiversidade, é um verdadeiro desafio para toda a nação.

Os parceiros técnicos e financeiros estão a tentar ajudar, criando programas de desenvolvimento participativo através do Estado, que é visto como uma porta de entrada.

Por conseguinte, o Estado deve reforçar as instituições existentes para a tomada de decisões colectivas. O governo é assim chamado a demonstrar a sua vontade e a adotar uma política adequada para permitir a tomada de decisões colectivas.

O Governo malgaxe é obrigado a empenhar-se na descentralização e na reforma do Estado sob o signo da "boa governação".

Esta nova forma de gestão governamental, baseada numa boa relação entre a administração e as populações que serve, dá origem a uma nova forma de acesso dos cidadãos à tomada de decisões. A boa governação é sinónimo de participação. Madagáscar está atualmente a desenvolver os meios para promover esta participação.

No domínio do ambiente, as políticas descentralizadas de gestão dos recursos naturais surgiram na década de 1990. Foram criadas em resposta ao fracasso das políticas centralizadas para lidar com a degradação florestal e foram encorajadas pelo crescente reconhecimento internacional da capacidade dos actores rurais para gerir as suas florestas. A aplicação destas políticas modifica as interações entre os intervenientes rurais e os ecossistemas, tanto de forma positiva como negativa.

De facto, a Constituição e, sobretudo, os textos relativos à aplicação das transferências de gestão dos recursos renováveis são claros quanto à vontade expressa de participação efectiva das populações locais na conservação da biodiversidade.

Esta descentralização política parece facilitar a participação a nível central: daria ao nível local a oportunidade de se encarregar da administração dos recursos naturais renováveis, desenvolvendo um instrumento de gestão para estes recursos e envolvendo ativamente as comunidades de base tanto na tomada de decisões como na ação. A comunidade de base é, portanto, totalmente responsável pela proteção dos recursos naturais renováveis na sua área.

Em Madagáscar, a gestão da administração fundiária assenta em dois sistemas de organização da estrutura administrativa: a descentralização e a desconcentração.

A descentralização é um sistema de organização das estruturas administrativas do Estado que prevê a transferência de poderes financeiros, de decisão e administrativos, bem como de responsabilidades pela execução de obrigações de serviço, da administração central para as autoridades locais ou regionais. Em suma, o princípio da descentralização assenta em três transferências, nomeadamente a transferência de poderes, a transferência de competências e a transferência de recursos para as autoridades locais descentralizadas.

A desconcentração é um sistema de organização das estruturas em que o Estado transfere poderes e responsabilidades dos organismos centrais que operam nas capitais para as sedes desses organismos, no âmbito da hierarquia do Estado.

No entanto, a política de descentralização em Madagáscar coloca um certo número de problemas à população, problemas que podem comprometer a unidade nacional. Este facto tem repercussões na participação dos cidadãos na execução destes programas.

No entanto, o Estado deve cumprir a sua grande responsabilidade. A responsabilidade do Estado consiste em assegurar a satisfação das necessidades da população. Em geral, para satisfazer essas necessidades, o Estado empreende acções que visam agir sobre elas e orientá-las para uma escolha deliberadamente privilegiada, uma vez que as necessidades são ilimitadas e os meios são escassos.

o domínio da conservação da biodiversidade, este papel consiste principalmente em incentivaros indivíduos acomportarem-se de forma a melhorar o bem-estar coletivo, por exemplo, através da aplicação de leis e de políticas de redistribuição. Vários factores podem levar a falhas.

Em primeiro lugar, a ausência de uma política eficaz de gestão dos recursos naturais renováveis pode conduzir ao fracasso. De facto, é difícil encontrar uma política desejável e aceitável e implementá-la, apesar de ter sido promulgada a Lei 96-025, conhecida como a Lei Gelose, seguida do decreto GCF. O tráfico de recursos naturais de Madagáscar, como as madeiras preciosas e as tartarugas, está a aumentar.

A segunda falha do Estado é a sua incapacidade de adaptar a política às necessidades da população. A procura que emana da população está sempre a mudar, e difere de acordo com as categorias sociais e os seus estilos de vida, enquanto a política do Estado é inercial e não tem qualquer relação com essa procura. Esta situação combina-se com aquilo a que Hamilton chama *"deriva institucional"*. De facto, no início, podemos considerar a política de Estado como uma instituição que serve para satisfazer a procura da população, mas só mais tarde é que se torna rígida, porque não consegue satisfazer essa procura em mudança.

Segundo Hamilton, *"a vida de uma instituição depende da sua capacidade de adaptação..."*, *ou* seja, a eficácia da política e a legitimidade do Estado dependem da sua capacidade de satisfazer as exigências que possam surgir. Ora, o Estado não é capaz de desenvolver uma política que satisfaça as exigências da população, quer em termos de rendimento, quer em termos de bem-estar, mas também a necessidade de gerir o ambiente.

O Estado vê-se também confrontado com redes de traficantes de recursos naturais. A exportação ilegal de madeiras preciosas, como o famoso pau-rosa, e de pedras preciosas é um exemplo disso. No entanto, é difícil para o Estado controlar e fazer cumprir as leis sobre os traficantes, porque alguns dirigentes estão ligados aos que exportam ilegalmente estes recursos, especialmente os que constam das categorias (proibidas de exportar) da convenção CITES. [81]Todos sabemos, através dos meios de comunicação social (jornais e rádio), que o representante do Estado ou os seus próximos estão envolvidos no negócio do pau-rosa ou das pedras preciosas. O Estado encontra-se atualmente entre a espada e a parede. É fraco perante a Convenção e as sanções que a CITES lhe vai aplicar, mas está num impasse perante a pressão dos traficantes.

É do interesse de cada país declarar o que o ambiente pode fazer por ele e o que está efetivamente a destruir. Por exemplo, no caso das emissões de gases com efeito de estufa, cada país tem uma quota de emissões que deve ser cumprida sob pena de sofrer sanções, mas o país em questão não está a cumprir a sua quota. Quando questionado, subestima as suas emissões, embora o impacto no ambiente tenha sempre aumentado. Esta deturpação é particularmente frequente nos países industrializados. Este fenómeno é agravado pela insuficiência de instituições internacionais que possam tomar decisões aceites por todos e pela falta de um sistema de controlo global.

O fracasso do Estado na gestão dos recursos naturais pode também dever-se à contradição entre as políticas de gestão ambiental e a política de desenvolvimento agrícola empreendida pelo Estado. Por exemplo, por um lado, o Estado elaborou uma política de proteção das florestas, mas, por outro, incentiva os agricultores a adoptarem uma economia de base agrícola.

Neste caso, para incentivar a economia, o Estado pode conceder subsídios aos agricultores ou garantir o preço da produção para encorajar os produtores a aumentar a sua produção. Para aumentar a produção, os agricultores têm de sobreexplorar o solo e, se não houver terra arável suficiente, têm de procurar mais. Daí a proliferação das queimadas. É a chamada "destruição subsidiada". O Estado é, portanto, obrigado a escolher entre o bem-estar da população e o crescimento económico, e é de notar que esta situação só é válida se os agricultores forem motivados por ofertas do Estado.

4.1.2.2   A região

[e]O artigo 141º da Constituição da IV República estipula que *"as autarquias locais descentralizadas, com o apoio do Estado, são responsáveis, nomeadamente, pela segurança pública, pela defesa civil, pela administração, pelo ordenamento do território, pelo desenvolvimento económico, pela proteção do ambiente e pela melhoria da qualidade de vida.*

---

[81] O casodas pedras preciosas de Anjozorobe refere que uma pedreira era monopolizada por Masoandro e pelo seu filho. O termo Masoandro ou sol é uma gíria militar que designa o chefe supremo do exército, que não é outro senão o Chefe de Estado.

estes domínios, a lei determina a repartição das competências, tendo em contaos interesses nacionais e locais.

artigo 2.º da Lei n.º 2004-001, de 14 de junho de 2004, estabelece que "as regiões são*autoridades públicas com uma vocação essencialmente económica e social. irigem, estimulam, coordenam e harmonizam o desenvolvimento económico e social do conjunto do seu território e, como tal, são responsáveis pelo planeamento e desenvolvimento* do território e*pela* execução de todas as acções de desenvolvimento.

Consequentemente, a região tem múltiplos domínios de competência, tais como :

- controlo da legalidade dos actos das autoridades municipais;

- identificar as prioridades da região;

- elaboração de um programa-quadro e/ou de um plano de desenvolvimento regional;

- elaboração de planos regionais de ordenamento do território;

- preparar a programação das iniciativas de desenvolvimento regional;

- incluindo a hidro-agricultura, a pesca, a promoção industrial e comercial em pequena escala, a promoção do sector dos serviços, a criação de gado, etc.

Tudo isto demonstra que a região tem uma grande responsabilidade na proteção do ambiente e no desenvolvimento local. Apesar dos esforços envidados pelo governo, as 22 regiões têm dificuldade em arrancar. As causas desta dificuldade são: incoerências nos textos que as regem e a redução excessiva dos seus recursos materiais.

Além disso, o próprio estatuto do chefe regional é ambíguo. Atualmente nomeado pelo governo, o chefe da região será, a prazo, eleito pelo conselho regional. Este último já foi criado e aguardamos atualmente o calendário eleitoral. A atividade do chefe regional é atualmente acompanhada de perto pelo governo central. Ele acumula os poderes de representante local do Estado e de chefe do executivo regional, o que provoca uma confusão quanto às competências da região em matéria de serviços territoriais desconcentrados.

Além disso, as divisões administrativas destes serviços não correspondem às divisões das colectividades territoriais descentralizadas, o que gera confusão.

Os seus recursos materiais são limitados, embora estes serviços locais sejam evidentemente essenciais para a luta contra a pobreza e para a melhoria das condições de vida. Existem também muitas contradições entre as prioridades regionais e locais, uma vez que o plano regional não é simplesmente a soma dos planos locais.

A maioria dos chefes regionais só tem conhecimento da existência da gestão comunitária dos recursos naturais renováveis em caso de litígio entre comunidades. As ONG ambientais raramente informam a região sobre as suas actividades.

4.1.2.3   A *Comuna*

ᵉO artigo 149º da Constituição da IV República estipula que *"os municípios contribuem para o desenvolvimento económico, social, cultural e ambiental do seu território de jurisdição. As suas competências têm essencialmente em conta os princípios constitucionais e legais, bem como o princípio da proximidade, da promoção e da defesa dos interesses dos habitantes".*

A comuna é, por conseguinte, o principal pivô do desenvolvimento local. É ela que assegura todos os serviços locais, bem como as iniciativas de desenvolvimento. Os recursos, tanto humanos como financeiros, são ainda fracos, nomeadamente nas comunas rurais. As subvenções e subsídios do Estado são ainda medíocres e irregulares; os recursos próprios são difíceis de mobilizar.

O município é plenamente responsável pela gestão de todos os assuntos de interesse municipal. Isto reflecte-se na sua preocupação em melhorar o bem-estar dos seus habitantes e, se for caso disso, de todos aqueles que utilizam o espaço municipal.

A coletividade local tem um mandato muito vasto. Em segundo lugar, actua como intermediário entre o Estado e os cidadãos para certas formalidades administrativas.

O município realiza um certo número de acções autónomas:

- Gerir diretamente o seu desenvolvimento e o seu ordenamento, através do plano municipal de ordenamento. Emitir as diferentes licenças (licenças de construção e de demolição, etc.);

- ser capaz de unir forças com vários parceiros em grandes projectos de desenvolvimento;

- assegurar os serviços públicos locais (iluminação, estradas, água potável, etc.);

- ser capaz de desempenhar um papel complementar num vasto leque de domínios, como a assistência social, a economia local (criação de empresas, etc.) e a promoção da vida social, desportiva e cultural.

De um modo geral, não existe transparência na gestão da comuna. A fraca capacidade técnica dos eleitos locais é uma fonte evidente de dificuldades.

Quando olhamos para as treze comunas que compõem a paisagem de *Mahafale*, constatamos que a descentralização se efectua em teoria, porque a descentralização administrativa não é acompanhada pela transferência de recursos. De facto, a transferência de novas competências obriga as autoridades comunais a encontrarem os recursos necessários ao seu funcionamento interno. A preocupação das comunas da paisagem *de Mahafale* é saber como aumentar as receitas comunais.

Para aumentar as suas receitas, o município tem duas opções: ou aumenta as taxas dessas receitas, ou adopta uma política que favorece o aumento da matéria coletável. Qualquer que seja a escolha do município, são sempre as colectividades ou os contribuintes que terão de suportar todos os custos.

Os dirigentes das 13 comunas deixam a gestão dos seus recursos florestais à comunidade e às ONG de apoio à conservação da biodiversidade que operam na sua comuna. Os presidentes de câmara limitam-se a assinar os dossiers CoBa para os autenticar. Os dirigentes das comunas nem sequer assistem à demarcação das terras a transferir para as comunidades. *"Não sabemos muito sobre esta transferência de gestão, por isso não fazemos muito sobre as actividades desenvolvidas pelo CoBa"* [Entrevista com o Vice-Prefeito C.R *Itampolo*].

4.1.2.4   A *Fokontany*

No que respeita à *Fokontany*, o artigo 152º da Constituição da IV República estipula que *"a fokonolona, organizada em Fokontany no seio das comunas, é a base do desenvolvimento e da coesão sociocultural e ambiental. Os dirigentes da Fokontany participam na elaboração do programa de desenvolvimento da sua comuna"*.

O chefe *da Fokontany* é, por conseguinte, responsável pela administração geral da *Fokontany*. Os outros membros do comité (o vice-presidente do *Fokontany* e os distritos móveis) assistem no exercício destas funções, em conformidade com as modalidades definidas nos regulamentos de aplicação.

O Comité *Fokontany* participa e contribui de forma permanente e eficaz, sob a autoridade do Chefe *Fokontany*:

- Actividades de desenvolvimento *da Fokontany*;
- actividades educativas, desportivas e culturais da *fokonolona* ;
- mobilização social ou comunitária e actividades de saúde;
- actividades de proteção do ambiente e gestão de riscos e catástrofes;
- gestão corrente e proteção das infra-estruturas e equipamentos públicos;
- trabalhos e operações eleitorais ou de referendo;
- comunicar eventos de todos os tipos relativos à *Fokontany* e ao seu ambiente;
- a aplicação da *dina*.

Além disso, exerce as funções específicas que lhe são confiadas pelo Presidente da Câmara, executa e finaliza as instruções e diretivas do Presidente da Câmara e assiste as autoridades administrativas e judiciais na prevenção e repressão das infracções, nomeadamente dos actos susceptíveis de perturbar a ordem pública.

O chefe *da Fokontany* é responsável pela aplicação do plano de segurança na *Fokontany* sob a sua jurisdição. O chefe *da Fokontany* elabora e aplica os planos de segurança locais com o apoio e a contribuição do *Andrimasom-pokonolona*.

No caso do planalto *de Mahafale*, o chefe e o comité *Fokontany* participam ativamente no processo de elaboração de instrumentos de gestão das terras transferidas e no processo de transferência da gestão dos recursos naturais renováveis, nomeadamente no que diz respeito à demarcação das terras e à criação da *dina* que regerá a gestão das terras transferidas para a comunidade de base. A maior parte dos comités ou chefes *Fokontany* aderem ao CoBa como membros de pleno direito. Além disso, a maior parte deles são descendentes dos *Mpitan-kazomanga* dos seus bairros.

Em suma, o envolvimento da administração central e regional na conservação dos recursos naturais renováveis é muito reduzido. No entanto, as estruturas administrativas locais, como a Comuna e a *Fokontany*, têm um papel importante a desempenhar no processo de desenvolvimento local, bem como na proteção da biodiversidade, porque estas comunidades conhecem a realidade in situ. São capazes de envolver os cidadãos no desenvolvimento e na conservação da biodiversidade na sua localidade, mas o sucesso desta ação depende, naturalmente, da sua capacidade de motivar a comunidade de base.

De acordo com o relatório do Banco Mundial sobre o ambiente, os recursos naturais de Madagáscar não são geridos de forma óptima. Esta má gestão está a custar dinheiro ao país, enquanto um dos principais desafios das comunidades de base é o desenvolvimento económico e social para garantir a boa gestão deste património mundial.

[82]No seu relatório sobre o ambiente (Country Environmental Analysis) intitulado: *Key Messages*, publicado em 2013, o Banco Mundial comenta a despesa pública malgaxe nos seguintes termos: "*a despesa pública no sector do ambiente (limitada ao Ministério e às duas agências acima mencionadas) é de cerca de 10-20 milhões de dólares por ano, ou seja, 1% do PIB desde a crise, 2% antes desta crise (ou 1% do orçamento nacional). Este nível é baixo em comparação com o padrão de 1% do PIB, o custo da degradação ambiental e, sobretudo, o facto de o país possuir um vigésimo da biodiversidade mundial*".

O conteúdo deste relatório revela até que ponto o Estado e as suas agências estão envolvidos na conservação da biodiversidade ou na proteção do ambiente em Madagáscar. Se o Estado e as suas agências não demonstrarem a sua vontade de proteger os recursos naturais renováveis, os esforços feitos pelas comunidades de base serão em vão.

4.1.3   As ONG como intermediárias dos dadores

"Tao trano tsy efan'irery fa ny entan-jarai-mora zaka", significa literalmente que construir uma casa não é uma questão pessoal, mas que um fardo se torna leve se for carregado por muitas pessoas. A filosofia deste adágio dos nossos antepassados é utilizada pelos doadores para cumprirem a sua missão.

Trabalham ao nível das bases, por vezes com a ajuda de intermediários. Por conseguinte, estabelecem parcerias com ONG e associações nacionais ou internacionais. Esta abordagem torna os programas menos políticos e mais próximos das populações. Esta parceria caracteriza-se por um apoio financeiro e técnico para tornar os programas de desenvolvimento operacionais, mas sobretudo para justificar a sua interferência nos assuntos públicos.

ara celebrar um contrato de parceria com as entidades financiadoras, as associações ou ONG devem elaborar um documento de projeto e apresentá-lo às entidades financiadoras; as que têmos mesmos objectivos que as entidades financiadoras e, sobretudo, as que têm uma grande experiência, são aceites pelas entidades financiadorascomo parceiros na execução do projeto.

Para ajudar a concretizar a visão de Durban, o Fundo Mundial para o Ambiente (FGEF) co-financiou o projeto COGESFOR através da Agência Francesa de Desenvolvimento (AFD), intitulado *"Gestão sustentável dos recursos naturais para a conservação das três regiões de biodiversidade de Madagáscar"*.

O objetivo do projeto é proteger a biodiversidade de Madagáscar e reduzir a pobreza, através da criação de quadros de gestão participativa e sustentável dos recursos naturais.

Inscreve-se na continuidade das operações-piloto de gestão local e de valorização da biodiversidade realizadas pelo FGEF desde 2000 em Madagáscar. Inscreve-se na política nacional de transferência de gestão, baseada no princípio de que um certo grau de

---

[82] MNP e ONE

desenvolvimento pode ser uma condição para a conservação das zonas frágeis, e no desenvolvimento do Sistema de Áreas Protegidas de Madagáscar (SAPM).

O projeto tem três componentes principais:

- um desenvolvimento concertado, baseado, nomeadamente, na transferência da gestão para as comunidades locais (*VOI*), apoiado pela segurança da posse da terra nas zonas em causa;

- o desenvolvimento de sectores de valor acrescentado respeitadores do ambiente (sectores da madeira, plantas aromáticas e medicinais ou outros sectores promissores);

- criação de sistemas de controlo florestal descentralizados e auto-financiados.

O projeto presta especial atenção aos efeitos e impactos biológicos e socioeconómicos que poderá ter: será concebido e criado um sistema de monitorização, que será depois transferido para a secção nacional.

A abordagem organizacional adoptada baseia-se na colaboração entre diferentes parceiros: CIRAD, WWF e várias ONG. O projeto dispõe de uma unidade operacional em *Antananarivo*, que reúne os diferentes intervenientes em pé de igualdade, e de dois gabinetes locais nas regiões selecionadas para os pontos críticos. Está a ser dada especial atenção ao aproveitamento das realizações dos projectos anteriores do FGEF e à garantia de um verdadeiro intercâmbio de experiências.

O projeto centra-se em três regiões-alvo, caracterizadas tanto pela sua riqueza biológica única como pela grave degradação dos seus recursos naturais em resultado das práticas humanas. Estas regiões-alvo são :

- a região de *Atsimo-Andrefana*, com o Parque Nacional *de Tsimanampesotse* e o planalto *de Mahafale*;

- a região de *Menabe* com o parque nacional *de Kirindy Mite*;

- a região *de Alaotra-Mangoro*, com a recente criação do corredor *Mantadi Zahamena*, abrindo caminho para a criação de novas áreas protegidas (NAP).

O planalto *de Mahafale* é uma das áreas prioritárias para a conservação da biodiversidade no programa ecoregional *Ala Maiky* do WWF. Encontra-se sob forte pressão, nomeadamente devido ao desbravamento agrícola para a produção de milho e ao fabrico de carvão vegetal utilizado nas cidades como combustível doméstico. A execução do projeto COGESFOR no planalto *de Mahafale* é, por conseguinte, da responsabilidade do WWF.

Cada ONG que trabalha em Madagáscar tem o seu próprio modo de funcionamento. Por conseguinte, é necessário compreender como o WWF opera em Madagáscar antes de avaliar o seu envolvimento na conservação dos ecossistemas florestais.

Como funciona o WWF Madagáscar[83]

O WWF Madagáscar é um escritório de representação regional. Gere um grande número de projectos na região do Oceano Índico. Os procedimentos de adjudicação de contratos, de

---

[83] In Conservation et Développement du plateau calcaire *Mahafale*, avaliação ex-post do projeto FFEM/valorisation des acquis et opportunités, junho de 2007.

autorização de fundos e de apresentação de relatórios financeiros são extremamente rigorosos para evitar qualquer crítica a este respeito. Os membros do pessoal são formados nesta gestão financeira rigorosa (liberação das subvenções, elaboração de relatórios financeiros e auditorias contabilísticas).

A principal complicação reside na gestão quotidiana dos projectos. Por várias razões (nomeadamente a capacidade do pessoal que trabalha nas agências), todos os concursos, a seleção dos prestadores de serviços, o recrutamento do pessoal e a assinatura dos contratos são geridos pelo escritório do WWF *em Antananarivo*. Do mesmo modo, todas as autorizações/despesas inferiores a 3 milhões de MGA (cerca de 1 200 euros) devem ser aprovadas pelo chefe da eco-região e pelo responsável do programa *Ala Maiky*, as de valor compreendido entre 3 e 10 milhões de MGA (cerca de 4 000 euros) pelo Diretor da Conservação e as de valor superior a 10 milhões de MGA pelo Representante Regional.

O acompanhamento contratual e financeiro exige, por conseguinte, demasiadas idas e vindas entre os escritórios do WWF em *Antananarivo* e *Toliara*, e esta "bicéfala" na coordenação dos projectos conduz a uma certa confusão na gestão dos dossiers (quem gere que contrato? quem é realmente responsável pelo acompanhamento de que estudo? qual é o nível de desembolso por ação?)

É evidente que esta administração pesada dificulta o progresso das actividades, não só a nível da unidade de projeto, que tem uma autonomia muito limitada, mas também e sobretudo a nível dos prestadores de serviços, para os quais os procedimentos impostos pelo WWF são considerados demasiado pesados e difíceis de aplicar no seu contexto. A título de exemplo, é de referir que o projeto teve de se encarregar da formação em gestão financeira dos prestadores de serviços (aplicação do manual de procedimentos do WWF). Embora esta atividade possa, de facto, ser considerada como um reforço das capacidades das ONG locais com as quais o projeto trabalha, a sua eficácia é duvidosa, na medida em que a elevada *"rotação"* (mudança de gestão) observada entre estes prestadores de serviços significa que não conseguem capitalizar esta formação.

Embora ajude a ultrapassar as carências de tesouraria dos pequenos prestadores de serviços, o sistema *de "cash-flow"* utilizado pelo WWF constitui também um constrangimento adicional para os operadores, na medida em que as prestações financeiras sucessivas só são libertadas após a receção por *Antananarivo* de todos os documentos contabilísticos verificados pelo Gabinete Administrativo e Financeiro de *Toliara*. Dado que, apesar dos procedimentos, os métodos de verificação parecem divergir entre os gestores locais e nacionais, esta situação provoca infelizmente muitas idas e vindas entre o prestador de serviços (caso exista), o WWF *Toliara* e o WWF *Antananarivo*, o que atrasa a boa execução das actividades.

Em casos extremos, podemos mesmo ser levados a pensar que a não realização de certas actividades (formação dos agentes e dos operadores locais, por exemplo) pode ser imputável a estes procedimentos, considerados demasiado pesados pela equipa da antena local responsável pela sua aplicação.

Os procedimentos aplicados no WWF estão a atrasar os períodos de execução das actividades mencionadas no projeto. A execução e, sobretudo, o acompanhamento das actividades do projeto requerem recursos humanos suficientes. Para levar a cabo o projeto COGESFOR, o WWF dedica apenas 2 pessoas: um gestor de projeto e um sócio-organizador. Este último foi substituído após 7 meses de trabalho por mau comportamento para com as comunidades. A agência recrutou então 6 agentes de contacto locais que não eram outros senão membros das comunidades pertencentes à AICPM. Estes não receberam a formação necessária em matéria de proteção dos recursos naturais renováveis.

Até ao final do projeto, serão criados 25 CoBa em torno do parque *Tsimanampesotse*: 15 novas transferências de gestão e 10 renovações.

A aplicação dos instrumentos de gestão de CoBa (especificações, planos de gestão, etc.) está atrasada. Dada a falta de reforço das capacidades, a aplicação da dina é incerta. A implementação do CoBa terminou dez meses antes do final do projeto. Este atraso implica uma falta de apoio técnico e de reflexão conjunta com as comunidades de base beneficiárias sobre os aspectos dos incentivos fiscais locais, do controlo dos fluxos e da segurança da posse da terra.

4.1.4   O AICPM

A AICPM ou Associação Intercomunitária para a Conservação do Planalto *de Mahafale* é uma associação criada pela AGERAS em 1997 com o objetivo de proteger *o Tsimanampesotse*. Inicialmente, era uma cooperativa regida pela lei 99-004 e envolvia apenas 5 comunas em torno do parque de *Tsimanampesotse*. Em 2009, na sequência de uma avaliação efectuada pelo WWF, MNP, SGP e *Tany Meva,* o seu estatuto foi alterado. Tornou-se uma associação regida pela lei 60-133, mas o seu objetivo permaneceu inalterado. O número de comunas membros é atualmente de 13.

Cada comuna é representada na AICPM por 2 pessoas, e as áreas de atividade da associação são delimitadas a sul pelo rio *Menarandra*, a norte pelo rio *Onilahy*, a oeste pelo canal de Moçambique e a leste pela estrada nacional n.º 10. Os presidentes das 13 comunas são considerados membros ex-officio da associação, e cada comuna contribui com 20.000 *ariary* por ano. É de salientar que a AICPM colabora com a AVG a nível nacional, nomeadamente na luta contra a caça furtiva de tartarugas terrestres.

A AICPM está dividida em 5 sectores:

-    o sector litoral sul, que inclui os municípios de *Androka* e *Itampolo* ;

-    o sector litoral norte através das comunas de *Beheloka, Anakao* e *Salary* sud ;

-    o sector norte da RN10 através da comuna de *Betioky*;

-    o sector central da RN10 através dos municípios de *Beahitse* e *Ejeda*, e

-    o sector sul da RN10 através das comunas de *Ankiliabo* e *Ampanihy*.

A AICPM tem uma *dina* que engloba as das associações que trabalham no domínio do ambiente na sua área de intervenção. A WWF, o MNP, a GIZ e a SGP/Tany *Meva* financiam as actividades da associação relacionadas com a conservação do parque de *Tsimanampesotse*, bem como as actividades de desenvolvimento comunitário de base na paisagem de *Mahafale*.

Desde que a AICPM iniciou a realização de actividades alternativas para a conservação dos recursos naturais, não pôde concluir as actividades que empreendeu devido a desvios de fundos por parte do serviço central.

Em geral, a participação das ONG e associações ambientais em Madagáscar não apoia o desenvolvimento da comunidade. Pelo contrário, enriquece os membros das associações ou ONG. No entanto, os parceiros técnicos e financeiros incluíram nos seus objectivos para a terceira fase do programa ambiental uma contribuição para a melhoria da qualidade de vida da população.

Desde há algum tempo que Madagáscar é um parque de diversões para as ONG e associações. A maior parte dos promotores destas ONG ou associações não são oriundos do meio rural. Os promotores sabem que os parceiros técnicos e financeiros servem as ONG quando os doadores têm como objetivo o desenvolvimento das comunidades de base, porque estas estão envolvidas mas não concertadas.

O desenvolvimento pronunciado pelos parceiros técnicos e financeiros não serve, portanto, as populações mais diretamente afectadas, que deveriam normalmente ter uma palavra a dizer sobre o seu próprio desenvolvimento. O desenvolvimento tornou-se assim um verdadeiro negócio. Por conseguinte, há muitas pessoas (elites urbanas) e estratégias que competem pelo acesso a um determinado projeto. É uma verdadeira competição internacional entre ONG.

As ONG são, em última análise, os actores do desenvolvimento. São frequentemente os principais contratantes de projectos muito mais globais. São, por isso, financiadas por doadores internacionais, pelo Estado, etc. São elas que vão criar os projectos a nível local. São elas que executam os projectos a nível local. Portanto, são os trabalhadores das ONG que fazem o trabalho, e têm de ser tão sensíveis quanto possível às realidades que encontram no terreno, mas será que estão formados para o fazer? E têm os recursos para o fazer? Têm tempo para o fazer, apesar de o seu trabalho ser muitas vezes igualmente essencial?

A resposta é não, porque as ONG e as associações dependem financeiramente dos dadores. Sem eles, não podem fazer nada. Esta ignorância leva-as a adaptar o seu trabalho às expectativas dos doadores que as encomendam e desliga-as da realidade dos agricultores.

Esta situação de dependência leva estas ONG ou associações a não serem inovadoras nem críticas nas suas abordagens e métodos de trabalho.

Consequentemente, o pessoal das ONG e das associações que trabalham para a conservação dos recursos naturais apoia as normas ambientais globais, quer porque as adere efetivamente, quer porque esconde o seu desacordo para proteger os seus próprios interesses.

Há também uma falta de discussão entre todas as ONG envolvidas no ambiente ou no seio da própria ONG. Esta lacuna deve-se também à insuficiência ou inexistência de uma avaliação da ação das ONG ou das associações no terreno. É verdade que estas enviam relatórios anuais que mostram o que foi alcançado em relação aos objectivos iniciais. As suas auditorias financeiras atestam a seriedade da gestão dos fundos, mas raramente elaboraram uma avaliação qualitativa dos impactos socioeconómicos e ambientais.

4.1.5   A comunidade de base

A comunidade de base é a base do desenvolvimento humano sustentável, para que possa tomar a seu cargo o seu próprio desenvolvimento.

O papel dos eleitos locais (presidentes de câmara, etc.), da sociedade civil (associações, etc.) e dos membros individuais da comunidade de base consiste em controlar as responsabilidades do Estado ou das autoridades locais descentralizadas na gestão dos assuntos públicos, mas sobretudo em assegurar a auto-governação da comunidade de base de forma participativa.

Em geral, os membros da comunidade local são os mais familiarizados com a realidade em que as pessoas vivem e com os problemas que enfrentam.

No que diz respeito à participação nos programas de desenvolvimento da comuna ou à conservação dos recursos naturais, as comunidades de base organizam-se a nível de *Fokontany* para formar uma associação para gerir os recursos naturais renováveis da sua aldeia.

A estrutura que funciona a nível da aldeia é designada por *Vondron'Olona Ifotony* (*VOI*) ou comunidade de base. É regida pelo decreto 2000-027.

Foram criadas 25 CoBa em torno do parque nacional de *Tsimanampesotse* com um duplo objetivo: proteger os ecossistemas florestais em torno do parque e, sobretudo, conservar a biodiversidade do parque de *Tsimanampesotse*.

Os membros do CoBa são nomeados pelo CoGe e pela Assembleia Geral, respetivamente.

- CoGe (Comité de Gestão) ou Mesa

estrutura administrativa do CoBa é a seguinte: um presidente, um ou dois vice-presidentes (em função do número de *Fokontany* afectados pelos recursos naturais a gerir e, sobretudo, dispostos a aderir ao CoBa), um secretário, um esoureiro, conselheiros (há pelo menosum conselheiro por*Fokontany*), dois auditores e um coordenador do desenvolvimento da aldeia.

- Assembleia Geral

Esta assembleia é composta por membros. A adesão ao CoBa está sujeita às seguintes condições: o interessado deve ser maior de idade política, ou seja, ter 18 anos ou mais, deve residir na aldeia onde se efectua a transferência de gestão e deve pagar a quota e as mensalidades.

Com exceção do CoBa de *Ancara,* a saber, o *Fokontany* de *Marofotsotse (Mitsinjo Taranake Magnasoa Tane)*, o *Fokontany* de *Behomby (Magnasoa Tane),* o *Fokontany* de *Ankitekiteke (Fiarovantsoa)* e o *Fokontany* de *Vorojà (Tsivery Anjara Mahasoa),* todos os CoBa da paisagem de *Mahafale* são constituídos por pelo menos um *Fokontany.* O número de membros por CoBa varia de 10 a 522.

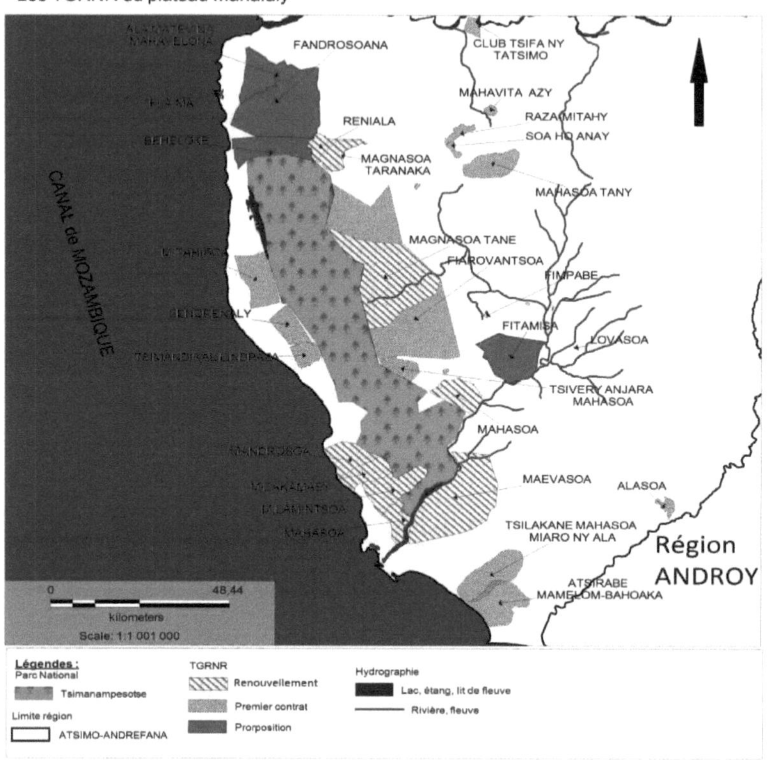

Fonte: COGESFOR *Toliara, 2014*

Quadro 7: Dados por CoBa em 2013

N°	Nome da sede da CoBa e da *Fokontany*	Data de criação	Número de membros *Fokontany*	Superfície da TGRN em Ha	Tipo TGRN	Número de membros
01	*Mizakamasy (Nisoa)**	setembro de 2005	4	6 980	GCF	522
02	*Mandrosoa (Tongaenoro)**	setembro de 2005	3	8 271	GCF	300
03	*Maevasoa (Zamasy)**	dezembro de 2006	5	38 794	GCF	267
04	*Mahasoa (Ambalatsimiviky)**	setembro de 2006	10	6 636	GCF	165
05	*Milamintsoa (Befolotse)**	dezembro de 2006	4	11 130	GCF	522
06	*Miovasoa (Beheloke)*	junho de 2009	3	9 600	GCF	201
07	*Fandrosoana (Ankilimivony)*	março de 2011	4	17 600	GCF	59
08	*Sendrenaly (Vohombe)*	dezembro de 2010	2	7 440	GCF	31
09	*Mitahisoa (Antanindranto)*	dezembro de 2010	2	12 562	GCF	21
10	*Tsimandikalilindraza (Bemanateza)*	dezembro de 2010	2	4 568	GCF	26
11	*Ala matevina mahavelona (Andranotohoka)*	novembro de 2012	3	12 996	GCF	85
12	*MIAHI (Miaro ny Ala sy ny Horake eto Itampolo) (Itampolo I)*	março de 2005	1	500	GELOSE	17
13	*FIVELOMA (Itampolo II)*	março de 2005	2	1 125	GELOSE	12
14	*Mahazoarivo (Malangiriake)*	março de 2005	1	900	GELOSE	10
15	*FIMPABE (Bekinagna)**	dezembro de 2006	1	3 554	GCF	143
16	*Mitsinjo Taranake (Itomboina)**	outubro de 2006	5	17 736	GCF	123
17	*Reniala (Ampotake)**	outubro de 2006	1	11 856	GCF	38
18	*Miarimpototse (Ekelelahy)** *(Ekelelahy)*	dezembro de 2006	1	18 062	GCF	150
19	*Magnasoa Tane (Behombe)**	setembro de 2006	1	42 999	GCF	45
20	*Mahasoa (Ampitanake)**	dezembro de 2006	1	8 664	GCF	105
21	*Magnasoa Tane Mitsinjo Taranake (Marofototse)*	março de 2011	1	23 550	GCF	68
22	*Fiarovantsoa (Ankitekiteke)*	março de 2011	1	14 552.3	GCF	62
23	*Soa Ho Anay (Andremba)*	março de 2011	7	1 052	GCF	159
24	*Tsivery Anjara Mahasoa (Vorojà)*	março de 2011	1	3 987	GCF	220
25	*FITAMISA (Sakoantovo)*	dezembro de 2012	2	18 060	GCF	122
	Total		68	245623	3 GELOSE 22 GCF	3473

Fonte: O nosso próprio inquérito, 2014

* O gestor da CoBa da antiga transferência de gestão ao abrigo do contrato GELOSE renovou o seu contrato no GCF.

Neste quadro, verificamos que 3 CoBa ainda se encontram ao abrigo do contrato de transferência de gestão GELOSE. Foram apoiadas pelo SAGE. Uma vez que o projeto de transferência da gestão dos recursos naturais renováveis da SAGE terminou antes do fim do contrato de gestão dos CoBa, estes ainda não foram avaliados pela administração florestal. A

SAGE não teve a oportunidade de confiar os seus CoBa ao apoio de outros promotores. Além disso, os CoBa apoiados pela SAGE gerem grutas, enquanto os que gerem florestas interessam a outros promotores, como o WWF.

Quanto aos seguintes CoBa: FIMPABE em *Bekinagna*, *Mitsinjo Taranake* em *Itomboina* e *Reniala* em *Ampotake*, são apoiadas pela GIZ através da alteração do contrato para GCF.

Os CoBa de *Tsimandikalilindraza* em *Bemanateza*, Mitahisoa em *Antanindranto* e *Sendrenaly* em *Vohombe* são apoiados pelo MNP. As que não constam da lista são apoiadas pelo WWF.

A superfície total da TGRNR varia entre 1.052 ha e 42.999 ha. A superfície de cada zona varia de um CoBa para outro. Os primeiros 14 da lista de CoBa neste quadro fazem fronteira com o litoral. No total, foram demarcados 245.623 ha de floresta para 3.473 membros espalhados por 68 *Fokontany*. 1 a 10 membros *da Fokontany* para gerir os recursos florestais.

No litoral, a motivação para a *Fokontany* aderir a um CoBa é poder beneficiar da utilização da zona de direitos de utilização, uma vez que as zonas de conservação dos primeiros TGRNR (CoBa assinalados com um asterisco) iniciados em 2005-2006 estão, na sua maioria, integradas no parque. Os TGRNRs actuais conservam praticamente apenas as zonas de cultivo, de pastoreio e de direito de utilização que merecem uma regeneração acrescida devido à redução do espaço disponível.

A extensão do parque *de Tsimanampesotse* conduziu obviamente a uma redução do acesso tradicional às florestas, ao passo que os direitos de utilização das comunidades costeiras se esgotaram e as populações apenas têm savanas arborizadas para gerir e/ou utilizar.

Foto 4: Floresta *de Ambohitse* gerida pela *Tsimandikalilindraza* CoBa *(Bemanateza)*

Os primeiros TGRN são transferências de gestão da CoBa, que celebraram um contrato com o Estado no âmbito do contrato Gélose durante o projeto FGEF I e terminaram os seus contratos de gestão de 3 anos. Após a avaliação, receberam um parecer favorável da administração florestal para renovar o contrato de dez anos. FIMPABE, *Reniala* e *Mitsinjo Taranake* foram renovados pelo GIZ e os restantes pelo WWF.

4.1.5.1   A composição da Mesa

egistou-se uma melhoria do estatuto do CoBa em relação ao anterior. artigo relativo duração do mandato dos dirigentes é o mais afetado por esta melhoria. Os dirigentes são eleitos pelos membros do CoBa por um períodorenovável dedois anos, ao passo que os antigos estatutos previam que os dirigentes exercessem as suas funções até ao termo do contrato de gestão, ou seja, durante 3 anos. Os membros constataram os vários tipos de abusos cometidos pelos comités de gestão durante o primeiro contrato e reduziram o mandato da comissão executiva.

Os novos gestores das suas terras também seguiram a experiência das transferências anteriores. Limitaram o mandato de um gabinete a dois (2) anos e, se este for renovado, será responsável pela renovação do segundo contrato, que terá uma duração de 10 anos.

Para descobrir outros problemas ocultos ligados à estrutura existente do CoBa, tentaremos saber mais sobre o estilo de gestão adotado pelo comité e quem compõe os gabinetes?

Assim, o estudo da composição dos conselhos de administração ajuda-nos a compreender se a transferência da gestão conduz a um investimento de estranhos na comunidade da aldeia ou se reforça a estrutura de poder existente que os membros denunciaram como abusiva. Em ambos os casos, o sistema é assimétrico e surgem tensões entre estes poderes: estrangeiros versus grupos autóctones, grupos fortes versus grupos socialmente menos bem colocados, o que só serve para consolidar uma estrutura hierárquica desigual.

Dentro de cada CoBa, a composição do conselho de administração é significativa. Os membros de cada conselho de administração têm laços familiares muito estreitos ou laços de sangue *(fati-drà)*. São pai e filho, irmãos, sogro e genro ou cunhados. A presidência e a tesouraria são detidas pela família. Se não houver ninguém na família que saiba ler e escrever, esta entrega o secretariado a outras famílias alfabetizadas.

No litoral, devido à concorrência latente entre os grupos territoriais *Temitongoa* e *Temilahehe*, existe uma alternância quase perfeita de poder a nível da direção. Se um *Temilahehe* é eleito presidente, o membro do conselho de administração deve pertencer ao mesmo grupo territorial que o presidente e os dois grupos territoriais não se criticam mutuamente para evitar confrontos. A título de exemplo, eis o caso de *Ambolisogno*. Trata-se de um dos 5 *Fokontany* que constituem o *Mizakamasy* CoBa. Durante o primeiro contrato, os habitantes da *Fokontany de Ambolisogno* eram membros de pleno direito do *Mizakamasy* CoBa. Os *Ambolisogno Fokontany* foram expulsos após a prorrogação porque estavam a limpar o parque para cultivo. Uma vez que os *Ambolisogno Fokontany* são um dos outros *Fokontany* não nativos, os outros membros da CoBa *Temitongoa* e *Vondrone* culpam-nos pelo seu hábito de desbravar terras. De facto, as suas terras estão situadas no limite do parque e os seus campos faziam fronteira com o parque *Tsimanampesotse* quando este estava a ser ampliado.

[84]Como a *Fokontany* de *Ambolisogno* é membro da CoBa *Mizakamasy*, o MNP e o WWF obrigaram os 4 membros *da Fokontany* a expulsar o povo de *Ambolisogno* da CoBa. O MNP continuou a intentar acções judiciais contra os "clearers" *de Ambolisogno* enquanto estivemos no terreno. As pessoas de *Ambolisogno* não têm o apoio das outras comunidades pertencentes a CoBa devido à sua origem (são antigos imigrantes ou *valovotaka*. Nem sempre têm o estatuto de senhorio ou de *tompon-tany*).

No interior do planalto *de Mahafale*, no CoBa de *Mitsinjo Taranake Magnasoa Tane* em *Marofototse*, apenas um professor *"vahiny"* que chegou em 2000 e ocupa o cargo de secretário-tesoureiro tem formação académica (professor) e os outros postos-chave do gabinete são ocupados pelas comunidades *Zanakanga da aldeia*. [85]Estes últimos são notáveis que já ocuparam ou ocupam cargos sociais e administrativos. A composição do conselho de

---

[84] Fokontany de Nisoa, Tsiadriona nord, Ambalabe Beavoha e Sakariake.
[85] Chefe de Fokontany e conselheiro local.

administração por eleição não dá nenhuma representação e, portanto, nenhum poder aos jovens. No entanto, o professor é jovem e dinâmico. O WWF confiou todas as actividades a este jovem professor. Ele está também a ser cortejado e preparado pela equipa de campo do WWF para presidir ao CoBa *de Marofototse.* s notáveis do *Fokontany* não apreciaram este programa e o professor *(*da casta *Lanivato)* foi assassinado dois meses antes das eleições para o impedir de se tornar chefe do*Zanakanga.* professor foi assassinado pelos chamados *malaso* a 700 m da aldeiado atual presidente.

eve-se lembrar que a omunidade deve ter direitos exclusivos sobre as florestas ourecursos a serem geridos. Os critérios de composição do grupo de utilizadores qualificados dos recursos florestais devem ser claros. A composição do grupo deve ser objeto de um acordo firme. É sem dúvida preferível que as regras de adesão permitam um crescimento rápido dos membros, porque para que a gestão dos recursos naturais seja eficaz, toda a comunidade deve aderir a esta transferência de gestão. Se a comunidade admitir no grupo de utilizadores tanto os residentes da aldeia como todos os seus familiares que vivem nas aldeias vizinhas, os recursos da comunidade ficarão sob pressão, a menos que seja concebido um método para fazer corresponder a dimensão do grupo ou a sua procura global à capacidade do sistema de recursos. Esta restrição não significa que a comunidade exclua as pessoas de fora, mas qualquer pessoa de fora da comunidade deve ter a aprovação da estrutura de gestão da comunidade para aceder aos recursos. A estrutura de gestão pode impor condições de acesso, fazer cumprir o seu plano de gestão e exigir pagamentos em dinheiro ou em géneros pelo acesso aos recursos. Nenhuma comunidade investiria na gestão dos recursos naturais se as pessoas de fora da comunidade tivessem livre acesso aos seus recursos.

Utilizámos estes dois casos como ilustração, mas existem muitas assimetrias na gestão de cada CoBa no planalto *de Mahafale.*

O primeiro indicador de representatividade na composição do conselho é o presidente, que deve ser membro de um grupo fundador, independentemente do seu nível de formação, e deve ser excluído um académico exterior à comunidade ou a um grupo territorial fundador.

Quanto aos membros, a sobre-representação de um grupo étnico não constitui um problema na medida em que reflecte a "partilha" dos direitos de acesso e de utilização dos recursos do território. É por isso que é difícil estabelecer uma gestão partilhada dos recursos naturais renováveis, que continua a ser ilusória em Madagáscar porque as sociedades não funcionam numa base democrática e participativa [Blanc-Pamard e Fauroux Emmanuel, 2004].

[86]No âmbito do PE III, os vários operadores ambientais constataram, em 2005, que o principal problema revelado durante uma avaliação das transferências da gestão dos recursos naturais continua a ser a conceção da gestão: a sua execução (com a questão da duração do controlo) e o acompanhamento da transferência da gestão. Os conflitos sociais e os problemas de governação no seio da CoBa são frequentemente os maiores obstáculos à gestão sustentável dos recursos naturais renováveis, daí a necessidade de um apoio sócio-organizativo. Esta observação continua a ser válida para os CoBa na paisagem de *Mahafale.*

Esta prática implica ter em conta as questões relacionadas com os recursos, as regras de acesso e de utilização e aquilo a que Fauroux chamou *"estruturas micro-locais de poder".*

---

[86] No relatório PE III, 2005

Mas será possível estabelecer um contrato de gestão adequado a cada uma das comunidades que enveredam por este caminho, ou seja, integrar o contrato na lógica do sistema para que a transferência não provoque uma rutura ou um reforço da organização social através da redefinição do território, do acesso e da utilização dos recursos?

Existem outras anomalias. Em primeiro lugar, a participação é apenas parcial porque alguns actores, descritos por Maldidier como *"terceiros ausentes"*, cujo papel é importante, vêm voluntária ou involuntariamente do exterior do CoBa. Trata-se de agro-pastores, silvicultores, comerciantes, etc., que preferem exercer as suas actividades de forma legal e cuidar dos seus próprios interesses.

A comuna rural também está ausente, na medida em que o contrato é bipartido entre a comunidade de base e o departamento de ecologia, ambiente e florestas. A comuna rural não é um parceiro, como acontece na transferência de gestão do Gelose. Além disso, a transferência de gestão do GCF baseia-se num contrato entre a administração florestal e a comunidade de base. No entanto, não é apenas entre estes dois parceiros da "gestão local dos recursos naturais renováveis" que surgem os conflitos, mas também entre membros da mesma comunidade (pertencentes a linhagens diferentes), entre recém-chegados e nativos, entre comunidades rurais vizinhas e até entre organizações de apoio e prestadores de serviços que adoptam sistemas diferentes.

4.1.5.2   Abordagem de género na comunidade de base

O estatuto do CoBa foi melhorado em relação ao estatuto anterior. O artigo relativo à duração do mandato dos administradores é o mais afetado por esta melhoria. Os dirigentes são eleitos pelos membros do CoBa para um mandato renovável de dois anos, ao passo que os antigos estatutos previam que os dirigentes exercessem as suas funções até ao termo do contrato de gestão, ou seja, durante 3 anos. Os membros constataram os vários tipos de abusos cometidos pelos comités de gestão durante o primeiro contrato e reduziram o mandato da comissão executiva.

Os novos gestores das suas terras também seguiram a experiência das transferências anteriores. Limitaram o mandato de um gabinete a dois (2) anos e, se este for renovado, será responsável pela renovação do segundo contrato, que terá uma duração de 10 anos.

Para descobrir outros problemas ocultos ligados à estrutura existente do CoBa, tentaremos saber mais sobre o estilo de gestão adotado pelo comité e quem compõe os gabinetes?

Assim, o estudo da composição dos conselhos de administração ajuda-nos a compreender se a transferência da gestão conduz a um investimento de estranhos na comunidade da aldeia ou se reforça a estrutura de poder existente que os membros denunciaram como abusiva. Em ambos os casos, o sistema é assimétrico e surgem tensões entre estes poderes: estrangeiros versus grupos autóctones, grupos fortes versus grupos socialmente menos bem colocados, o que só serve para consolidar uma estrutura hierárquica desigual.

Dentro de cada CoBa, a composição do conselho de administração é significativa. Os membros de cada conselho de administração têm laços familiares muito estreitos ou laços de sangue *(fati-drà)*. São pai e filho, irmãos, sogro e genro ou cunhados. A presidência e a tesouraria são detidas pela família. Se não houver ninguém na família que saiba ler e escrever, esta entrega o secretariado a outras famílias alfabetizadas.

No litoral, devido à concorrência latente entre os grupos territoriais *Temitongoa* e *Temilahehe,* existe uma alternância quase perfeita de poder a nível da direção. Se um *Temilahehe* é eleito presidente, o membro do conselho de administração deve pertencer ao mesmo grupo territorial que o presidente e os dois grupos territoriais não se criticam mutuamente para evitar confrontos. A título de exemplo, eis o caso de *Ambolisogno.* Trata-se de um dos 5 *Fokontany* que constituem o *Mizakamasy* CoBa. Durante o primeiro contrato, os habitantes da *Fokontany de Ambolisogno* eram membros de pleno direito do *Mizakamasy* CoBa. Os *Ambolisogno Fokontany* foram expulsos após a prorrogação porque estavam a limpar o parque para cultivo. Uma vez que os *Ambolisogno Fokontany* são um dos outros *Fokontany* não nativos, os outros membros da CoBa *Temitongoa* e *Vondrone* culpam-nos pelo seu hábito de desbravar terras. De facto, as suas terras estão situadas no limite do parque e os seus campos faziam fronteira com o parque *Tsimanampesotse* quando este estava a ser ampliado.

[87]Como a *Fokontany* de *Ambolisogno* é membro da CoBa *Mizakamasy,* o MNP e o WWF obrigaram os 4 membros *da Fokontany* a expulsar o povo de *Ambolisogno* da CoBa. O MNP continuou a intentar acções judiciais contra os "clearers" *de Ambolisogno* enquanto estivemos no terreno. As pessoas de *Ambolisogno* não têm o apoio das outras comunidades pertencentes a CoBa devido à sua origem (são antigos imigrantes ou *valovotaka.* Nem sempre têm o estatuto de senhorio ou de *tompon-tany*).

No interior do planalto *de Mahafale,* no CoBa de *Mitsinjo Taranake Magnasoa Tane* em *Marofototse,* apenas um professor *"vahiny"* que chegou em 2000 e ocupa o cargo de secretário-tesoureiro tem formação académica (professor) e os outros postos-chave do gabinete são ocupados pelas comunidades Zanakanga *da aldeia.* [88]Estes últimos são notáveis que já ocuparam ou ocupam cargos sociais e administrativos. A composição do conselho de administração por eleição não dá nenhuma representação e, portanto, nenhum poder aos jovens. No entanto, o professor é jovem e dinâmico. O WWF confiou todas as actividades a este jovem professor. Ele está também a ser cortejado e preparado pela equipa de campo do WWF para presidir ao CoBa *de Marofototse.* Os notáveis do *Fokontany* não apreciaram este programa e o professor *(*da casta *Lanivato)* foi assassinado dois meses antes das eleições para o impedir de se tornar chefe do *Zanakanga.* O professor foi assassinado pelos chamados *malaso* a 700 m da aldeia do atual presidente.

É necessário ter em conta que a comunidade deve ter direitos exclusivos sobre as florestas ou os recursos a gerir. Os critérios de composição do grupo de utilizadores qualificados dos recursos florestais devem ser claros. A composição do grupo deve ser objeto de um acordo firme. É sem dúvida preferível que as regras de adesão permitam um crescimento rápido dos membros, porque para que a gestão dos recursos naturais seja eficaz, toda a comunidade deve aderir a esta transferência de gestão. Se a comunidade admitir no grupo de utilizadores tanto os residentes da aldeia como todos os seus familiares que vivem nas aldeias vizinhas, os recursos comunitários ficarão sob pressão, a menos que seja concebido um método para fazer corresponder a dimensão do grupo ou a sua procura global à capacidade do sistema de recursos. Esta restrição não significa que a comunidade exclua as pessoas de fora, mas qualquer pessoa de fora da comunidade deve ter a aprovação da estrutura de gestão da comunidade para aceder aos recursos. A estrutura de gestão pode impor condições de acesso,

---

[87] Fokontany de Nisoa, Tsiadriona nord, Ambalabe Beavoha e Sakariake.
[88] Chefe de Fokontany e conselheiro local.

fazer cumprir o seu plano de gestão e exigir pagamentos em dinheiro ou em géneros pelo acesso aos recursos. Nenhuma comunidade investiria na gestão dos recursos naturais se as pessoas de fora da comunidade tivessem livre acesso aos seus recursos.

Utilizámos estes dois casos como ilustração, mas existem muitas assimetrias na gestão de cada CoBa no planalto *de Mahafale*.

O primeiro indicador de representatividade na composição do conselho de administração é o presidente, que deve ser membro de um grupo fundador, independentemente do seu nível de formação, e deve ser excluído um académico exterior à comunidade ou a um grupo territorial fundador.

Quanto aos membros, a sobre-representação de um grupo étnico não constitui um problema na medida em que reflecte a "partilha" dos direitos de acesso e de utilização dos recursos do território. É por isso que é difícil estabelecer uma gestão partilhada dos recursos naturais renováveis, que continua a ser ilusória em Madagáscar porque as sociedades não funcionam numa base democrática e participativa [Blanc-Pamard e Fauroux Emmanuel, 2004].

[89]No âmbito do PE III, os vários operadores ambientais constataram, em 2005, que o principal problema revelado durante uma avaliação das transferências da gestão dos recursos naturais continua a ser a conceção da gestão: a sua execução (com a questão da duração do controlo) e o acompanhamento da transferência da gestão. Os conflitos sociais e os problemas de governação no seio da CoBa são frequentemente os maiores obstáculos à gestão sustentável dos recursos naturais renováveis, daí a necessidade de um apoio sócio-organizativo. Esta observação continua a ser válida para os CoBa na paisagem de *Mahafale*.

Esta prática implica ter em conta as questões relacionadas com os recursos, as regras de acesso e de utilização e o que Fauroux designou por *"estruturas micro-locais de poder"*. Mas será possível estabelecer um contrato de gestão adequado a cada uma das comunidades que enveredam por este caminho, ou seja, integrar o contrato na lógica do sistema para que a transferência não conduza, através de uma nova definição do território e do acesso e utilização dos recursos, a uma rutura ou a um reforço da organização social?

Existem outras anomalias. Em primeiro lugar, a participação é apenas parcial porque alguns actores, descritos por Maldidier como *"terceiros ausentes"*, cujo papel é importante, vêm voluntária ou involuntariamente de fora do CoBa. Trata-se de agro-pastores, madeireiros, comerciantes, etc., que preferem exercer as suas actividades de forma legal e cuidar dos seus próprios interesses.

A comuna rural também está ausente, na medida em que o contrato é bipartido entre a comunidade de base e o departamento de ecologia, ambiente e florestas. A comuna rural não é um parceiro, como acontece na transferência da gestão da Gelose. Além disso, a transferência da gestão do GCF baseia-se num contrato entre a administração florestal e a comunidade local. No entanto, não é apenas entre estes dois parceiros da "gestão local dos recursos naturais renováveis" que surgem conflitos, mas também entre membros da mesma comunidade (pertencentes a linhagens diferentes), entre recém-chegados e nativos, entre comunidades rurais vizinhas e até entre organizações de apoio e prestadores de serviços que adoptam sistemas diferentes.

---

[89] No relatório PE III, 2005

4.1.5.3   Reforço das capacidades técnicas

Uma das medidas a adotar é a de assegurar a liderança e supervisão permanentes do CoBa, ou pelo menos durante o primeiro ano de implementação para os novos TGRN e durante o primeiro exercício do contrato para os TGRN renovados.

É preciso dizer que, apesar da sua motivação e boa vontade, os CoBa, na sua maioria analfabetos, carecem muitas vezes de vontade para levar a cabo as suas actividades.

O problema fundamental do planalto *de Mahafale* reside na falta de auto-confiança dos CoBa, que nem sempre sabem o que devem fazer.

Alguns exemplos concretos apoiam esta análise. Em quase todos os TGRNs, as realizações do respetivo plano de trabalho anual (PTA) do CoBa limitam-se às patrulhas nas florestas e à reflorestação. Isto pode ser uma coincidência, mas o papel das patrulhas foi bem explicado ao CoBa.

Para outras actividades, tais como a sensibilização da comunidade para o TGRN ou para os instrumentos de gestão, tais como a prestação de contas à administração florestal e/ou aos Municípios, tais como a criação de um firewall, etc., não foi ministrada qualquer formação. No caso da sensibilização, por exemplo, os membros dos CoBa de *Itomboina* e de *Zamasy* admitiram que não dominam nem o TGRN nem as disposições dos diferentes instrumentos de gestão para a sensibilização. Do mesmo modo, no que diz respeito à apresentação de relatórios à Administração Florestal e/ou à Comuna local, a maioria dos CoBa afirmou desconhecer a obrigação de apresentar relatórios, ou desconhecer as disposições ou o conteúdo a incluir num relatório. Quanto ao firewall, seguindo o exemplo do CoBa *de Ekelelahy* que, durante a avaliação do seu TGRN, não hesitou em pedir aos agentes florestais e aos do WWF que lhe explicassem como construir um firewall, os outros CoBas estão certamente à espera de formação ou, pelo menos, de instruções técnicas para o poderem fazer.

A gestão comunitária das florestas naturais deve basear-se no princípio da sustentabilidade. A exploração destes recursos naturais deve ser objeto de uma reflexão aprofundada. É necessário refletir sobre a regeneração destes recursos para que a produtividade futura não diminua. No entanto, não existe uma definição precisa da gestão sustentável das florestas naturais, nem um sistema de gestão sustentável que já tenha "provado o seu valor" em Madagáscar. A questão pertinente a colocar nesta situação é saber qual é a melhor relação entre a transferência da gestão e o tipo de plano de gestão a exigir antes da transferência. Deverá a administração florestal exigir um plano de gestão pormenorizado ao CoBa antes de conceder uma transferência de gestão, ou bastará o empenhamento do CoBa no princípio da sustentabilidade para obter esse acordo? Em qualquer caso, a regulamentação da exploração florestal deve respeitar os limites do sistema e ser suficientemente prudente do ponto de vista ambiental para permitir uma margem de erro.

A elaboração de um plano de gestão pormenorizado é altamente técnica e os CoBa têm um nível de formação muito baixo. Os problemas técnicos surgiram porque a aplicação desta nova política de gestão exige o reforço das capacidades dos membros em :

- a instalação da firewall *"Aro afo"*;
- técnica de patrulha ;
- Técnicas de instalação de um viveiro;

- domínio das técnicas de colheita e de reflorestação.

Não há instrutores técnicos suficientes para treinar os membros. Apenas um oficial por distrito é responsável pela gestão da administração florestal na sua área. Este funcionário é designado por "chef de cantonnement". Esta insuficiência impede que o novo sistema de gestão seja corretamente dominado. O sucesso desta gestão e a promoção de um ambiente bem protegido e longe de qualquer forma de degradação é uma condição necessária para o desenvolvimento sustentável de uma determinada região ou país. Os técnicos que asseguram a formação necessária à execução da transferência podem colocar problemas, uma vez que não conhecem o estado das terras, o que faz com que as técnicas fornecidas não sejam adequadas.

O chefe do acantonamento nunca fornece qualquer capacitação técnica aos CoBa que gerem os recursos florestais. *"... fazemos o que podemos e praticamos o que sabemos para proteger a floresta, apesar de nunca termos recebido qualquer formação ou técnicas para proteger a nossa floresta"* [Grupo de discussão em *Antanindranto*].

4.1.5.4   Os conflitos fundiários estão a aumentar

As populações locais conhecem os limites das suas terras e das áreas florestais transferidas. Os órgãos administrativos não dispõem de um instrumento para localizar essas áreas. [90]Consequentemente, os aspectos da segurança da posse da terra previstos na Lei Gelose ainda não foram totalmente implementados durante o primeiro contrato de transferência de gestão. Além disso, o serviço fundiário que se ocupará deste aspeto ainda não existe na paisagem de *Mahafale.*

A população local utiliza geralmente os direitos consuetudinários para aceder à terra e as suas práticas ignoram a lei estabelecida pelo Estado. As transferências de gestão não resolvem a questão fundiária. Neste contexto, registou-se um ressurgimento de conflitos fundiários abertos ou latentes no planalto *de Mahafale.*

---

[90] A segurança relativa da posse da terra tem três dimensões distintas:

- A delimitação do terroir da aldeia fornece uma base territorial para a comunidade de base responsável pelas consequências das dinâmicas de apropriação de terras implementadas na área abrangida pela transferência de gestão.

- A delimitação do perímetro que transporta os recursos renováveis (floresta, por exemplo) tem por objetivo estabelecer a gestão dos recursos naturais renováveis conferida pelo contrato de gestão. A cartografia ajuda a clarificar o compromisso de conservação e de utilização sustentável que constitui o objetivo da transferência de gestão.

- Finalmente, a identificação dos usos da terra corresponde a um nível mais pormenorizado de organização fundiária, especificando os direitos de posse dos membros da comunidade de base (linhagens ou segmentos de linhagens, indivíduos).

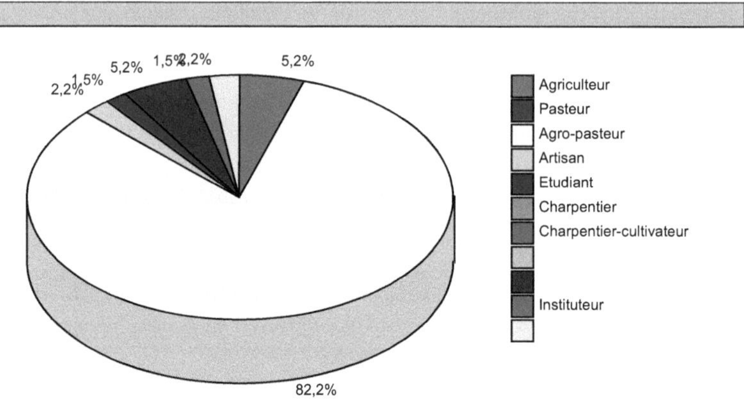

Fonte: O nosso próprio inquérito, 2014

As comunidades que já viveram ou que ainda são indiretamente afectadas por este conflito fundiário ligado às suas actividades profissionais confirmaram a sua existência a nível comunitário. Para ilustrar este facto, o nosso inquérito aos membros e não membros da CoBa nas zonas de transferência de gestão revelou que 82,2% dos agro-pastores inquiridos confirmaram este facto, 5,2% de cada um dos agricultores e comerciantes inquiridos tinham vivido este conflito fundiário e 2,2% de cada um dos artesãos e professores também testemunharam o ressurgimento do conflito fundiário na paisagem de *Mahafale*.

Figura 5: Conflitos de terra entre os agricultores inquiridos

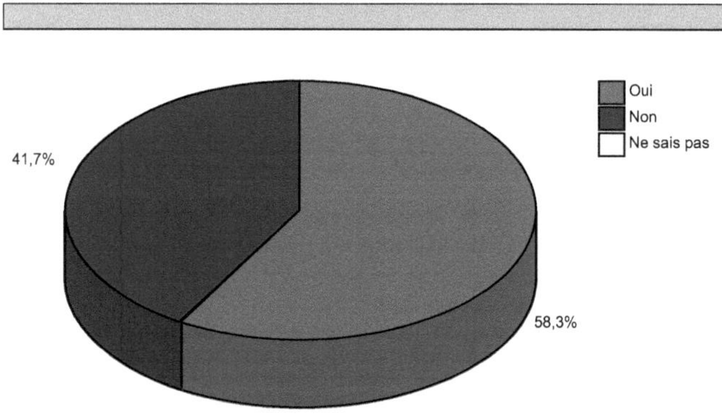

Fonte: O nosso próprio inquérito, 2014

Esta figura mostra a dimensão do conflito fundiário entre os agricultores: 58,3% dos inquiridos, membros ou não membros da CoBa, afirmaram ter vivido este conflito fundiário. Este conflito deve-se tanto à extensão do parque como à tradição *Mahafale* de construir um túmulo de 8 x 8 metros para enterrar um único defunto. Não se pode fazer nada à volta do túmulo porque é tabu ou *"faly"*. Para ultrapassar este problema, as comunidades cultivam discretamente no interior do parque.

4.1.5.5   Comunidades de base e alterações climáticas

Madagáscar é um país onde a pobreza nas zonas rurais é ainda endémica. Estas populações pobres dependem dos recursos naturais e são, por conseguinte, sensíveis aos choques climáticos. O impacto considerável destes últimos é visível no domínio da nossa investigação.

Em primeiro lugar, o planalto *de Mahafale* tem um clima sub-árido ou semi-árido. Trata-se de uma paisagem de planaltos e planícies que faz parte das regiões do Sara. Caracteriza-se por uma longa estação seca, com uma duração de 7 a 9 meses. [91]A estação das chuvas é frequentemente muito irregular e sempre pobre em precipitação (menos de 600 mm/ano). A estação das chuvas tornou-se muito irregular. O planeamento das actividades que são mais ou menos diretamente condicionadas pela precipitação é perturbado e tornou-se perigoso. As chuvas regulares e prolongadas habituais estão a dar lugar a chuvas torrenciais de curta duração, difíceis de controlar (armazenamento, rega dos campos de cultivo, etc.). Em particular, as alterações climáticas irão aumentar a seca no extremo sul, mas também na paisagem *de Mahafale*, tornando as comunidades mais vulneráveis.

Sempre que há uma seca, as pessoas que já são muito pobres perdem os seus instrumentos de trabalho e, por conseguinte, os seus meios de subsistência. Segundo a WWF, mais de 78% da população total do planalto *de Mahafale* vive abaixo do limiar de pobreza. A agricultura e a criação de gado são as actividades mais comuns, embora as terras aráveis não representem mais de 15% da superfície total do planalto. A vida social e económica e os meios de subsistência da maioria das comunidades continuam a depender, em grande medida, dos recursos naturais. Esta dependência, favorecida pela falta de oportunidades de desenvolvimento, por condições de vida precárias e por um acesso deficiente às tecnologias modernas (comunicação, educação, eletricidade, saúde, etc.), aumenta a vulnerabilidade das comunidades quando os recursos naturais são vulneráveis, e vice-versa.

---

[91] Em Testemunhos de Madagáscar: "Climatechange and rural lifestyles", WWF 2010

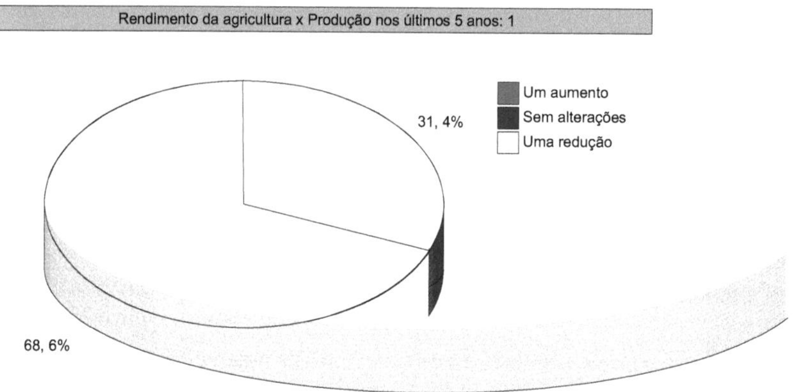

Fonte: O nosso próprio inquérito, 2014

A Figura 6 mostra o impacto das alterações climáticas nas actividades agrícolas das comunidades na paisagem *de Mahafale*. Em comparação com 5 anos atrás, os inquiridos notaram uma queda notável na sua produção agrícola. 68,6% dos inquiridos confirmam este facto. Enquanto 34,1% disseram que a sua produção atual é a mesma de há 5 anos. Nenhum dos inquiridos afirmou que a sua produção tinha aumentado. Isto significa que tanto a sua produção anual como o seu campo estão a deteriorar-se de ano para ano. Durante o grupo de discussão que organizámos, a maioria dos inquiridos adoptou um hábito alimentar e/ou culinário diferente durante o período de escassez. Uma vez que as pessoas já não têm produtos suficientes para se sustentarem e para venderem, já não têm dinheiro. Esta situação altera os seus hábitos culinários e/ou alimentares: *"O preço do gado bovino e caprino tornou-se muito baixo, enquanto o preço de outros bens de primeira necessidade duplicou. [92]Como resultado, bebemos 'rohondroho' todas as manhãs em vez de café"*. [Grupo de discussão em *Zamasy*].

Mas esta mudança nos hábitos culinários de certas comunidades não tem qualquer impacto nas alterações climáticas. Vamos tentar explicar a ação das comunidades face às alterações climáticas, utilizando a figura abaixo.

---

[92] Árvore da região de *Mahafale* cujas folhas e casca podem ser utilizadas para fazer chás de ervas.

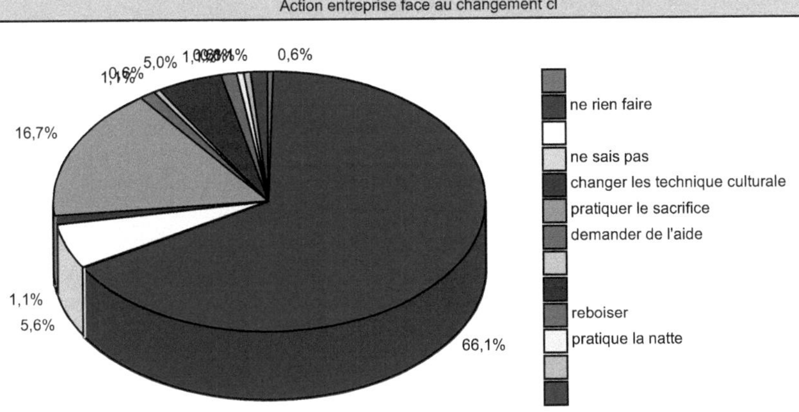

Fonte: O nosso próprio inquérito, 2014

66,1% das pessoas inquiridas não fizeram nada contra a seca causada pelas alterações climáticas. As comunidades estão num beco sem saída e não sabem o que fazer para ultrapassar esta catástrofe natural. [93]Por outro lado, 16,7% praticam o sacrifício do ano, conhecido em malgaxe como *"soron-tao"*, para pedir aos seus deuses e antepassados chuva abundante. Acreditam que, sacrificando um boi, os deuses e os antepassados podem ouvi-los e remediarão a situação. Realizam o sacrifício imediatamente antes da época dos ciclones e acreditam que os deuses e os antepassados ouvirão os seus pedidos. Realizam o sacrifício todos os anos, apesar de as chuvas só caírem durante a época dos ciclones em Madagáscar.

5,6% dos inquiridos mudaram as sementes que utilizam. Estão a tentar utilizar sementes melhoradas. Além disso, 5,0% dos inquiridos afirmaram estar a proteger as florestas para combater as alterações climáticas.

Apenas 1% deles admitiu ter mudado a sua técnica de cultivo. Estão a adotar um sistema de cultivo conhecido como cultura de semi-cobertura ou SCV. Para implementar a componente "Melhoria dos sistemas de cultivo e pastorícia", o WWF, em parceria com a AVSF (um operador que dissemina o sistema de cultivo SCV), popularizou a agricultura de conservação para ajudar as comunidades de base que gerem os recursos naturais em torno do Parque *Tsimanampesotse* a aliviar a insegurança alimentar que grassa no planalto.

[94]Apesar da introdução deste novo sistema de cultivo pelo WWF no planalto *de Mahafale* desde 2005, a agricultura continua muito desactualizada para a maioria dos agricultores e 95% das plantações não utilizam qualquer fertilizante, seja mineral ou orgânico. As comunidades

---

[93] Ritual realizado todos os anos pelo povo *Mahafale* para pedir chuva abundante. Este rito é realizado entre outubro e dezembro através do sacrifício de um zebu. O zebu permanece no centro da comunicação entre os vivos e os antepassados de linhagem, dos quais depende, em última análise, a prosperidade. É sempre através do sacrifício de zebus, a riqueza por excelência, que a qualidade desta comunicação é assegurada.

[94] Serviço de Estatística Agrícola, MAEP, 2006

de *Mahafale* são muito conservadoras e inacessíveis a todas as mudanças propostas pelos promotores do desenvolvimento.

4.1.5.6   Gestão Transferências aceites mas não apropriadas pelas comunidades

Durante o grupo de discussão que organizámos, os aldeões de todas as idades ficaram surpreendidos. Tinham-se apercebido de que, se a desflorestação aumentasse, não restaria nada para as gerações futuras. Por conseguinte, aperceberam-se da necessidade de uma gestão racional para regular o ritmo da pressão sobre os recursos naturais. Alguns aldeões aperceberam-se mesmo de que a desflorestação é uma das causas das alterações climáticas. Estes aldeões juntaram-se à TGRN para garantir a sustentabilidade dos habitats nas suas áreas, que dizem estar ameaçados sobretudo pela pressão das pessoas fora das suas áreas.

Em todo o caso, esta consciência geral é confirmada pelo facto de que, apesar de a maioria dos aldeões não ser membro da CoBa, e apesar de vários aldeões (membros ou não da CoBa) não terem participado na elaboração da *Dina* ou do plano simplificado de desenvolvimento e gestão dos recursos naturais, nenhum aldeão se opôs à criação do TGRN. Também ninguém se recusou a cumprir as disposições da *Dina*, e não houve relatos de que a CoBa tenha sido posta em causa como gestora de recursos naturais. No entanto, na maioria dos territórios TGRN, os membros da CoBa estão longe de ser representativos.

Mesmo que os TGRN sejam aceites pelas comunidades dos terroirs que rodeiam o parque de *Tsimanampesotse*, estas não se apropriaram deles. À luz das discussões e entrevistas com os aldeões dos diferentes terroirs, esta falta de apropriação deve-se principalmente a dois factos:

- A primeira diz respeito à sensibilização. Alguns aldeões afirmam não ter sido informados sobre o TGRN, outros que não participaram numa ou mais sessões de sensibilização admitem não ter entendido muito, e outros ainda pensam que o TGRN é um assunto reservado aos membros do conselho de administração do CoBa. Em suma, o conceito de transferência de gestão escapa às comunidades, e a falta de sensibilização contínua tem perpetuado uma interpretação errónea da qualidade de membro da CoBa;

- Esta falta de apropriação deve-se de novo, e talvez sobretudo, à ausência de ritualização. Esta falta de ritualização foi várias vezes levantada, nomeadamente pelos *mpitan-kazomanga* (autoridades tradicionais). Note-se que o chefe do sector do PNM baseado em *Itampolo* também fez esta observação antes da nossa visita de campo.

Uma das principais reacções psicológicas das comunidades das aldeias é atribuir a culpa de todas as catástrofes à não observância das tradições. Aqueles que se atrevem a agir contra a tradição são escolhidos quando a catástrofe acontece. Os aldeões, mesmo que estejam convencidos dos méritos do TGRN, não ousam envolver-se com medo de provocar a ira dos antepassados ao transgredir as tradições. O seu apoio à nova organização trazida pelo TGRN está condicionado à observância de um ritual que estabelece a harmonia e o entendimento entre os antepassados e os vivos.

4.1.5.7   Comunidade de base e aplicação da *dina*

Na transferência da gestão dos recursos naturais, o contrato de gestão incorpora a *dina* ou convenção da aldeia. A lei n.º 96-025 sobre a gestão local dos recursos naturais, conhecida como lei Gelose, reconhece a *dina* e o seu papel na comunidade. As relações entre os membros da comunidade são reguladas por meio de uma *dina*. Esta é aprovada pelos membros do comité de base em conformidade com as regras consuetudinárias que regem a comunidade. O texto utiliza a *dina* como lei de base. Desta forma, as comunidades locais definem as regras de utilização que irão reger a gestão dos recursos e dos espaços comuns no seu território.

Por outras palavras, são os próprios membros da COBA que redigem a sua própria *dina*, mas isso é feito com a aprovação da comuna e do distrito, e homologado pelo tribunal de primeira instância para que tenha força de lei.

No entanto, as disposições contidas nesta convenção de aldeia devem respeitar as disposições constitucionais, legislativas e regulamentares em vigor, bem como as práticas reconhecidas e não contestadas na comuna rural a que está ligada. A lei *subordina* a *dina* à autoridade do presidente da câmara da comuna a que está ligada.

No entanto, no planalto *de Mahafale*, seria uma ilusão acreditar que tudo está bem com a aplicação desta *dina*. [95]Há alguns relatos de não aplicação de *vonodina* e de não aplicação da própria *dina*. Foi dito que este tipo de situação se deve à estrutura do CoBa: o peso da autoridade tradicional, as alianças e os laços familiares, o estatuto social dos infractores, etc.

Parece que a aplicação da *dina* só é posta em causa em dois casos. Em primeiro lugar, quando os parceiros do CoBa - a comuna de controlo e a administração florestal - não cumprem as suas obrigações em matéria de *dina*: acompanhamento à distância, queixas e relatórios sobre infracções devidamente constatadas mas não executadas. Em segundo lugar, quando o CoBa é criado sem ter em conta as realidades locais.

A *dina* é modelada pelos agentes do WWF com base num acordo-tipo elaborado por técnicos da administração florestal a nível central.

---

[95] A *vonodina*, um corolário da dina, estabelece as medidas a tomar em caso de infração ou transgressão. Os *Ray amandreny mpizaka* responsáveis pela sua aplicação são chamados "*mamono dina*".

Fonte: O nosso próprio inquérito, 2014

Neste gráfico, se os membros forem questionados sobre os seus interesses ao aderirem ao CoBa, 52,8% dizem que têm novas relações sociais; 19,4% dizem que não têm interesses, enquanto 14,4% dizem que têm conhecimentos. 5% optaram por não responder à pergunta; 2,2% afirmaram ter recebido bens móveis. 1,7% beneficiaram de madeiras preciosas, viajaram muito ou têm dinheiro. Finalmente, 1,1% não responderam a esta pergunta porque os inquiridos hesitaram entre não ter interesse e beneficiar de madeira.

Embora este número revele o interesse da comunidade em aderir ao CoBa, os dados recebidos têm um impacto na aplicação do *dina* no CoBa. Para a maioria deles, a adesão ao CoBa aumenta a sua relação com outras pessoas, dentro ou fora do CoBa. Como referimos neste capítulo, todos os membros da direção do CoBa têm uma ligação familiar. Esta situação perturba a aplicação do *dina* na sua comunidade. Os membros da família que não estão no poder aproveitam-se desta situação, infringindo a *dina* estabelecida na utilização dos recursos florestais. O caso do desbravamento de terras pela população de *Ambolisogno* é prova disso: estas pessoas pertencem ao mesmo grupo territorial que a maioria dos membros do gabinete *Nisoa* CoBa. O gabinete tem tolerado pessoas que violam as convenções da aldeia, mesmo que sejam apanhadas em flagrante. As organizações envolvidas na conservação do parque de *Tsimanampesotse* (MNP e WWF) estão a forçar o gabinete a tomar medidas drásticas contra os culpados.

A intervenção de funcionários públicos como a gendarmerie, a comuna e o chef cantonnement forestier enfraquece a aplicação da *dina* e pressiona os gabinetes a resolver o caso de forma amigável sem ter em conta a *vonodina* em caso de flagrante delito.

4.1.5.8 Comunidade de base e reflorestação

Todas as CoBa do planalto *de Mahafale* dispõem já de um plano de gestão. Para os valorizar, a reflorestação anual é obrigatória. Além disso, a reflorestação foi incluída num PTA como uma das actividades prioritárias dos CoBa com o objetivo de conservar e gerir de forma sustentável as florestas transferidas. Os agricultores terão de reflorestar tanto as mudas que podem utilizar para os seus direitos de utilização como para uma atividade geradora de rendimentos.

A reflorestação exige dinheiro. O preço de uma muda nos viveiros do planalto *de Mahafale* é de 450 *ariary*. Cada CoBa estabelece o objetivo de plantar pelo menos 300 mudas por ano. [96]Dado que a quotização dos membros é a única fonte de rendimento da Coba, e que os membros não estão motivados para a pagar todos os meses, o fundo de cada CoBa é insuficiente para as patrulhas mensais e para a compra de mudas.

Analisando os relatórios da CoBa, verificámos que a maioria das CoBa replantou duas vezes desde 2011. Os membros transplantaram mudas selvagens do núcleo duro para a área de direitos do utilizador. A maioria dessas mudas é de *katrafay* e *kapaipoty*. Estes dois tipos de árvores são os mais utilizados pelas comunidades na sua vida quotidiana. Os CoBa da paisagem *de Mahafale* não efectuam muitas reflorestações, apesar de este ser um elemento-chave na utilização sustentável dos recursos florestais.

No entanto, devido à seca no planalto *de Mahafale*, o fosso da fome dura muito tempo e as comunidades de base estão a ficar muito mais pobres. Por conseguinte, o projeto de apoio procura encontrar alternativas, por um lado, para assegurar a gestão a longo prazo destes recursos naturais e, por outro, para melhorar o nível de vida dos CoBa.

O projeto COGESFOR, cofinanciado pelo WWF e pela AFD, decidiu, portanto, introduzir o projeto de reflorestação *da moringa olifeira (ananambo)* como uma alternativa que ajudará o CoBa a encontrar formas de combater a pobreza.

Os CoBa concordaram em adotar a reflorestação desta espécie de *moringa olifeira* porque está adaptada ao clima do planalto *de Mahafale*: é resistente ao clima seco e árido. Para além disso, esta árvore pode ser utilizada para fazer sombra no futuro, mas o cultivo desta planta também ajudará os CoBa a melhorar a sua saúde, utilizando água tratada com vagens de *moringa*. As folhas da planta podem ser usadas como cama e fornecerão às famílias CoBa uma fonte completa de nutrição.

Para além disso, existe um escoamento garantido, uma vez que a empresa Philéol assinou um acordo para comprar e vender produtos de *moringa* dos produtores membros da CoBa.

No entanto, após 2 anos, o projeto falhou. Apenas três CoBa são capazes de produzir folhas *de moringa*: *Ekelelahy*, *Ampitanake* e *Vorojà*. As duas primeiras (*Ekelelahy* e *Ampitanake*) estão nas margens do rio *Ilinta* e as suas culturas estão protegidas da seca. *Vorojà* situa-se na orla do parque *Tsimanampesotse*. Uma associação malgaxe sediada na Suíça assinou um contrato com estas três CoBa.

4.1.5.9 Comunidades de base confrontadas com a pobreza

De acordo com as pessoas mais envolvidas nos movimentos de gestão dos seus recursos florestais, os pobres não se mobilizam voluntariamente para si próprios; é antes o dinheiro e/ou a "*dina*" que desempenham um papel mobilizador importante. No entanto, grupos vulneráveis

---

[96] Cada vez que o CoBa efectua uma patrulha, o custo é estimado em 40.000 ariary em média. Os membros designados patrulham durante 4 dias. A distância mais próxima entre a aldeia e as florestas transferidas é de 15 km.

da comunidade, como os jovens, as mulheres e os pobres, assumiram o trabalho ingrato, apesar da situação descrita acima e, sobretudo, da monopolização do poder pelos líderes.

Os pobres constituem a maioria da população da paisagem *de Mahafale*, mas não têm muita responsabilidade. A pobreza das mulheres e o problema do desemprego dos jovens (corrida para as zonas de extração de safiras e para os arrozais de *Morondava*) acentuam este fenómeno. Para as camadas mais pobres da população, que são as mais activas em trabalhos que exigem esforço físico, os projectos do PAM baseados no trabalho são vistos como uma fonte de rendimento.

Além disso, como não vêem resultados concretos num curto espaço de tempo, os pobres desanimam rapidamente. Preferem concentrar-se nas suas preocupações quotidianas, tanto mais que a patrulha dura quatro ou cinco dias.

O fracasso da comunicação e a estratégia dos dirigentes contribuíram para a exclusão dos pobres da responsabilidade ou mesmo da simples participação n a s   aldeias. Quer consintam ou não, o seu desconhecimento do que se passa na paisagem de *Mahafale* e mesmo nas comunas e nos bairros é um indicador da sua exclusão.

4.1.5.9.1 Incapacidade dos pobres

Acreditamos que os dois elementos seguintes condicionam a iniciativa dos cidadãos ou outras formas d e empenhamento na ação comunitária: a sua necessidade de se desenvolverem como pessoas e a sua capacidade individual. É por isso que escolhemos esta hipótese.

A pobreza apaga a dignidade humana e o sentido cívico. Os pobres, como meros fazedores sem a mínima iniciativa, não podem esperar qualquer desenvolvimento ou posição social satisfatória, nem qualquer melhoria das suas condições materiais e de vida. A pobreza, seja ela intelectual, cultural ou económica, cria assim um sentimento de frustração ou de insatisfação e pode facilmente conduzir a um desinteresse pelas responsabilidades comunitárias, como mostra o quadro seguinte.

Quadro 8: Nível de participação por nível de ensino

Niveau d'Instruction	oui	non	TOTAL
aucun	48,4%	51,6%	100%
T1	60,0%	40,0%	100%
T2	60,0%	40,0%	100%
T3	60,0%	40,0%	100%
T4	57,1%	42,9%	100%
T5	60,0%	40,0%	100%
6	75,0%	25,0%	100%
5	100%	0,0%	100%
4	0,0%	100%	100%
3	40,0%	60,0%	100%
Seconde	33,3%	66,7%	100%
	100%	0,0%	100%
terminale	50,0%	50,0%	100%
	0,0%	0,0%	0,0%
	0,0%	0,0%	0,0%
TOTAL	51,1%	48,9%	100%

Fonte: O nosso próprio inquérito, 2014

De acordo com este quadro, de um modo geral, os inquiridos que concluíram o ensino primário são os membros mais activos do CoBa, para além dos que concluíram o 6º e o 5º ano, que actuaram como facilitadores nas aldeias para onde foi transferida a gestão dos recursos florestais. Por outro lado, os que nunca frequentaram a escola têm pouca motivação para aderir ao CoBa (51,6% contra 48,4%). As pessoas que já passaram da 4ª classe não devem ser ignoradas, uma vez que não participam muito na vida do CoBa devido às suas actividades. De facto, a maior parte das pessoas que têm o ensino secundário têm como atividade profissional a recolha de produtos locais ou a revenda de medicamentos genéricos. Não têm tempo para se dedicar às actividades de CoBa.

Apenas um membro do CoBa em *Zamasy* (secretário-tesoureiro) tem o nível de primeira classe, daí a percentagem de 100%. É de salientar que esta pessoa representa sempre o CoBa com o presidente em todas as reuniões ou sessões de formação.

Quadro 9: Grau de adesão ao CoBa em relação às actividades profissionais

	Agriculteur	Pasteur	Agro-pasteur	Artisan	Etudiant	Charpentier	Charpentier-cultivateur	Agent vulgarisateur de sa	ant	Instituteur		TOTAL
oui	6,5%	0,0%	79,3%	2,2%	1,1%	0,0%	1,1%	1,1%	6,5%	0,0%	2,2%	100%
non	6,8%	0,0%	83,0%	1,1%	1,1%	0,0%	0,0%	0,0%	4,5%	2,3%	1,1%	100%
TOTAL	6,7%	0,0%	81,1%	1,7%	1,1%	0,0%	0,6%	0,6%	5,6%	1,1%	1,7%	100%

Fonte: O nosso próprio inquérito, 2014

De acordo com este quadro, as comunidades da paisagem de Mahafale têm 11 actividades principais, nomeadamente a agricultura, a pecuária, a agricultura e a pecuária, o artesanato, a carpintaria, a escolaridade, a agricultura e a carpintaria, a extensão sanitária, o comércio, a pesca e a educação. Na zona de Mahafale, a riqueza é medida pelo número de cabeças de gado. Os agricultores e os agro-pastores não estão motivados para aderir à CoBa porque as suas actividades estão diretamente ligadas à floresta. Sentem-se excluídos dos benefícios da utilização da floresta dos seus antepassados. Os pastores estão envolvidos na transumância e não têm muito tempo para as reuniões do CoBa.

Os retalhistas são os mais motivados para aderir à CoBa. Posicionam-se como patrocinadores dos agentes de patrulha.

Independentemente das suas actividades económicas, os ricos ou os que têm rendimentos médios e todos os dirigentes actuais ou antigos das comunas não estão muito envolvidos na vida do CoBa que gere os recursos florestais.

As pessoas ricas inquiridas não estão envolvidas na gestão dos recursos florestais através da transferência de gestão porque não se sentem muito próximas das comunidades devido ao local onde vivem e às suas actividades diárias. Viajam frequentemente para a capital regional. Por outro lado, os habitantes moderadamente ricos foram apenas participantes, pois estavam muito ocupados com os seus empregos, sendo na sua maioria revendedores de medicamentos genéricos ou pequenos colectores de produtos locais no planalto *de Mahafale*. Por outro lado, os pobres constituíam a maior parte dos participantes simples; não tinham grandes responsabilidades e limitavam-se a falar aos comités sobre as suas aspirações. No entanto, a maioria das pessoas pobres inquiridas não participou no processo de criação do CoBa, principalmente devido às suas ocupações quotidianas.

78% da população inquirida é pobre. Esta classificação foi avaliada com base no rendimento mensal, se não no número de cabeças de gado: a maioria dos inquiridos não ganha sequer 50.000 *Ariary* por mês. No entanto, fazem parte da população ativa do planalto *de Mahafale*.

Além disso, o instinto de sobrevivência dos seres humanos, como o de todos os animais, faz com que consigam sempre encontrar comida, mesmo em condições de pobreza extrema, mas não podem fazer mais nada. Assim, quanto mais pobres somos, mais a nossa capacidade funcional diminui. Considerámos que um conhecimento preciso do nível de vida das pessoas era importante para compreender as condições em que as pessoas na paisagem de *Mahafale* podem participar na conservação dos recursos florestais e no desenvolvimento sustentável.

Por fim, a pobreza pode tornar-se um pretexto para fugir aos deveres para com a coletividade, pois é muitas vezes difícil avaliar o nível de vida de cada habitante. No entanto, de acordo com o que explicámos anteriormente, a participação observada no caso da constituição de uma transferência de gestão dos recursos naturais renováveis na paisagem de *Mahafale* corresponde ao tipo de participação provocada.

A particularidade da paisagem *de Mahafale* é o facto de albergar um grande número de analfabetos. Já constatámos esta situação na secção monográfica. Entre os analfabetos inquiridos, 48,4% eram membros do CoBa, contra 51,6% que não estavam motivados para aderir. No entanto, 75% dos que tinham atingido o 6º ano de escolaridade tinham aderido ao CoBa, contra 25% que não o tinham feito.

4.1.5.9.2 Predominam as preocupações quotidianas

A gestão dos recursos florestais e a criação de uma estrutura para assegurar essa gestão tiveram em conta o interesse geral. Os membros da comunidade aspiram a benefícios a curto prazo que têm um impacto direto nas suas necessidades de sobrevivência. De facto, os pobres do planalto *de Mahafale* só têm uma prioridade: satisfazer as suas necessidades imediatas.

O facto de 78% da população ser muito pobre e estar mais preocupada com a sua vida quotidiana do que com a vida da sua comunidade explica o seu desinteresse pelo desenvolvimento sustentável da comunidade. É o caso, nomeadamente, das pessoas que têm empregos precários ou que se deslocam entre o planalto de *Mahafale* e as zonas mineiras de safira, ou mesmo *Morondava*. Este fenómeno está de acordo com a categorização feita por Maslow na sua pirâmide das necessidades humanas, na qual afirmava que os pobres ainda não ultrapassaram a primeira fase das necessidades, ou seja, as necessidades físicas.

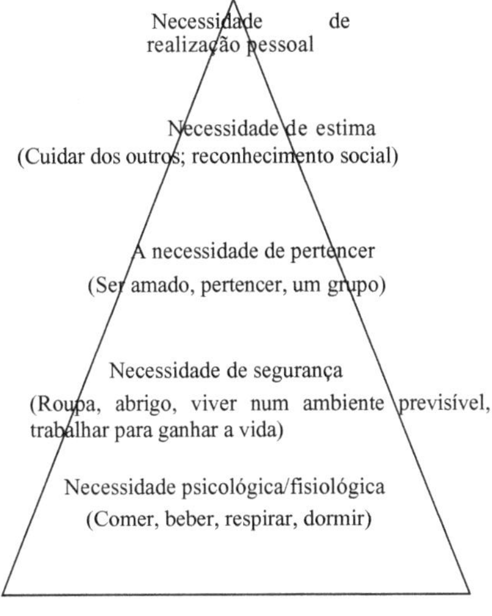

Fonte: Maslow, A - H, 1987

Estas necessidades físicas correspondem à necessidade de segurança apresentada no gráfico acima. No entanto, de acordo com a versão corrigida desta pirâmide, as necessidades dos pobres podem ser classificadas em duas fases, nomeadamente a necessidade fisiológica (manter-se vivo): diz respeito principalmente à alimentação e ao repouso ou recuperação que proporciona força e um mínimo de conforto. A segunda fase é a necessidade física (sobreviver), que diz respeito tanto à saúde como à segurança, ou seja, evitar danos ou outros prejuízos. Assim, os pobres pensam em termos de necessidades de sobrevivência, necessidades imediatas.

De acordo com os dirigentes da CoBa, os pobres só participam se receberem dinheiro em troca, especialmente para o patrulhamento. Mas parece que o dinheiro também é uma prioridade, mesmo para aqueles que aderiram ao comité de gestão. Inicialmente, esperavam ter acesso ao dinheiro e à gestão do orçamento, mas quando se aperceberam que não era esse o caso, dispersaram-se. As pessoas não participam, mesmo que seja para melhorar a sua aldeia, quando não ganham dinheiro porque *"sem interesse, não há ação"*. O dinheiro é muito importante para a sobrevivência e a sua falta pode bloquear o cumprimento dos deveres de cidadania.

Em conclusão, para que o sector tenha um bom desempenho, é necessário reformar a governação ambiental. Esta reforma deve centrar-se no quadro jurídico da gestão ambiental. Este deve ser simplificado e aplicado. As funções das diferentes instituições devem ser redefinidas e a participação da sociedade civil no processo de decisão deve ser melhorada. Esta reforma deve conduzir a um aumento significativo das receitas do sector e a uma melhoria do rácio entre as receitas fiscais e as receitas não fiscais. Por último, esta reforma deve integrar melhor e dar maior visibilidade às alterações climáticas no panorama institucional e político.

No que diz respeito à participação comunitária na conservação, pode-se dizer que, embora a transferência de gestão tenha sido aceite, ela ainda não foi apropriada pelas próprias comunidades. A sua participação na conservação é portanto limitada porque as comunidades têm problemas com a implementação desta transferência de gestão. O seu principal problema é resumido pelas frases proferidas no noticiário da TV Plus Madagáscar a 19 de abril de 2012: *"os VOI têm problemas em gerir os seus recursos porque não beneficiam diretamente do financiamento dos doadores. Na realidade, não têm autonomia financeira. E, por isso, os VOI não estão motivados para assumir a responsabilidade pela exploração ilegal dos seus recursos. De facto, a gestão dos recursos naturais não é inteiramente transferida para as comunidades de base ou para os VOIs. Por outras palavras, a pressão exercida pelas autoridades ainda persiste, razão pela qual as comunidades de base são desencorajadas a assumir as suas responsabilidades.*

Para além deste problema de autonomia financeira, os problemas de posse da terra que ameaçam a coesão da comunidade, os problemas com as técnicas de gestão dos recursos florestais, o analfabetismo, os direitos limitados dos utilizadores e os choques climáticos enfraquecem a motivação das comunidades para participarem na conservação.

CONCLUSÃO SOBRE A PRIMEIRA HIPÓTESE

Os pobres do planalto *de Mahafale* não se interessam pelos projectos apresentados pelos seus dirigentes e a elaborar num programa de desenvolvimento prioritário para as comunas. A aspiração dos pobres é de facto satisfazer as suas necessidades básicas de sobrevivência sem a garantia de um mínimo de bem-estar e sem a possibilidade de realização pessoal. Além disso, aquando da criação do comité de gestão do CoBa, os pobres não figuraram entre os que imediatamente se juntaram a ele, pois não tinham nem paciência nem vontade, e muito menos capacidade, para o fazer.

Os pobres só se sentem motivados a participar se receberem dinheiro em troca. Aparentemente, o dinheiro é também uma prioridade para aqueles que se juntaram ao comité de gestão. Inicialmente, pensavam que iam gerir diretamente um orçamento de funcionamento, mas rapidamente se dispersaram quando se aperceberam que não era esse o caso.

Os pobres dão prioridade aos seus problemas quotidianos e não participam, mesmo que seja para melhorar a sua aldeia, quando não ganham dinheiro. Este último é muito importante para a sobrevivência e a sua ausência pode bloquear o cumprimento dos deveres de cidadania.

Repetindo a nossa primeira hipótese: "o nível de participação da comunidade de base depende do seu nível de educação, e os não-participantes no extremo inferior da escala não querem envolver-se em assuntos que consideram obscuros e perigosos".

Podemos concluir que toda a nossa análise parece confirmar esta hipótese inicial. Os membros da comunidade com um nível médio de educação são os mais motivados para participar na conservação dos recursos naturais. Eles aderem ao CoBa porque querem dominar a comunidade. Para ganhar um estatuto social que lhes permita fazer frente aos ricos que dominam as aldeias, aderem às ONG. Eles tentam impor-se aos membros de toda a comunidade, ocultando informações sobre a transferência de gestão e, sobretudo, sobre o CoBa.

Por outro lado, os analfabetos e as pessoas mais pobres não querem aderir ao CoBa. Eles sabem pouco sobre a transferência de gestão e sobre a própria CoBa. Como razão para não participarem na conservação e na vida da associação, invocam a falta de tempo para participarem nas reuniões da assembleia geral. Na verdade, não é o tempo que lhes falta, mas sim a sua convicção e dedicação.

Por conseguinte, não têm conhecimento da evolução da situação e não podem assumir as suas responsabilidades de cidadãos. De facto, não são informados nem do seu direito de utilizar estes recursos florestais, nem do seu dever de os proteger e gerir. Para eles, as florestas já foram vendidas ao WWF, os membros do CoBa são apenas guardiões e a prisão espera por eles em caso de infração na floresta.

Além disso, alguns analfabetos aderem ao CoBa na esperança de beneficiarem diretamente dos financiamentos que o SGP/Tany *Meva* preconiza para as comunidades que gerem recursos naturais renováveis. Acreditam que esta ajuda financeira irá resolver os seus problemas financeiros.

Por último, a pobreza intelectual cria um sentimento de frustração ou de insatisfação e pode facilmente conduzir a um desinteresse pelas responsabilidades da comunidade, nomeadamente a conservação dos recursos florestais.

4.2 Abordagens recomendadas pelos doadores no processo de transferência da gestão dos recursos naturais

Atualmente, a gestão dos recursos naturais é uma das preocupações ambientais mais importantes. É por isso que a maioria dos países e governos está a integrar a dimensão ambiental nas suas políticas de desenvolvimento. Depois de ter criado 6.000.000 ha de áreas protegidas, o Presidente *RAJAONARIMAMPIANINA Hery* Martial, no seu discurso em Sydney em 2014, anunciou que as áreas protegidas existentes seriam triplicadas. Este anúncio significa que, em Madagáscar, a superfície total das áreas protegidas aumentará em 18 000 000 ha.

Nesta secção, descrevemos as abordagens exigidas pelos doadores em termos de gestão comunitária dos recursos naturais e de descentralização da gestão dos recursos naturais em Madagáscar.

Antes de iniciar estas iniciativas, é importante compreender que existem dois tipos de modelos a considerar para a gestão dos recursos naturais fora das áreas protegidas. Estes modelos são o modelo de gestão de base comunitária e o modelo de gestão com incentivos económicos. Vamos concentrar-nos no primeiro modelo porque corresponde ao nosso caso.

Historicamente, os malgaxes já geriam os recursos naturais renováveis desde o tempo da realeza malgaxe e durante a colonização até aos nossos dias [MONTAGNE Pierre, RAZANAMAHARO Zo, COOKE Andrew, 2007].

No início da colonização, os colonos adoptaram uma política de repressão e de exclusão da população local da gestão local dos recursos. Durante esse período, recorreram a regulamentos, ao emprego de "pessoal especial" encarregado de registar as infracções a esses regulamentos e de multar os culpados, e à aplicação de sanções aos infractores através dos tribunais.

Em consequência, esta política centralizada e repressiva de gestão dos recursos naturais fracassou. Posteriormente, os doadores e o Estado voltaram a centrar as suas novas análises na desflorestação e na degradação dos meios naturais. As duas partes concordaram unanimemente em adotar uma gestão descentralizada dos recursos naturais renováveis. O reconhecimento progressivo das populações locais deu origem a uma política nacional de descentralização da gestão dos recursos naturais renováveis em meados dos anos 90, com o objetivo de recuperar a legitimidade da gestão dos recursos locais junto das comunidades locais de base.

Este tipo de gestão é designado por GELOSE ou Gestion Locale Securisée. Trata-se de um método de gestão de bens desenvolvido em 1996 para devolver às populações de uma aldeia o controlo sobre as condições ecológicas em que vivem.

[97]Desde o início dos anos 90 e a emergência da 3ª República em 1992, Madagáscar tem vindo a emergir muito lentamente de um longo período de política de estilo soviético liderado pelo Presidente *Ratsiraka*, que contribuiu para a deterioração das infra-estruturas e do nível de vida do país. Sob o controlo de doadores como o Banco Mundial e o FMI, foram aplicadas várias abordagens, uma após a outra, para desenvolver rapidamente Madagáscar. Estas abordagens são: a abordagem integrada, depois a abordagem concertada, depois a abordagem participativa e, por último, a abordagem agar. Esta última é atualmente considerada como a única abordagem que corresponde à situação dos países pobres, pois dá às populações locais a possibilidade de se exprimirem e de negociarem, ou seja, cabe às populações dizer e imaginar o que querem para si próprias. Que tipo de desenvolvimento é que querem para os seus filhos? E todos os projectos começam por ajudá-los a pensar no seu futuro e nos seus planos para a sociedade.

No entanto, temos de nos interrogar se o ágar é o resultado de um pensamento que diz que é o homem que está a destruir a biodiversidade. Esta questão surgiu após a aplicação da lei Agar, que tende a afugentar as pessoas pelo facto de terem livre acesso à biodiversidade, quando sabemos perfeitamente que é impossível conservar essa biodiversidade sem elas.

Os parceiros técnicos e financeiros recomendaram as seguintes abordagens:

<u>Primeira fase:</u>

- 	nível da comuna: a comunidade de base deve declarara existência de um recurso natural que deseja proteger. epois, a comuna dáo seu parecer favorável. Em seguida, a comunidade formula o seu pedido de transferência de gestão, incluindo uma lista dos recursos a transferir. Ao recebero pedido, a comuna cria um comité ad hoc para investigar a comunidade, dar o seu parecer e, em seguida,avaliar a capacidade da comunidade para geriros recursos. Por fim, o conselheiro local apresenta um pedido de transferência de gestão ao distrito.

<u>Segunda fase:</u>

---

[97] Fechar as suas fronteiras ao comércio externo.

- 		a nível distrital: o distrito notificará o Ministério do Ambiente e da Ecologia ou a sua direção regional da existência do pedido de transferência da gestão dos recursos naturais. A Direção Regional do Ambiente e da Ecologia emitirá o seu parecer: se a Direção Regional aceitar, notificará o Distrito e a comuna; em caso de recusa, a Direção Regional enviará um aviso de recusa, incluindo o motivo das suas objecções, ao Distrito, que, por sua vez, notificará a comuna da sua recusa.

-a 		nível local :

Após a receção deste aviso de recusa, o município informa a autarquia local da sua decisão.

[98]Se aceitar, notificará a comunidade e, como resultado, a comunidade de base iniciao processo de garantir a posse relativa da terra, nomeando um mediador e selecionando empresas de consultoria para preparar o dossier "garantir a posse relativa da terra".

m seguida,a comunidade negoceia com as partes interessadas para saberqual é a motivação decada um para gerir os recursos naturais.

m seguida, elabora a ata destas negociações e, com ela, o mediador eos consultores realizam estudos sobre a execução da transferência de gestão.

Por último, o mediador redigirá o projeto de contrato de transferência de gestão (incluindo os instrumentos de gestão).

Terceira fase:

A comunidade de base enviará o projeto de contrato à comuna. O município, através do presidente da câmara, da comunidade de base e da direção regional do ambiente, assina então o contrato.

Ministério do Ambiente e da Ecologia ou o seu representante regional decidirásobre a transferência de gestão e publicará a existência dessa transferência no Jornal Oficial. Em seguida, 		aprova 		a 		transferência 		de 		gestão. município registaesta aprovação. A transferência de gestão dacomunidade de base torna-se, assim,efectiva.

Sophie Godefroit, no seu livro intitulado *La restitution du droit à la parole* (*A restituição do direito à liberdade de expressão)*,considerava quea Gélose era um projeto extremamente original, ao passo que, a nosso ver, se inspirava e se inspirava na política colonialde gestão ambiental.

e facto, essaépoca,os colonizadorespraticavam uma política derepressão edeexclusão das populações dagestão local dos recursos. Os meios utilizados eram os regulamentos, o emprego de

---

[98] Decreto n.º 98-610, de 13 de agosto de 1998, que regulamenta os termos e condições de aplicação da Segurança Relativa à Posse da Terra, em aplicação da Lei n.º 90-012, de 6 de junho de 1997, que altera e completa a Lei n.º 90-033, de 21 de outubro de 1990, relativa à Carta do Ambiente (J.O.R.M., n.º 2035, 24.12.90, p. 2540):
O artigo 1.º estipula que, em aplicação da lei n.º 96-025 de setembro de 1996 relativa à gestão local dos recursos naturais renováveis, a Sécurisation Foncière Relative (SFR) é definida como um procedimento que consiste na delimitação global do terroir de uma comunidade local de base que beneficia de recursos naturais renováveis, bem como no registo das ocupações incluídas no terroir.

pessoal especial encarregado de registar as infracções a esses regulamentos e de multar os culpados, e a aplicação de sanções legais aos infractores.

gestão e a utilização dos recursos florestais durante o período colonial eram regidas porregulamentos. A aplicação destes regulamentos estava a cargo de funcionários especiais. o caso de Gélose, o "*dinan'ny tontolo iainana*" substitui os regulamentos do período colonial eo pessoal especial é substituído pela comunidade de base. sta última desempenha o papel de *andrimaso* (vigilância) e pune o culpado através dos sos e costumes locais:o*tsara ambany kily* (tribunal tradicional) seguido de uma *vonodina* ou de uma multa.

A lei Gelose não tolera o livre acesso à biodiversidade porque incentiva a concorrência entre as comunidades. Os doadores notaram que quem chegar mais vezes aos recursos florestais será, em última análise, o mais bem servido. Assim, criou-se uma concorrência que tem de ser quebrada para planear um tipo de projeto: um projeto construído pela própria sociedade.

O acesso aos recursos florestais foi regulamentado através de uma transferência de gestão, cabendo à comunidade de base registar as infracções a este regulamento, que não é outro senão a *dina*, e penalizar os culpados através dos usos e costumes locais: o tribunal tradicional e a aplicação da *vonodina* aos culpados de infracções.

Os parceiros técnicos e financeiros consideraram que o objetivo da proibição de livre acesso era restituir os direitos da natureza e os direitos sobre o ambiente ao conjunto da população. No entanto, a aplicação da lei Gelose em Madagáscar é por vezes distorcida em benefício de certos indivíduos.

O objetivo final da transferência de gestão em torno do parque é resolver a pressão antrópica sobre os ecossistemas florestais em torno do lago salgado de *Tsimanampesotse*. O lago tem 15 m de comprimento e 1 m de profundidade. O objetivo é evitar que seque, uma vez que é um local de repouso para as aves migratórias, mais especificamente o flamingo cor-de-rosa. O governo central, através do PNM e com o apoio de doadores, decidiu alargar o parque. Isto implica que o flamingo cor-de-rosa é mais valioso do que as comunidades *Mahafale*, caso contrário, estas protegeram um interesse importante (recursos mineiros) na zona.

Assim, os parceiros técnicos e financeiros envolveram as comunidades vizinhas do parque na proteção e gestão sustentável das suas florestas através de uma transferência de gestão. O envolvimento das comunidades requer urgentemente o cumprimento de uma série de condições, tais como

-

    s regras de gestão devem ser elaboradas e aceites pelos membros acomunidade.Devem ser aceites publicamente, aprovadas oficialmente pelasautoridades locais, pelosgestores administrativos da comunidade e endossadas pelas autoridades consuetudinárias [*Olobe, Mpisoro, Mpitan-kazomanga, Ampanjaka, Tangalamena,* etc.] numa cerimónia de ritualização. Uma vez efectuada esta cerimónia, a aceitação pode tomar a forma de uma carta ou de regras fundamentais, consideradas essencialmente como diretrizes, para evitar que a gestão comunitária se transforme em acesso livre;

-
a comunidade deve ser legalmente constituída com interesses comuns,s seus membrosdevem ser culturalmente homogéneos. stas condições facilitam, por um lado, a gestão dos conflitos internos que possam surgir e, por outro, a identificação deobjectivos comuns durante a execução da gestão. Estas condições facilitam igualmente a capitalização dos conhecimentos e saberes tradicionais aquando da implementação da gestão comunitária;

-   presença de incentivos económicos para a comunidade, uma condição que deve ser satisfeita para ue a gestão comunitária funcione eficazmente. amaioria dos casos, o primeiro incentivo económico oferecido à comunidade é aquele que irá melhorar o rendimento dos agregados familiares dos membros. De facto, mesmo que seja importante legar algo às gerações futuras, uma comunidade pobre que está a tentar sobreviver e encontrar o suficiente para comer no dia a dia não se dará certamente ao luxo de pensar no futuro das gerações futuras quando não tem nenhum dos seus.

Capítulo Cinco: Condições para a participação das comunidades de base na proteção dos recursos naturais

A democracia é considerada como a estrutura mais favorável à participação dos cidadãos. Madagáscar está empenhado neste sistema há vários anos. Atualmente, é importante saber se a estrutura política, a cultura e a estrutura da sociedade *Mahafale* favorecem esta participação.

5.1 A organização social como condição para a participação comunitária

A sociedade *Mahafale* é do tipo consuetudinário, onde ainda se mantém uma organização social. É evidente que as estruturas sócio-políticas e a cultura existente têm influência na participação da comunidade.

5.1.1 Estrutura social

Assim, durante o reinado dos reis na história de *Mahafale*, havia uma forma de participação na vida social e política de acordo com o lugar de cada um na estrutura social. Era uma outra forma de participação dos *Fokonolona* na vida social e política para o desenvolvimento da comunidade. [99]Esta forma é conhecida como *"rima"* em *Mahafale*.

A forma e o grau de assunção de responsabilidades diferem consoante o lugar que cada pessoa ocupa na comunidade. Os habitantes de *Mahafale* vivem numa sociedade baseada na linhagem. Está dividida em vários clãs. Na base está a linhagem *(tarika),* depois o clã *(Raza)* e finalmente, ao mais alto nível, o *"foko"*. A sua estrutura é muito ampla, uma vez que a *"fati-drà"* (irmandade de sangue) e a *"ziva"* (parentesco de brincadeira) a alargam.

No entanto, o clã é o elemento essencial. A propriedade é, portanto, baseada no clã. Em tempos, a propriedade por excelência era o rebanho. Cada clã tinha o seu próprio rebanho e tinha as suas próprias marcas auriculares para os zebus, os *"vilo"*. Até hoje, estas marcas revelam a filiação clânica dos transumantes que se deslocam no planalto *de Mahafale*.

No planalto *de Mahafale*, esta divisão não deixa muitos vestígios, mas a organização social na paisagem de *Mahafale* baseia-se no parentesco, nomeadamente no grupo etário: uma organização hierárquica tradicional. Cada grupo etário teve o seu papel no desenvolvimento da sociedade.

As responsabilidades do *mpitata, mpisoro* ou *mpitan-kazomanga* já foram descritas em pormenor na primeira parte deste livro. O seu estatuto confere-lhe poder de decisão no processo de produção social ao nível da comunidade. São sempre consultados sobre todos os projectos, incluindo estratégias de desenvolvimento e administrativas.

Participa como árbitro na elaboração de planos para o desenvolvimento da sua aldeia. A sua participação é um pouco especial, porque zela pelo aspeto místico do desenvolvimento e protege contra a aculturação total da comunidade. É muito reticente em relação à modernização. Por conseguinte, tenta influenciar a perceção que a comunidade tem do desenvolvimento durante o diagnóstico.

---

[99] Trata-se de uma força de trabalho colectiva, uma espécie de entreajuda na comunidade em que todos participam voluntariamente na realização de uma atividade.

Quanto aos *Ray Aman-dReny*, proprietários e gestores dos meios de produção familiares, constituem a totalidade da população ativa. São responsáveis por tudo o que diz respeito à sociedade: o trabalho comunitário e a *dina*. Como tal, desempenham um papel ativo na elaboração do programa de desenvolvimento da aldeia.

Os jovens têm medo de assumir a responsabilidade por si próprios e deixam que seja o *Ray Aman-dReny* a dirigir o seu destino. Por vezes, durante uma patrulha, os jovens substituem os pais, sobretudo durante a estação das chuvas (trabalho nos campos). Confiam aos seus pais a visão e o projeto dos seus destinos.

Além disso, durante a entrevista com os jovens, alguns deles afirmaram que a transferência da gestão pertence aos mais velhos e não aos jovens, que não têm experiência. Por conseguinte, pensam que o desenvolvimento da sua aldeia é da competência dos seus pais.

No que diz respeito à participação do género na conservação dos recursos florestais, verificou-se que o grau de participação é diferente: a participação feminina é mais ou menos baixa. O estatuto geral das mulheres é gravemente prejudicado pela preeminência dos homens. O *"mpisoro"* ou *"mpitan-kazomanga"* não pode ser uma mulher.

A cozinha e as tarefas domésticas são confiadas à mulher, e a sua grande competência neste domínio é facilmente reconhecida.

Em Madagáscar, o costume tem força de lei e pode, portanto, ser utilizado para a completar quando a lei é insuficiente ou omissa. [100]Em *Mahafale*, o costume favorece fortemente a exclusão das mulheres, não só devido à sua fraqueza física, mas também devido à sujidade resultante da menstruação, que se tornou a sua principal falha em toda a sociedade *mahafale*.

A partir de 1975, o costume foi reforçado pela instituição da dina ou convenção colectiva, que continua a não ser escrita devido ao analfabetismo da maioria da população da região.

[101]O valor do costume é então considerado igual ao da lei em Madagáscar. [102]É o caso do artigo 12° da portaria n°62-089 de 1 de outubro de 1962 relativa ao casamento, que estipula que: *"A proibição do casamento entre primos, ou entre quaisquer outras pessoas ligadas quer por laços de parentesco legítimo, natural ou adotivo, quer por laços de aliança presentes ou passados, obedece às regras consuetudinárias"*.

No campo, o direito positivo malgaxe privilegia o direito consuetudinário. Não é pelo facto de dominarem perfeitamente os textos baseados nos costumes que as pessoas respeitam as suas tradições, mas sim porque acreditam nas tradições e nos hábitos dos seus antepassados. As regras consuetudinárias do Sul colocam as mulheres numa situação de grande desvantagem desde o nascimento.

De um modo geral, o lugar das mulheres na sociedade *Mahafale* parece, portanto, muito precário. Não assistem a reuniões públicas ou têm de ficar em segundo plano nas reuniões ao ar livre. Na vida quotidiana, as mulheres desempenham um papel preponderante nas actividades práticas: tarefas domésticas, trabalho nos campos e cuidados com o gado. Paradoxalmente, as mulheres, que constituem uma importante força de trabalho, têm muito pouco acesso aos benefícios da vida quotidiana (educação, crédito, formação, etc.).

---

[100] Fluxo sanguíneo periódico em mulheres até à menopausa aos 49 anos de idade
[101] Expressão da vontade geral das comunidades de base ou Fokonolona
[102] O costume Mahafale autoriza e encoraja o casamento entre primos que não sejam primos em primeiro grau

Em particular, as mulheres estão no centro de todas as actividades relacionadas com a água (cozinhar, lavar, cultivar legumes, etc.). Para além disso, nesta sociedade onde a civilização do zebu nasceu de um sistema de produção guerreiro, as mulheres não decidem o destino do rebanho.

Por fim, durante a entrevista de grupo com a população local, uma mulher salientou que tudo o que diz respeito à administração e às actividades de desenvolvimento da aldeia é exclusivamente masculino, uma vez que o poder de decisão cabe aos homens. Por conseguinte, as mulheres do sul não se sentem também actores do desenvolvimento. No entanto, o desenvolvimento da comunidade e a conservação dos ecossistemas florestais começam em casa, e são as mulheres que gerem o agregado familiar.

A estrutura da sociedade *Mahafale* não permite que as mulheres participem no desenvolvimento da comunidade ou mesmo na conservação dos ecossistemas florestais.

5.1.2   A estrutura política

Há quem continue a pensar que, em democracia, cada um é livre de fazer o q u e quer. No entanto, não são livres de fazer o que lhes apetece, porque *"a liberdade de cada um acaba onde começa a dos outros"*. Isso revela a existência de regras implícitas que regem as relações entre os indivíduos que compõem a sociedade e, eventualmente, a comunidade. Essas regras devem atingir e preservar o bem comum. A democracia é o ideal para isso.

Em Madagáscar, o Estado e as colectividades locais descentralizadas também se regem por esta democracia.

O nosso tema de investigação diz respeito à participação das comunidades locais na conservação dos ecossistemas florestais. Queremos descobrir se a democracia ao estilo de Malagasy tem atualmente um impacto na participação das aldeias.

A democracia participativa, como o próprio nome indica, exige uma maior participação dos cidadãos, ou mesmo de toda a população, porque todos são colocados em pé de i g u a l d a d e . Neste sentido, a participação dos cidadãos reflecte uma luta pelo poder. A existência de numerosos partidos políticos reforça esta luta no nosso país. Estes partidos querem enraizar-se ao nível das comunidades de base, e este desejo está a mudar as relações entre os cidadãos no campo.

Para eles, a política é simplesmente uma arte de acumular dinheiro. A política é vista como uma atividade geradora de rendimentos, pelo que cabe a todos participar ativamente para obter financiamento. Os beneficiários do financiamento controlam e dirigem a comunidade à sua maneira. A comunidade é afetada por uma política partidária de tipo camponês e, consequentemente, as pessoas deixam de confiar nos políticos. A título de exemplo, um participante na entrevista com o grupo dos "adultos activos" afirmou que os agricultores podem ser enganados u m a v e z, por vezes duas vezes, mas nunca três vezes, devido à sua prudência.

Para além disso, as rivalidades resultantes da divisão política impedem a coesão do trabalho comunitário, dada a desconfiança das pessoas em relação aos líderes. Esta divisão tem repercussões na participação da comunidade no desenvolvimento da aldeia, o que explica o baixo nível de participação da aldeia aquando da criação de transferências para a gestão dos recursos florestais.

No entanto, cabe aos partidos políticos uma grande parte da responsabilidade por esta situação de insucesso. Devem conhecer e desempenhar o seu papel como principais actores políticos com funções essenciais e decisivas para a população, para os detentores do poder e para o Estado no processo de desenvolvimento e transformação democrática.

Desempenham um papel crucial na transformação da vontade política do país. Fornecem ao Estado pessoal político através de eleições e nomeações democráticas. Devem encorajar a participação ativa dos cidadãos na vida política, formar cidadãos capazes de assumir funções políticas e influenciar a evolução política nas instituições do Estado.

Esta tarefa é um desafio. Os partidos devem refletir sobre o seu descrédito, questionar-se, tirar lições positivas da história partidária, mudar o seu comportamento, observar os princípios que regem a ordem democrática e ser capazes de se estruturar face à multiplicidade d e opiniões sobre os problemas e sobre as possibilidades de os resolver. Estas obrigações devem ser concentradas e articuladas por alguns partidos relativamente grandes e requerem um compromisso ativo e uma sinergia de esforços de todos os intervenientes: o Estado, os partidos políticos e a sociedade civil (incluindo a comunidade de base).

Em suma, a democracia favorece a priori a participação dos cidadãos. No entanto, é preciso dar um passo atrás para ver que, no tempo de *Maroseragna*, a solidariedade da *Fokonolona* já encorajava todos a participar e que a sociedade era hierárquica, ao contrário do sistema democrático defendido atualmente.

De um modo geral, a empresa *Mahafale* tem uma organização tradicional com a seguinte estrutura

- representantes da antiga classe real: são principalmente descendentes dos "*Maroseragna*". Os "*mpitan-kazomanga*" ou "*mpisoro*" são os chefes das linhagens que têm o privilégio de poder entrar em contacto direto com os antepassados da linhagem e os deuses do clã. Responsáveis pelas cerimónias rituais, durante as quais são muitas vezes assistidos por um "*ombiasa*", permitem uma comunicação direta entre os antepassados da linhagem e os vivos. Frequentemente de idade avançada, são muito respeitados pela população.

O grupo "*mpitan-kazomanga*" inclui também personagens relativamente independentes:

- o "*fahatelo*" tem um estatuto social que vem imediatamente a seguir ao "*mpitan-kazomanga*" e serve de assistente deste último durante as cerimónias rituais;

- os "*Tale*", chefes de certas linhagens da região do *Ampanihy* que ainda não foram entronizados como "*mpitan-kazomanga*". Este atraso deve-se às simplificações cerimoniais em curso;

- o "*Razana*", uma espécie de "*mpisoro*" que tem o privilégio adicional de ser possuído pelo espírito dos antepassados;

- *mpikabary*" ou "*mpizaka*" desempenham um papel essencial na regulação quotidiana e na resolução de conflitos no seio da comunidade tradicional. Escolhidos de entre os anciãos pelo seu conhecimento da tradição, pela sua eloquência e poder de persuasão, pelas suas capacidades de negociação e conciliação, presidem frequentemente às reuniões.

- *Os "mpagnarivo"* são pessoas ricas, oriundas de famílias poderosas ou que fizeram fortuna ao afastarem-se, *"ankarama"*, e cujo poder se mede sobretudo pela posse de um grande rebanho. Formam um lobby poderoso no seio da comunidade e falam alto e bom som no *"kabary"*, onde as suas opiniões são muito valorizadas;

- *ombiasa"*, constituído por :

  - *ombiasa"* possuídos por espíritos, chamados *"jiny"* se estiverem possuídos por um espírito chamado *"kokolampo"*;

  - *ombiasa tromba"* se estiverem possuídos pelo espírito de um grande antepassado ou de uma figura histórica importante;

  - e *"ombiasa doany"* se estiverem possuídos pelo espírito de uma pessoa morta enterrada no cofre da linhagem ou *"doany"*.

- o *"mpanandro"*, uma espécie de astrólogo, que é consultado para todas as actividades importantes da vida para saber quais as melhores datas para as realizar e as piores datas a evitar a todo o custo;

- o *"mpisikidy"*, um tipo de adivinho que pratica a adivinhação com sementes;

- e, por último, o *"mpamorike"*, um tipo de feiticeiro maléfico, que é consultado com o objetivo de fazer mal aos outros (envenenamento, enfeitiçamento, etc.).

Assim, a posição de uma pessoa na hierarquia determina efetivamente a forma de participação que pode assumir.

5.1.2.1   A zona da aldeia

A organização social da comunidade *Mahafale* está bem adaptada à gestão das aldeias do planalto. Cada aldeia tem um território chamado *"faritany"*, cujos limites são bem conhecidos pelas comunidades. Estes limites são marcados por árvores, ervas, pedras ou outros objectos físicos facilmente identificáveis. Devem ser distinguidos dos *"vorovoro"*, que são indicações claras que desempenham o papel de limites tradicionais, muitas vezes temporários, utilizados para proteger as áreas reservadas.

A *"faritany"* é vivida pelos aldeões não como um suporte geográfico neutro, mas como um espaço com o qual mantêm uma ligação mística e, ao mesmo tempo, agro-económica. Trata-se de um espaço místico onde o sagrado está fortemente presente, pois é neste espaço sociológico que se encontram as habitações dos defuntos *'aritse'*, os túmulos, os postes de sacrifício *'hazomanga'*, os das circuncisões, os locais de culto, mas também os locais de reunião e outras manifestações de sociabilidade comunitária, bem como as florestas utilizadas para recolher amuletos conhecidos em *Mahafale* como *'volohazo'* e as florestas pertencentes a uma divindade conhecida como *Tambahoake*.

A *"faritany"* é também uma zona económica que corresponde a terras urbanizadas ou urbanizáveis, mas também a terras não cultivadas de pouco valor agrícola, e inclui zonas de pastagem e terras agrícolas. As áreas de pastagem são divididas apenas pelos limites da aldeia, ou *"faritany"*.

A apropriação de terras só diz respeito às terras agrícolas e é efectuada por linhagem. Muitas vezes, a posse significa apenas o direito de utilização a nível do fragmento de linhagem ou da pequena família. A redistribuição entre irmãos, chefes de pequenas famílias, pode ocorrer a cada duas ou três gerações.

5.1.3   A cultura

Depois de termos estudado a estrutura política e a hierarquia social, e de termos demonstrado que a democracia é a estrutura que favorece a participação dos cidadãos, podemos confirmar que o comportamento de um ator do desenvolvimento deve corresponder à estrutura social existente, para que todos possam ser convencidos a participar efetivamente. Os valores, as crenças, os ideais e as ideologias que estão na base do comportamento das pessoas influenciam, portanto, a sua participação. A cultura destes aldeões deve ser tida em conta, porque existe para sistematizar a satisfação das necessidades sociais das pessoas e os meios para alcançar esta satisfação são as diferentes instituições, principais e subsidiárias, que constituem a cultura. Para a conservação dos recursos naturais renováveis na zona de *Mahafale*, a questão que se coloca é a de saber se a cultura política conduzida pelos doadores e pela administração malgaxe na paisagem de *Mahafale* é homogénea e adequada a esta democracia, de modo a favorecer a participação das aldeias.

[103]O sistema político funciona mal e é vulnerável se não houver congruência entre a cultura política e a estrutura política.

[104]Cada tipo de cultura corresponde a um tipo de estrutura social. Estão em harmonia. Por exemplo, uma cultura política paroquial corresponde a uma estrutura tradicional e descentralizada; uma cultura de sujeição é adequada a uma estrutura autoritária e centralizada; e, finalmente, uma cultura de participação é adequada a uma estrutura democrática.

A instituição tradicional *fokonolona* está a começar a recuperar o seu lugar. Esta instituição está a aproximar-se da estrutura democrática. No entanto, a realidade que vimos no terreno é contrária à cultura da participação, mas é antes a cultura paroquial que parece existir n o planalto *de Mahafale*. Na realidade, uma cultura política não suprime a anterior, acrescenta-se a ela. Por conseguinte, todas as culturas políticas são mistas. Inclui, embora em proporções desiguais, elementos de paroquialismo, de sujeição e de participação.

É então necessário ver como é que a participação na conservação dos recursos naturais se desenrola efetivamente ao nível da população na área de estudo.

Para os *Mahafale*, uma população agropecuária, a floresta situa-se tradicionalmente na fronteira entre o mundo dos humanos e o de certas entidades divinas, pois nela vivem os espíritos dos antepassados, intermediários entre Deus e o Homem. Para eles, a floresta é também propriedade de uma divindade chamada *Tambahoake*. A exploração do meio

---

[103] É o nível e o carácter do conhecimento político dos cidadãos; o conteúdo e a qualidade dos valores, tradições e normas sociais que regem as relações políticas. A cultura política tem uma clara orientação de classe. Na sociedade burguesa, por exemplo, as culturas políticas da classe exploradora e da classe politicamente explorada coexistem em luta.

[104] Trata-se de relações estáveis e ordenadas entre os elementos, as partes construtivas de uma sociedade ou os diferentes domínios que a compõem (ciências, culturas, etc.).

florestal, que deve ser mínima e pontual, está sujeita a certos ritos e só pode ser efectuada através dos *Tompon-tany*, proprietários das terras e mediadores entre as divindades e os homens. Embora a floresta seja sagrada, desempenhou durante muito tempo um papel marginal no sistema económico dos *Mahafale*, que se baseia na pecuária extensiva. Tradicionalmente, os *Mahafale* não destruíam a floresta e protegiam-na por razões essencialmente religiosas.

É verdade que a liberalização das trocas comerciais no âmbito da intensificação fundiária e do comércio de milho no sudoeste, para responder à forte procura do mercado externo, nomeadamente das Maurícias, conduziu à desflorestação. No entanto, no planalto *de Mahafale*, são os migrantes *Antandroy* que vivem na comuna rural de *Beantake*, no distrito de *Betioky*, e os *Antanosy* do mesmo distrito, que exploraram este mercado em grande escala. *"Antigamente, a floresta era densa, sem clareiras. As pessoas não cultivavam muito; um pequeno pedaço de terra era suficiente. Ninguém vendia gado zebu, apenas algumas cabras aqui e ali para comprar arroz. Quando as pessoas começaram a cultivar milho em 1975, começaram a desmatar partes da floresta. Há muitos lémures, tartarugas e galinhas-d'angola na floresta.* [Entrevista com um residente local em *Bekinagna*].

5.1.4   A capacidade humana

A sociedade é constituída por indivíduos, famílias ou agregados familiares. Para sustentar estes agregados familiares, a população tem de trabalhar arduamente. Na época feudal, tal como no reino *de Merina*, o trabalho no reino *de Mahafale* era organizado por família; a entreajuda era a base desta organização do trabalho denominada *"rima"*. Todos os membros da comunidade deviam participar no trabalho comunitário.

Atualmente, o nosso estudo incide sobre a conservação dos recursos renováveis através da transferência da gestão dos ecossistemas florestais para controlar a desflorestação, mas também para reduzir a pressão antrópica sobre o Parque *Tsimanampesotse*. A organização do trabalho nesta transferência de gestão é diferente da da *rima*.

A forma de participação na gestão dos recursos florestais através da transferência da gestão é diferente da do trabalho comunitário. A transferência da gestão dos recursos naturais requer a participação de toda a população.

Além disso, o índice de falta de capacidade de Madagáscar era de 0,353 em 1993, de acordo com o Relatório de Desenvolvimento Humano de 1996. O indicador de participação feminina era de 0,481. Estes números mostram que uma grande parte da população sofre de falta de capacidades e que a participação das mulheres na gestão dos recursos naturais é muito reduzida.

Os dados que se seguem revelam a pobreza intelectual que impede as pessoas de participar. As pessoas com limitações intelectuais, tendo em conta o seu nível de educação, não podem participar ativamente na vida política, social ou económica da sua localidade.

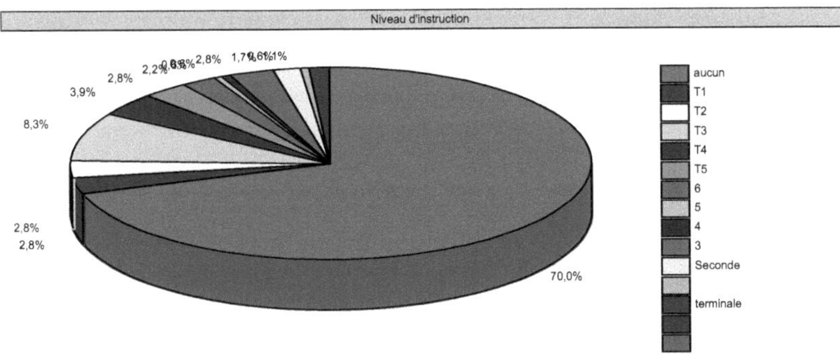

Fonte: O nosso próprio inquérito, 2014

Esta figura mostra o nível de educação dos inquiridos na nossa área de investigação. Podemos ver a partir destes dados o nível intelectual dos habitantes do planalto *de Mahafale*. Assim, 70% não têm qualquer escolaridade, ou seja, nunca frequentaram a escola. Enquanto 8,3% dos inquiridos passaram o 9º ano (T3 em malgaxe). 3,9% dos inquiridos concluíram o 8.º ano ou T4. Em seguida, 2,8% dos inquiridos concluíram o 12º ano (ou T1). O mesmo se aplica aos que concluíram o 11º ano (ou T2), o 3º ano e o 7º ano (ou T5). 2,2% dos inquiridos tinham completado o 6º ano. E 1,7% tinham completado o 2º ano. 1,1% dos inquiridos chegaram ao último ano do ensino secundário. 1,1% dos inquiridos passaram para o 5º ano. Por fim, 0,6% passaram para o 4º ano e 0,6% dos inquiridos passaram para o 1º ano.

Estes números mostram que a população da nossa zona tem um nível de escolaridade muito baixo. A maioria das pessoas que frequentaram a escola apenas concluiu o ensino primário até ao 7º ano.

No entanto, o doador, através do seu parceiro intermediário, está a tentar formar o indivíduo para assumir uma maior responsabilidade. As pessoas são envolvidas na conceção de estratégias e de condições de trabalho. As aspirações pessoais são conciliadas com as exigências da produção, de modo a que todos os participantes adiram aos objectivos, se controlem e combinem os seus esforços numa compreensão mútua.

Um dos objectivos actuais do doador é a cogestão dos ecossistemas entre o PNM e as comunidades. [105]Após a extensão do parque, o doador e o PNM acordaram na criação de uma estrutura denominada CLP para efetuar patrulhas conjuntas com os agentes do PNM. Esta colaboração simboliza a cogestão das transferências de gestão e do parque. Os funcionários do parque já não podem controlar sozinhos esta área protegida. As patrulhas conjuntas são utilizadas como um método eficaz de controlo do parque. Consequentemente, espera-se que a população local, enquanto cidadã, participe diretamente na gestão dos recursos transferidos e na proteção do parque, ao mesmo tempo que tem outras ocupações prioritárias. Por conseguinte, a participação dos cidadãos é bloqueada, quer pela sua capacidade intelectual limitada, quer pela sua incapacidade física.

---

[105] O CLP é um comité local do parque. Este comité é recrutado pelo membro do escritório da CoBa na sua localidade para ajudar os funcionários do parque a patrulhar o parque através das florestas transferidas.

5.2 Condições climáticas como condição de participação na conservação

"Miola ty andro henane" significa literalmente que o clima atual é incerto. É isto que as comunidades do planalto *de Mahafale* estão a dizer. Elas sentiram esta mudança através do aquecimento global. De facto, todos os anos a seca persiste. Afecta sistematicamente meio milhão de pessoas no Sul. Está também a provocar uma proliferação de doenças respiratórias, causadas pela utilização de fogões a carvão como fonte de energia por quase todos os agregados familiares em Madagáscar.

As comunidades têm de elaborar um plano e encontrar formas de se adaptarem ao aquecimento global.

[106]De acordo com o IPCC , a adaptação é o ajustamento dos sistemas naturais ou humanos em resposta aos estímulos climáticos actuais ou previstos ou aos seus impactos, que modera os danos ou explora as oportunidades benéficas que gera. Um plano de adaptação é, portanto, o conjunto de acções necessárias para permitir a um sistema ecológico ou socioeconómico antecipar e adaptar-se aos impactos diretos e indirectos, a curto, médio e longo prazo, do clima, ou explorar os seus potenciais benefícios.

O seu objetivo é reforçar a resistência e a resiliência destes sistemas face a estas mudanças.

5.2.1 Os efeitos das alterações climáticas

Existem relações estreitas entre a insegurança e a ameaça que as catástrofes naturais representam para o bem-estar dos indivíduos, dos agregados familiares e das comunidades, por um lado, e a pobreza, por outro. Existe uma relação direta entre a pobreza e a gravidade d o impacto das catástrofes naturais, como a seca, as inundações, os ciclones ou os gafanhotos migratórios. Esta relação manifesta-se a dois níveis. O primeiro nível diz respeito aos comportamentos que tendem a exagerar a extensão dos danos aquando da o c o r r ê n c i a d e uma catástrofe. Por exemplo, a desflorestação causada pela limpeza agrícola e o abate excessivo de árvores em antecipação dos ciclones. Nas zonas urbanas, a ocupação descontrolada e por vezes ilegal de zonas impróprias para habitação (perto de l i x e i r a s , terrenos baixos utilizados como escoadouros de águas pluviais) por pessoas pobres expõe-nas a riscos acrescidos de catástrofes (epidemias, inundações).

O segundo nível de relação é o facto de o grau de pobreza e a vulnerabilidade estarem intimamente ligados. No caso das alterações climáticas, a vulnerabilidade é definida como o grau em que um sistema é suscetível de sofrer ou ser afetado negativamente pelos efeitos adversos das alterações climáticas, incluindo a variabilidade climática e os fenómenos extremos.

Os riscos climáticos são cada vez mais imprevisíveis. Os novos agricultores são facilmente desencorajados quando se deparam com estes riscos no seu primeiro ano de agro-ecologia. Tendem a culpar a nova prática pelas consequências das más estações climatéricas, para não falar das crenças desfavoráveis.

Quanto mais pobres são as pessoas, mais difícil é protegerem-se contra os efeitos nocivos das catástrofes meteorológicas, climáticas e sanitárias e recuperarem das perdas que sofrem. E m

---

[106] Painel Intergovernamental sobre as Alterações Climáticas (2007)

última análise, a pobreza e as catástrofes naturais reforçam-se mutuamente: a pobreza aumenta a vulnerabilidade às catástrofes, enquanto a frequência das catástrofes agrava a pobreza ao destruir o capital produtivo de que os pobres dispõem. Este agravamento é causado por perdas diretas de activos produtivos detidos pelos pobres, mas também por perdas indirectas resultantes do facto de a frequência das catástrofes desencorajar o investimento (por receio de sofrer novas catástrofes). As pessoas pobres que vivem do sector informal são particularmente vulneráveis porque as catástrofes afectam não só os seus próprios bens, mas também os canais de distribuição e as fontes de abastecimento. [107]Dado que o sector informal é um dos principais fornecedores de emprego e de meios de subsistência em Madagáscar, a sua extrema vulnerabilidade pode ter consequências adversas importantes para os pobres, especialmente nas zonas urbanas.

Figura 11: Comparação da produção há 10 anos e atualmente

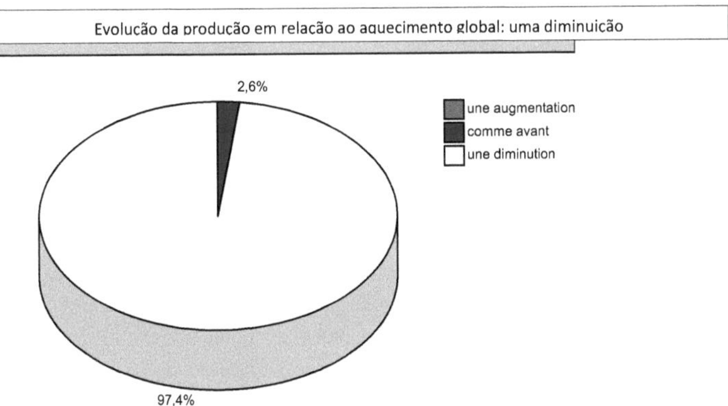

Fonte: O nosso próprio inquérito, 2014

---

[107] Gestão duradoura dos recursos naturais e redução da pobreza - Preparação do PE III 06 páginas.

Fonte: O nosso próprio inquérito, 2014

As duas figuras acima mostram o declínio constante (ano após ano) da produtividade e dos produtos das comunidades na paisagem de *Mahafale* devido à interrupção dos períodos de chuva: apenas três meses de chuva e nove meses de seca. Quando questionados sobre a produção em comparação com dez anos antes, nenhum inquirido admitiu um aumento da produção. Pelo contrário, 97,4% afirmaram que a sua produção tinha diminuído. 2,6% não registaram qualquer alteração na sua produção em relação a dez anos atrás.

Depois, quando questionados sobre a sua produção em comparação com a de cinco anos antes, 97,6% dos inquiridos confirmaram que a sua produção tinha diminuído e 2,4% não registaram qualquer alteração.

Estes números mostram que houve uma queda efectiva e permanente dos produtos, embora a diferença em 5 anos seja de 0,2%. [108]Esta última equivale a um aumento das temperaturas mínimas diárias, ao encurtamento da estação das chuvas e à violência dos ventos trazidos pelos ciclones tropicais nos últimos 20 anos.

Por outras palavras, o aquecimento global começa a instalar-se e impede também a regulação das chuvas, o que perturba os calendários de cultivo das comunidades *Mahafale*. *"Costumávamos plantar mesmo durante a estação seca. [109]Esta prática chama-se kantray em Mahafale. Isto permitia-nos aliviar a escassez de alimentos durante o período chuvoso entre*

---

[108] As estações chuvosas tornaram-se mais curtas, uma vez que o número máximo de dias secos consecutivos no ano aumentou em cerca de um dia por ano ao longo destes 45 anos. A quantidade total de precipitação por ano também diminuiu durante este período. Com a precipitação a cair durante períodos cada vez mais curtos, a intensidade da precipitação aumentou, particularmente na metade norte da região (In Témoignages de Madagascar: "changement climatique et modes de vie ruraux", WWF 2010).

[109] Os campos são lavrados e cultivados no final da estação seca. Se a chegada da chuva se atrasar, as culturas secam.

estações chuvosas. Esta prática já não é possível, porque seria simplesmente um desperdício de sementes. Costumava chover muito em janeiro. Agora não há uma gota de chuva este mês. [Entrevista com o Presidente da CoBa *Mizakamasy*].

5.2.2   Factores fundiários

Foram registados alguns litígios relacionados com a terra, incluindo litígios entre pastores e agricultores e o roubo de gado entre famílias. Mas estes litígios são geralmente resolvidos extrajudicialmente pelo presidente da câmara ou pelo *Mpitan-kazomanga*. No entanto, como *o filongoa ou o fihavanana* são mais dominantes do que a lei, há que dizer que os diferendos existentes tendem a ser remetidos para o *Mpitan-kazomanga* antes de serem levados às autoridades legais.

É muito raro encontrar grandes litígios fundiários, mas quando surgem, tudo é resolvido extrajudicialmente, mesmo na presença dos *dina*: quando se chega a um acordo, os *dina* são ignorados. Cada região tem o seu próprio *dina*, e os textos diferem consoante as prioridades de quem os estabeleceu. Algumas *Fokontany* também têm dina, mas a sua aplicação depende do nível superior, como a câmara municipal ou os tribunais.

Na nossa zona de estudo, ainda não existe um gabinete de posse de terra. Segundo os responsáveis do Programa Nacional de Terras, este projeto está em preparação, mas os actores locais nunca o mencionaram. Quanto aos responsáveis pelos serviços fundiários, nenhum programa fixo foi previamente organizado e as visitas às terras dependem essencialmente do número de pedidos em curso, o que explica o facto de as populações locais não poderem compreender verdadeiramente os pormenores dos procedimentos de demarcação das terras.

Segundo as autoridades locais, o custo elevado do processo e o analfabetismo dos agricultores impedem-nos de garantir as suas terras. A Região Sudoeste vai solicitar ao governo a criação de um gabinete fundiário provisório a nível regional. O objetivo é que cada comuna disponha de um plano local de ordenamento do território. Mas a elaboração de um plano é proibitivamente cara, custando cerca de 4.000.000 Ar. Nesta fase, as comunas rurais estão bloqueadas.

No que respeita ao acesso à terra, basta informar as autoridades locais, ou seja, o chefe *da Fokontany*, do desejo de se instalar na terra. Após uma reunião e com o acordo dos comités *da Fokontany*, são apresentadas propostas ao requerente, que escolhe entre migrantes ou investidores. Não há limite de tempo, mas o investidor é obrigado a contribuir para o desenvolvimento local. O mesmo se aplica aos investidores estrangeiros.

O conhecimento jurídico dos habitantes da nossa área de estudo é muito moderado e os direitos consuetudinários e práticos são ainda muito respeitados.

O direito consuetudinário é fortemente aplicado em comparação com o direito positivo. De facto, o direito positivo existe enquanto as pessoas recorrem inexoravelmente às autoridades consuetudinárias antes de pensarem nas autoridades legais.

Convém recordar que os malgaxes dão um lugar importante às crenças ancestrais: os costumes e as práticas, bem como os direitos consuetudinários, são sempre tidos em conta. Por vezes, as leis em vigor são esquecidas ou mesmo desaparecem. A falta de informação é um dos factores que impede a compreensão das leis.

No entanto, o desconhecimento dos textos e dos decretos não é considerado grave pelos habitantes, nem para as suas casas nem para o seu património. Na prática, os habitantes consideram que todas as terras lhes pertencem, quando *"a legislação estatal estipula que o Estado se presume proprietário de todas as terras que não estejam registadas, cadastradas ou apropriadas em virtude de títulos de concessão regulares"*. [RAZAFIARIJAONA J., 2000], e os pequenos conflitos fundiários, geralmente relativos à demolição de culturas pelo gado, permanecem temporários e sem importância. O *filongoa* está lá para resolver os problemas.

Além disso, a "titulação" da única propriedade numa comuna rural como *Beahitse,* por exemplo, tem origem numa disputa familiar. Mesmo o presidente da câmara desta aldeia não se dá ao trabalho de demarcar ou registar a sua própria casa; basta uma simples cerca.

Neste sentido, estas colectividades locais preparam-se para mencionar a segurança da posse da terra como um objetivo a atingir no seu programa de desenvolvimento comunal, enquanto a pessoa mencionada como principal responsável pela sensibilização para a utilidade dos títulos de propriedade se sente absolutamente despreocupada. Estes documentos foram redigidos à pressa ou foram elaborados de forma descuidada?

De igual modo, o parque ainda não possui qualquer título de propriedade, mesmo após a sua extensão. Os funcionários do PNM ainda não planeiam assegurar as áreas protegidas.

A utilização da terra pelos habitantes e pelo seu gado é um facto muito importante e recorrente, simbolizando uma espécie de demarcação para que nenhum dos grupos territoriais que se deslocam possa dizer a quem pertence a terra. Historicamente, os *Mahafale* parecem ter sido os primeiros ocupantes, mas o facto de pertencerem a uma vida social fortemente ligada aos diferentes aspectos consuetudinários, e também a atual migração em massa de outros malgaxes, provam que a garantia da posse da terra é essencial.

Para além dos chineses que vão extrair os carvões de *Sakoa* e dos que exploraram a jazida de petróleo na região de *Betioky*, há um grupo de chineses que está a entrar no norte do parque, do lado de *Ereteke*, sem ter notificado nem as autoridades do distrito de *Betioky*, nem a comuna de *Ampasindava*, nem o comité de gestão da CoBa, que gere a zona. Convém recordar que a entrada na zona de transferência de gestão, tal como a zona do parque, é estritamente proibida a todos. É necessário um livre-trânsito.

O governo malgaxe está atualmente à procura de investidores estrangeiros. Mas quando estes últimos começarem a interessar-se e a explorar o subsolo, será que teremos de esperar que esses estrangeiros ofereçam uma grande soma de dinheiro?

O planalto *de Mahafale* cobre uma superfície de 1.744.200 ha. Vinte e sete por cento (27%) do planalto está protegido: parque nacional e transferências de gestão. [110]As terras aráveis não representam mais de 15% da superfície total do planalto. Em comparação com as comunidades situadas a leste do parque, conhecidas como *Ankara*, os habitantes do litoral sofrem de uma redução do espaço imposta pela introdução da transferência de gestão e de uma zona marinha protegida. Não vivem livremente na terra dos seus antepassados.

Desde 2009, registou-se uma imigração maciça de jovens devido à redução das suas áreas de exploração e à seca. Escolheram dois locais diferentes para se refugiarem e reconstruírem as suas vidas: em direção às terras onde existe safira ou em direção a *Morondava* para cultivar.

---

[110] Em Testemunhos de Madagáscar: "Climate change and rural lifestyles", WWF 2010

Aqueles que não podem imigrar são obrigados a cultivar clandestinamente no parque que outrora abrigava os túmulos dos seus antepassados e o pasto comum. *"Atrás da nossa aldeia fica a floresta sagrada de Rehindy, onde vivem os espíritos e descansam os nossos nobres antepassados. Um terço da população não queria partir porque, para eles, deixar a aldeia significava abandonar os seus antepassados, as suas raízes e os seus valores culturais para viverem como estranhos e refugiados nas casas de outras pessoas."* [Entrevista *Mpitan-kazomanga Bekinagna*].

Esta situação põe em causa a aplicação da lei Gelose no planalto *de Mahafale*. Os *tompontany* (proprietários de terras) sentem-se marginalizados e a conservação dos recursos florestais não resolve as necessidades básicas da população local. Para os três mil habitantes da comuna rural de *Beahitse*, por exemplo, existe apenas um poço na aldeia e, no litoral, a água considerada potável é muito salgada. A falta de água está a conduzir à degradação da biodiversidade e a práticas não cidadãs. De facto, várias estradas principais no interior de *Ankara* são subitamente bloqueadas por cercas de campos cultivados, uma vez que é fácil canalizar a água ao longo da estrada para os campos recentemente plantados. Esta prática reflecte a pressão humana sobre os recursos naturais [VERIZA R.F., 2005].

Assim, faz sentido perguntar por que razão a transumância é conhecida desde há muito tempo e por que razão a falta de água, potável ou não, no Sul não é novidade, quando ninguém consegue satisfazer as suas necessidades? Será que as populações locais também são responsáveis por este facto?

Capítulo VI: Actividades alternativas para a conservação dos recursos naturais

Segundo Burney, a desflorestação em Madagáscar é a causa de múltiplos ataques (alterações climáticas, queimadas repetidas do coberto vegetal, invasões biológicas) que actuam em sinergia sobre as zonas mais sensíveis. No entanto, perante a pressão antrópica sobre o parque *de Tsimanampesotse* e as florestas transferidas para as comunidades, o projeto COGESFOR, financiado pelo WWF, implementou uma estratégia que consiste em desenvolver e implementar soluções alternativas a estas práticas com as comunidades locais.

O principal objetivo do projeto é preservar o ambiente e, ao mesmo tempo, aumentar os rendimentos dos beneficiários, melhorando as práticas agrícolas e a gestão dos animais (nomeadamente o alojamento e a alimentação). este modo, o projeto visa melhorar a produção agrícola dos agricultores das zonas abrangidas pelo projeto, criando um consenso em torno dasformas de gestão dos recursos pastoris e naturais nas zonas locais, nomeadamente através de uma melhor integração da agricultura, da pecuária e do ambiente.

s interações entre estes três elementos (práticas culturais, práticas pastoris nómadas e sedentárias que têmum impacto significativo no ambiente) exigem uma ação que tenhauma visão mais global dos sistemas de produçãonuma perspetiva agronómica, geográfica e social.

6.1 Reforço das capacidades em novas técnicas de cultivo (SCV)

A seca é frequente no sul e no sudoeste de Madagáscar. A agricultura e a pecuária são os sectores mais afectados. O planalto *de Mahafale* tem uma densidade populacional muito baixa. É constituído por agro-pastores pobres que criam gado e se deslocam de um lugar para outro. De acordo com o relatório AVSF sobre a agro-ecologia em Madagáscar, mais de 55% da população do planalto não satisfaz as suas necessidades alimentares básicas.

Muitos agricultores não têm podido plantar todos os anos, pois é difícil encontrar sementes para esta época, que tem tido uma precipitação média. Apesar das pequenas chuvas do ano anterior, na maioria dos casos as culturas plantadas pelos aldeões não sobreviverão. [111]Os problemas agrícolas, como o desbravamento e as queimadas ou o *hatsake* e o sobrepastoreio das savanas e das florestas secas, a redução da precipitação anual com fortes irregularidades

---

[111] Para Madagáscar em geral e para o planalto *de Mahafale* em particular, o sistema de queimadas foi provavelmente introduzido pelos primeiros habitantes da ilha no século VII. Foi, portanto, introduzido quer por indonésios e/ou polinésios do Sudeste Asiático, quer por africanos da África Oriental, quer por árabes ou indianos da Ásia Central ou do Médio Oriente. O cultivo segue o mesmo procedimento em todo o mundo. A terra é limpa, ou seja, as árvores são cortadas e depois queimadas, mas os cepos são deixados no local. As parcelas limpas são cultivadas durante um, dois ou três anos, raramente mais. Depois disso, são abandonadas como terrenos baldios arborizados durante uma ou mais décadas antes de serem limpas e cultivadas novamente. O nome muda consoante a eco-região ou o grupo territorial: *Tavy* para os *Betsimisaraka* no leste, *Teteke* para os *Antandroy, Hatsake* para os *Masikoro* e *Tanalana* no oeste...

Quando a população aumentou e a rotação e a alternância das culturas deixaram de ser respeitadas, a agricultura de queimada tornou-se uma má ideia, porque destruía as florestas que regulavam os fluxos atmosféricos e o clima. O desbravamento pelos agricultores retirava a água contida na biomassa e a humidade retida no solo. Isto conduziu a uma alteração da pluviosidade e a um aquecimento do clima circundante.

interanuais, a savanização da vegetação e a aridificação do ambiente estão a aumentar. Consequentemente, os responsáveis das ONG ambientais receiam que o parque venha a sofrer uma forte pressão humana.

O projeto encarregou a AVSF de popularizar a agro-ecologia e a agricultura de conservação baseada no SCV (sementeira direta sobre cobertura vegetal). De acordo com Gliessman, a agro-ecologia inspira-se no funcionamento dos ecossistemas naturais e nas formas tradicionais de agricultura. Nestes sistemas, a produtividade aumenta devido à eficiência dos organismos vivos na reciclagem de nutrientes.

Para disseminar a agricultura de conservação nas terras *de Mahafale*, o projeto criou parcelas de demonstração de sistemas de cultivo e sistemas DMC e apoiou agricultores-piloto em torno dessas parcelas de demonstração. O quadro lógico fixou 10 parcelas de demonstração e 30 agricultores-piloto como valores-objetivo. O AVSF conseguiu apoiar 45 agricultores-piloto, incluindo 30 agricultores activos, em 5 ha de parcelas de demonstração. Estes agricultores são aqueles que estão suficientemente bem economicamente, informados e interessados em intensificar a produção de sequeiro (mão de obra e/ou insumos).

No entanto, em várias regiões malgaxes, incluindo a paisagem *de Mahafale,* os agricultores já praticam associações de culturas e pousios e/ou utilizam árvores para restaurar a fertilidade das suas parcelas. Como para a grande maioria da agricultura camponesa no mundo, a agro-ecologia não é, portanto, uma novidade, mesmo que algumas das inovações atualmente promovidas pela investigação e desenvolvimento possam melhorar muito estas práticas, ou desenvolver sistemas por vezes mais adaptados aos constrangimentos enfrentados pelas famílias camponesas. Por outro lado, há que recordar que o problema fundamental das comunidades da região de *Mahafale* é a seca. Utilizam sementes obsoletas, mas a utilização de estrume animal (bovino, caprino, ovino e mesmo de galinha) é ainda *faly* (proibida) entre os *Mahafale* porque é um resíduo que não deve ser comido.

A cultura efectuada pelos agricultores não sobreviveu. Da mesma forma, as parcelas de demonstração criadas no local de demonstração não sobreviverão se as poucas chuvas recebidas no início do projeto não forem acompanhadas, mesmo que o projeto utilize sementes melhoradas.

Os agricultores pediram ao projeto que lhes fornecesse sementes melhoradas para poderem resistir às alterações climáticas, uma vez que a mudança frequentemente observada nas suas práticas para sistemas de cultivo insustentáveis está muitas vezes ligada a factores não controlados (pouca terra de qualidade disponível, insegurança fundiária, pressão de ervas daninhas, falta de biomassa vegetal e de adubo orgânico, pressão de pragas).

O projeto não reflectiu sobre a estratégia de difusão das novas técnicas, de modo a que não se limitem aos membros do CoBa (alguns agricultores-piloto), mas que sejam também adoptadas por outros agricultores que têm dificuldades com elas, nomeadamente aqueles que viram o seu acesso aos recursos limitado pela introdução dos contratos TGRN. O objetivo do projeto é claro: demonstrar as novas técnicas às comunidades. *"O projeto não consegue responder às necessidades das pessoas a este nível, porque estamos aqui para demonstrar técnicas, não é um projeto de distribuição de sementes.* [Entrevista com o gestor de projeto do WWF].

A segunda componente do projeto, que justifica a implementação da agricultura de conservação, é o desenvolvimento de cadeias de valor respeitadoras do ambiente (madeira, plantas aromáticas e medicinais ou outros sectores promissores). A nossa pergunta em relação à implementação desta componente é: este projeto está a ser realizado para as comunidades locais do parque ou para satisfazer os doadores?

Quando falámos com o responsável da AVSF, sediada em *Betioky*, ele disse-nos que não havia orçamento para a implementação do projeto, uma vez que o WWF apenas contribui com 9.000 euros por ano para este projeto de extensão de agricultura de conservação. Trata-se de uma contribuição insuficiente, tendo em conta o número de actividades a realizar e a dimensão da zona alvo.

A visita e as discussões com os agricultores-piloto na nossa área de campo permitiram-nos compreender que alguns deles foram capazes de continuar o trabalho timidamente, apesar da falta de apoio do projeto: este último decidiu romper o contrato com a AVSF depois de a avaliação ter demonstrado os resultados negativos do promotor da agro-ecologia. Foi criada uma espécie de organização interna entre os agricultores. Esta solução permitiu-lhes guardar sementes e trocar sementes entre si. Atualmente, os ataques de insectos e aves são o principal problema para os agricultores-piloto e, a menos que seja encontrada uma solução biológica, não é permitido o uso de métodos de controlo químico.

Constatámos também que o baixo nível de escolaridade representa um constrangimento importante para a difusão do método. Para compreender melhor as diferentes especificidades que tornam o método tão bem sucedido, um mínimo de escolaridade é muito útil. Além disso, verificou-se que os agricultores-piloto que mais frequentaram a escola eram os mais fáceis de supervisionar e os que mais adoptaram as técnicas recomendadas.

O WWF deveria então encontrar uma solução para resolver os problemas acima referidos.

Porque é que a AVSF é tão negativa?

Para além do que já foi dito, o projeto não dispunha de um sistema de acompanhamento da difusão das técnicas aplicadas pelos agricultores-piloto e não conseguiu criar um instrumento para orientar a ação da componente. O projeto deixou que o extensionista implementasse a componente por si próprio. Não foi elaborado qualquer caderno de encargos para estes agricultores-piloto. Isto é evidente porque o projeto não foi capaz de criar instrumentos de acompanhamento das actividades da AVSF. Por conseguinte, não existia qualquer ficheiro disponível para capitalizar a intervenção e os seus resultados. Por conseguinte, o projeto não pôde avaliar as actividades do AVSF, a fim de o orientar para acções de divulgação de sistemas mais adaptados ao meio e às comunidades. Em suma, não existia uma base de dados completa e fiável sobre estes 30 agricultores-piloto. *"Consequentemente, não pudemos efetuar análises e avaliações técnicas e económicas das nossas intervenções"*, admitiu o gestor do projeto COGESFOR.

Além disso, como o projeto dura apenas alguns anos, quatro para ser mais preciso, a continuidade das actividades para garantir a sustentabilidade das suas acções que conduzem a uma mudança de comportamento das comunidades para adotar a agro-ecologia não está de todo bem organizada. A visão do projeto sobre este aspeto era demasiado limitada aos serviços públicos. Na realidade, devido à política de desintervenção do governo, estes serviços técnicos públicos já não existem nas zonas de intervenção do projeto. Mesmo se as infra-estruturas privadas que podem abastecer a nossa zona de campo com sementes são muito insuficientes ou quase inexistentes, o projeto teve de explorar o seu conhecimento do território, contactando as organizações da sociedade civil que podem retransmitir as suas actividades de extensão, como o PDM, antes de deixar os agricultores-piloto a voar por sua conta. De facto, é uma estrutura local que já dispõe de técnicos e formadores de agricultores, designados por "delegados técnicos", que terá de identificar e formar. A vantagem de uma estrutura deste tipo é que é local e será capaz de sustentar as acções.

Como as comunidades solicitaram o fornecimento de sementes melhoradas e resistentes à seca, o projeto deve negociar com operadores económicos ou pessoas ricas que possam abrir um centro de fornecimento de insumos e sementes na paisagem de *Mahafale*, se o projeto pretender popularizar estas técnicas de agricultura de conservação.

6.2   Formação em alfabetização para membros da comunidade de base

Como dissemos anteriormente, a maior parte das comunidades de base na paisagem de *Mahafale* são analfabetas. Na PCD da comuna urbana de *Ampanihy*, 85% da população é analfabeta. As estatísticas relativas aos dois distritos de *Toliara* II e *Betioky* são semelhantes às de *Ampanihy*. A gestão de um recurso natural renovável como a floresta exige um nível mínimo de escolaridade, nem que seja para elaborar um relatório de actividades. O nível de educação é uma das exigências dos operadores ambientais, nomeadamente da GIZ, para uma boa governação que implica uma boa gestão dos recursos florestais. Assim, as comunidades de base têm o direito de ser alfabetizadas para melhorar a gestão dos recursos naturais. Para que uma comunidade se comprometa com a gestão sustentável da floresta natural, deve ter a garantia de que pode continuar a beneficiar dos seus direitos de gestão e de exploração, desde que respeite as condições do contrato de transferência.

Figura 13: Nível de instrução dos membros do CoBa inquiridos

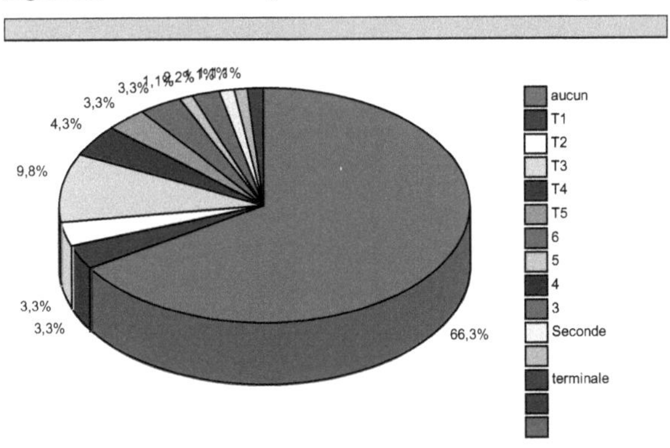

Este gráfico mostra o nível de escolaridade dos membros do CoBa inquiridos. Assim, 66,3% dos inquiridos não têm qualquer nível de escolaridade. São analfabetos. 9,8% dos inquiridos concluíram o 9º ano. 4,3% dos membros do CoBa inquiridos concluíram a 8ª classe. 3,3% dos

membros do CoBa inquiridos abandonaram a escola na 11ª, 10ª, 7ª e 6ª classes. 2,2% dos inquiridos atingiram a 4ª classe. ^ndeère1,1% dos membros do CoBa que participaram no inquérito frequentaram o collège e o lycée, ou seja, o 5º, o 2º, o 1º e o último ano do ensino secundário ( ).

Em resumo, dos membros do CoBa inquiridos, 66,3% são analfabetos, 24% têm o ensino primário e 10% têm o ensino secundário. O grupo é constituído por analfabetos porque, apesar de 24% terem concluído o ensino primário, a maioria esqueceu-se de ler uma frase e de escrever. Não há membros de nível universitário no CoBa.

O projeto do WWF apercebeu-se de que as comunidades não estavam a trabalhar na direção desejada, embora estivessem geralmente conscientes da questão da conservação por si próprias ou através das intervenções de organizações de conservação. Como resultado, o projeto decidiu levar a cabo uma campanha de alfabetização entre os funcionários da CoBa. Este projeto de alfabetização foi interrompido porque os membros do escritório que queriam ser alfabetizados tinham de pagar propinas, apesar de serem pobres e de a sua prioridade ser comprar comida, mas não alfabetizar-se. Não estão motivados para pagar dinheiro para aprender a ler e a escrever. *"O projeto tem de compreender que nós guardamos as florestas da WWF e que devemos aprender a ler e a escrever de graça. O projeto deve melhorar a nossa colaboração"* [Grupo de discussão com membros do CoBa *de Ampitanake*].

<u>Figura 14</u>: Membros do CoBa por nível de educação

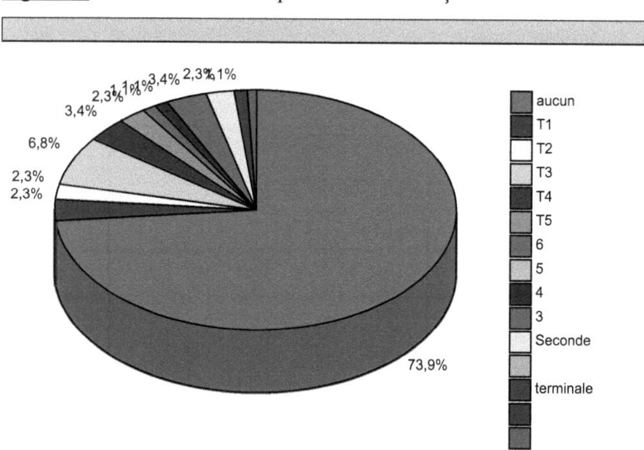

<u>Fonte</u>: O nosso próprio inquérito, 2014

Este gráfico mostra que o nível de educação influencia a adesão à CoBa no planalto *de Mahafale*. Assim, 73,9% dos analfabetos, 17,1% dos alunos do ensino primário e 9% dos alunos do ensino secundário não estão motivados para aderir a uma comunidade de base para gerir os recursos florestais. Recorde-se que nas PCD das comunas do planalto *de Mahafale*, mais de 80% da população é analfabeta.

Mas se compararmos o nível de motivação de pessoas instruídas e analfabetas, estas últimas estão mais motivadas para aderir ao CoBa do que as alfabetizadas, porque pensam que aderir ao CoBa é o seu último recurso.

Para além do analfabetismo, o carácter fechado da tradição (usos e costumes), a falta de terras aráveis, a seca e a pobreza enfraqueceram as comunidades da paisagem de *Mahafale*, que se encontram atualmente num impasse. No entanto, em geral, a maioria das pessoas analfabetas não quer aderir ao CoBa por hesitação e medo. Medo de serem maltratados ou de serem cúmplices dos governantes.

6.3 Desenvolvimento e proteção do ambiente

O conceito de desenvolvimento é bastante comum na literatura económica e na linguagem dos economistas. Mas, para alguns, o desenvolvimento continua a ser um conceito ambíguo e objeto de discussão, uma vez que tem sido objeto de inúmeras reflexões, estudos, esclarecimentos e críticas que deram origem a numerosos contributos teóricos. Mas definir o desenvolvimento é um problema difícil, com respostas contraditórias. Desenvolvimento é o mesmo que crescimento e/ou desenvolvimento humano e/ou capacidades?

O conceito de desenvolvimento foi inicialmente criado para ser aplicado a uma parte da humanidade, a parte que estava destinada a crescer, a parte que era criança ou adolescente durante a guerra e que tinha de ser ajudada (como se ajuda uma criança) a atingir a maturidade.

O desenvolvimento baseava-se inicialmente no crescimento económico. Este refere-se ao aumento do volume de bens e serviços produzidos por uma economia durante um determinado período e é a única forma de alcançar o desenvolvimento.

Para além das suas dimensões económica, social, cultural, espacial e sustentável, a palavra "desenvolvimento", em sentido estrito, é frequentemente interpretada como um processo de transformação que acompanha o crescimento a longo prazo. Este é medido não só pelo nível de consumo, mas também pelo nível de educação e de saúde da população, bem como pelo grau de proteção do ambiente, ou seja, a satisfação das necessidades humanas básicas num processo cumulativo a longo prazo. O desenvolvimento económico no sentido lato do termo (lato sensu) inclui, por conseguinte, outros elementos, nomeadamente os progressos em matéria de igualdade de oportunidades, de liberdade política e de liberdades cívicas.

[112]Para dar um passo em frente, Amartya Kumar SEN introduziu a dimensão "ética" na noção de desenvolvimento. Todo o ser humano tem direito à dignidade. Trata-se do princípio da dignidade da pessoa humana, segundo o qual o ser humano deve ser tratado como um fim em si mesmo. Este princípio é fundamental no contexto da cooperação, uma vez que exige o respeito pelos outros, pelas suas diferenças e pelos seus valores.

O crescimento também promove o desenvolvimento através da criação de riqueza e do aumento do nível de vida das pessoas. O crescimento é o aumento do PIB de um ano para o outro. Este aumento deve refletir uma melhoria do bem-estar. Por conseguinte, o crescimento sanciona o desenvolvimento porque beneficia do aumento do investimento e do consumo.

Em comparação com o crescimento, que é puramente económico e quantitativo, a noção de desenvolvimento abrange todas as mudanças que afectam a esfera económica (produção, consumo), bem como a esfera social (sectores de atividade, profissões e categorias

---

[112] Prémio Nobel da Economia em 1999, economia do desenvolvimento humano

socioprofissionais, cultura (educação, estilo de vida). É nesta perspetiva que o desenvolvimento de um país é medido em termos económicos e deve ter em conta o ser humano, que é o centro de toda a ação de desenvolvimento. Em 1990, o PNUD desenvolveu um indicador composto, o IDH, para comparar o nível de desenvolvimento dos países. Este indicador agrupa vários critérios: o PIB/capita (nível de vida); o nível de saúde da população (medido pela esperança de vida à nascença/ 55,5 anos para os malgaxes); o nível de educação da população (medido pela taxa de alfabetização dos adultos, para 2/3, e pelo número médio de anos de estudo, para o terço restante).

Se é possível que o crescimento não seja acompanhado de desenvolvimento (quando a redistribuição não se efectua a nível nacional, como em certos países produtores de petróleo onde o crescimento é forte mas a sociedade continua cheia de arcaísmos), não pode haver desenvolvimento sem crescimento: a melhoria das condições de vida de uma população não pode ser conseguida sem recursos materiais significativos.

[113]De acordo com Walt Whitman, economista da ROSTOW, o fenómeno dinâmico do crescimento não é automático e imediato, mas processa-se por etapas.

Assim, em termos gerais, o desenvolvimento pode ser definido como um processo político, social e económico coerente e harmonioso que gera um estado de vida, de ser e de pensar conducente a uma melhoria sustentável e desejada das condições de vida. Por conseguinte, é evidente que "*o desenvolvimento é uma combinação de mudanças mentais da população que lhe permite aumentar a sua produção global de forma cumulativa e sustentável*" [François PERROUX, 1964].

6.3.1   Desenvolvimento local

As origens do desenvolvimento local residem na ineficácia das políticas macroeconómicas e das medidas sectoriais nacionais para resolver os problemas quotidianos de desenvolvimento económico e social a nível local e regional.

A abordagem do desenvolvimento local é original [VACHON B, 2001] porque permite mobilizar e estimular os elementos dinâmicos e os recursos da comunidade com vista a desencadear novos projectos, desencadear e apoiar processos individuais e colectivos de mudança e de desenvolvimento. O impulso não vem do exterior, mas do interior. Para isso, é necessário empreender uma série de acções para colocar a região em condições de se desenvolver.

Os níveis endógeno e exógeno devem complementar-se mutuamente. O desenvolvimento local endógeno não exclui a ajuda vinda de "cima". Com efeito, o primeiro nível (endógeno) mobiliza a população, estimula ideias inovadoras, desenvolve projectos, valoriza os recursos disponíveis, reforça a vontade e a capacidade de ação, enquanto o segundo nível (exógeno) fornece ajudas sob a forma de investimentos estruturantes, formação, financiamento, apoio técnico, poder local, etc. O desenvolvimento local parece assim ser o ponto de encontro entre o que vem de baixo e o que vem de cima.

---

[113] Para a sociedade tradicional, as fases de crescimento são: a sociedade é agrícola, estacionária, onde a terra é a única fonte de riqueza; o nível de utilização do progresso técnico permanece relativamente baixo e existe um baixo nível de produtividade dos sectores económicos. As perspectivas de mudança são inexistentes.

Consequentemente, um projeto de desenvolvimento local é um projeto iniciado e implementado por e com a participação dos seus residentes e das suas "instituições". Procura responder às suas aspirações e valorizar os seus "bens" colectivos.

Com efeito, a gestão sustentável dos recursos naturais pode constituir a base para o desenvolvimento comunitário e local, desde que a gestão dos recursos naturais se baseie numa abordagem participativa que permita às partes interessadas a nível local assumirem a responsabilidade e participarem na gestão ambiental, e que o desenvolvimento tenha em conta os aspectos económicos, ambientais, sociais, políticos e institucionais.

Neste contexto, a comunidade local deve ser entendida como um conjunto de pessoas territorialmente localizadas [BALLET J., 2007]. De facto, parece ser o nível adequado para a gestão dos recursos e é considerada como o utilizador mais próximo destes recursos. O conceito de território é, portanto, um fator determinante da identidade colectiva das pessoas que o habitam. Este conceito permite definir e implementar eficazmente acções de desenvolvimento de forma participativa.

Nesta tese, a nossa abordagem concretiza todos estes aspectos, analisando o sistema de gestão sustentável dos recursos naturais que envolve o CoBa, graças à implementação da transferência da gestão dos recursos da biodiversidade, com a qual este CoBa pode beneficiar mais da valorização económica dos recursos naturais renováveis. A emergência desta dinâmica local constitui assim um apoio ao desenvolvimento.

6.3.1.1   Desenvolvimento sustentável

O conceito de desenvolvimento sustentável foi definido pela primeira vez num relatório encomendado pelas Nações Unidas em 1987 à Comissão Mundial sobre Ambiente e Desenvolvimento (WCED). Tendo em conta as duas preocupações divergentes do desenvolvimento económico e da conservação da biodiversidade, a principal tarefa da Comissão consistia em considerar e abordar tanto as questões ambientais como as relacionadas com o crescimento económico. Esta oposição levou ao aparecimento do conceito de desenvolvimento sustentável, que é incompatível com a degradação do ambiente. [114]A WCED sublinhou que: *"O desenvolvimento sustentável satisfaz as necessidades do presente sem comprometer a capacidade das gerações futuras de satisfazerem as suas próprias necessidades"*. Este conceito procura conciliar domínios tão diferentes como a economia e a ecologia, assegurando simultaneamente uma repartição equitativa entre as gerações e entre o Norte e o Sul.

Perante a alarmante degradação do ambiente, ligada, por um lado, ao crescimento económico dos países do Norte, através do aumento da extração de recursos naturais para abastecer de matérias-primas as suas necessidades industriais, e, por outro, à utilização maciça da natureza para satisfazer as necessidades dos países pobres, começou a surgir uma consciência ambiental internacional com o objetivo de procurar soluções em conjunto. A partir de 1992, esta consciência tornou-se amplamente conhecida com a Conferência do Rio, que decidiu combinar a conservação do ambiente e o desenvolvimento económico. Reunindo representantes de 172 países e de várias organizações governamentais e não governamentais, a conferência marcou uma tomada de consciência crescente da necessidade de gerir as

---

[114] Comissão BRUNDTLAND (comissão de peritos internacionais presidida pelo Primeiro-Ministro norueguês GRO HARLEM BRUNDTLAND).

questões ambientais à escala mundial, a fim de assegurar o desenvolvimento sustentável da humanidade.

6.4 Conservação através do desenvolvimento: desenvolvimento da indústria do carvão

A indústria do carvão vegetal constitui um desafio importante para a gestão sustentável dos recursos naturais na região Sudoeste. Para além do facto de esta atividade ser uma das principais causas da desflorestação na região, as técnicas de produção de carvão vegetal atualmente utilizadas estão a provocar o rápido desaparecimento de certas espécies florestais, como o *kily* ou tamarindo (tamarindus indica), que também tem um elevado valor cultural na região.

A vegetação desta parte de Madagáscar caracteriza-se por densas florestas secas xerófilas. As condições edafoclimáticas da zona não permitem que o coberto florestal recupere com rapidez suficiente após o seu desaparecimento. Por conseguinte, é de longe preferível preservar o coberto florestal existente do que pensar em restauração ou reflorestação.

6.4.1 Transformação por carbonização

A carbonização é efectuada com recurso a mós tradicionais. O processo é delicado e exige um controlo permanente por parte do carvoeiro, que deve evitar que a mó se incendeie acidentalmente. O controlo da circulação do ar na mó é uma das condições mais importantes e deve fazer parte do saber-fazer do carvoeiro.

A carbonização é efectuada na floresta: a zona de carbonização é escolhida de modo a evitar ao máximo as deslocações para a recolha da madeira e o transporte do carvão produzido. As mós são colocadas no solo e não em poços. A orientação em relação ao vento dominante não é determinada. O fogo é controlado e gerido a partir de buracos feitos nas paredes laterais das mós, utilizando uma vara de madeira ou o cabo de uma pá. As dimensões das mós utilizadas, geralmente de forma paralelepipédica, são muito variáveis: o volume aparente das mós varia de 3 a 36 m³, o comprimento de 2 a 6 m, a largura de 1,5 a 5 m e a altura de 0,8 a 2 m.

A produção de carvão vegetal não faz distinção entre categorias de madeira, pelo que são utilizadas todas as espécies, exceto as de baixa densidade (por exemplo, *Famata, Daro, Kapaipoty*).

Em suma, os produtores de carvão vegetal utilizam técnicas tradicionais e são obrigados a abater muitas árvores para obter um carrinho, pelo que não selecionam as espécies para a carbonização.

6.4.1.1 Caraterísticas socioeconómicas dos mineiros de carvão

A extração de carvão no planalto *de Mahafale* teve início em 1982. Mais de 90% dos mineiros da zona são de etnia *Mahafale*. A grande maioria dos trabalhadores são imigrantes. São imigrantes das comunas vizinhas e encontram-se numa situação precária, como o demonstram os dados que se seguem:

- 54% destes carvoeiros cultivam apenas mandioca, numa área média de 1 ha (0,5 a 5 ha);

-        Apenas 8% cultivam outras culturas para além da mandioca;

-        34% não têm terras agrícolas. om o problema recorrente da insegurança, apesar avocação pastoril do grupo étnico dominante, apenas 12% deles ainda criam gado.

Por um lado, e isto foi confirmado pelo que disseram durante os inquéritos, o corte do carvão vegetal tornou-se recentemente uma necessidade de sobrevivência e não representa verdadeiramente uma "profissão", mas uma medida paliativa. A sua submissão às autoridades tradicionais, mesmo antes do acantonamento, continua muito viva e a utilização dos recursos está sujeita à autorização dessas autoridades tradicionais, antes da obtenção da autorização do acantonamento. As florestas ditas "proibidas" continuam a ser protegidas e respeitadas, e a existência de uma estrutura entre os carvoeiros pode ser considerada como um trunfo para a gestão sustentável das florestas remanescentes.

6.4.1. 2 Produção

Esta primeira fase envolve o corte da madeira na floresta, o transporte da madeira cortada do local de abate, o corte dos ramos antes da cozedura no forno e a própria cozedura no forno.

Por cada 100 árvores abatidas, os agricultores obtêm 3 carradas de carvão vegetal, e uma carrada de carvão vegetal pode render 3 a 4 sacos, pelo que, por cada 100 árvores, obtêm um rendimento de 9 a 12 sacos. Para o efeito, os carvoeiros aperceberam-se de que todos os anos têm de ir um pouco mais longe do que no ano anterior para encontrar árvores para cortar.

Perante esta situação, durante a nossa entrevista, a DREEF fez questão de salientar que o problema do carvão vegetal tem vindo a aumentar nos últimos anos e que seria necessário tomar medidas muito rapidamente para controlar a destruição dos vestígios florestais atualmente existentes. De qualquer modo, todos estavam conscientes de que se tratava de uma questão muito delicada, que exigia uma abordagem bem pensada, sobretudo tendo em conta o contexto político que se vive atualmente no país.

O quadro seguinte mostra a área de floresta utilizada tanto para consumo local como para exportação para *Toliara*.

Quadro 10: Superfície mínima anual por município

Município	*Ambatry*	*Beantake*	*Masiaboay*
Exportação *Toliara* (Ha)	117	877	123
Consumo local (ha)	17	65	180
Superfície total (Ha)	**134**	**942**	**303**

Fonte : ONG PARTAGE

De acordo com este quadro, três comunas são os produtores de carvão vegetal mais conhecidos: *Ambatry, Beantake* e *Masiaboay. Beantake* é a principal comuna produtora de carvão vegetal no planalto *de Mahafale*. Consequentemente, é a comuna que destrói mais árvores por hectare. Todos os anos, os produtores de carvão vegetal da comuna destroem 942 hectares de árvores para produzir carvão. Os carvoeiros abatem 877 hectares de árvores para abastecer a cidade de *Toliara*, contra 65 hectares para consumo local. Em suma, o carvão vegetal da Comuna de *Beantake* é utilizado para abastecer a cidade de *Toliara*.

Do mesmo modo, na Comuna de *Ambatry*, os carvoeiros destroem 17 hectares para consumo local, contra 117 hectares para abastecer a cidade de *Toliara*. Num só ano, a Comuna de *Ambatry* destrói uma superfície de 134 hectares.

Na comuna de *Masiaboay,* 303 hectares de floresta são destruídos para a produção de carvão vegetal. Os carvoeiros estão mais preocupados com o consumo local do que com o abastecimento de *Toliara:* 180 hectares são utilizados para o consumo local, contra 123 hectares para o abastecimento da cidade de *Toliara*.

Foto 5: Venda no mercado diário de Betioky

6.4.2   Controlo da extração não controlada de carvão.

A cidade de *Toliara* abastece-se de lenha e de carvão vegetal provenientes principalmente das florestas naturais. A necessidade de carvão vegetal nos centros urbanos continua, sobretudo, a aumentar. [115]As principais vias de abastecimento de *Toliara* em combustível doméstico são a via *Miary,* a via RN 9 e a via RN 7, sendo as duas últimas responsáveis pelo abastecimento de 90% das necessidades da cidade.

Um ano mais tarde, registou-se uma extensão das zonas de abastecimento de energia lenhosa de *Toliara* em direção ao eixo RN 10 do planalto *de Mahafale*. Estas pressões estavam a começar a estender-se à nova extensão do Parque *Tsimanampesotse* na paisagem do planalto de *Mahafale*. São afectadas 3 comunas: *Beantake, Masiaboay* e *Ambatry*. Todas elas se situam no distrito de *Betioky*. Esta paisagem, rica em recursos naturais endémicos, é muito frágil e difícil de recuperar devido às duras condições climáticas, físicas e edáficas. O planalto *de Mahafale* caracteriza-se por um coberto florestal intermitente de floresta densa de didieracae e matos xerófilos. Este coberto, durante muito tempo poupado à exploração para a produção de carvão vegetal, conhece atualmente os primeiros sinais de degradação, acelerados pela crise, que provocou um recrudescimento das incursões sangrentas para roubar

---

[115] In ABETOL (Fornecimento de energia a partir de madeira para a cidade de *Toliara*), 2008

zebus, base da subsistência da etnia *Mahafale*, e por vários acidentes climáticos desde 2008, que provocaram uma quebra da produção agrícola. [116]No entanto, longe de ser exercida de forma anárquica, a atividade carvoeira foi organizada, com pontos de venda ao longo da RN10, sob o controlo do cantão florestal, que afirma estar a preparar a aplicação do novo decreto.

Assim, no seu documento de projeto, o projeto WWF decidiu criar mecanismos participativos de gestão dos recursos florestais para controlar melhor o sector do carvão vegetal na zona do planalto de *Mahafale*. Estes mecanismos conduziram à criação de comunidades de base que irão gerir racionalmente os recursos naturais locais, com o objetivo de :

- proteger o ambiente através da produção de carvão vegetal, divulgando métodos melhorados e a gestão sustentável dos recursos florestais a nível das aldeias;

- promover a produção local de combustíveis de substituição ou alternativos com o objetivo de reduzir o consumo de energia da madeira;

- promover novas plantações para substituir o consumo de florestas naturais, para a Região Sudoeste, mais especificamente, o fornecimento de lenha à cidade de *Toliara*.

[117]Foram criadas cinco estruturas no distrito de *Betioky* para a gestão dos recursos naturais e a produção de carvão vegetal pelo método de carbonização melhorado. Estas estruturas foram criadas com um caderno de encargos e quotas de exploração. Foi igualmente criado um sistema descentralizado e auto-financiado de controlo da produção e dos fluxos de carvão vegetal. Mais especificamente, as estratégias de transferência de gestão devem ter em conta as recomendações seguintes:

- Alargar a gama de espécies de madeira que podem ser carbonizadas através da desclassificação de certas espécies;

- fixar uma quota de produção anual tendo em conta :

  o oportunidades de silvicultura ;

  o o crescimento anual dos povoamentos ;

  o o aumento anual dos pedidos ;

- não ultrapassar a taxa de desclassificação de 50%, de modo a não prejudicar a riqueza da flora e da biodiversidade.

A fim de tornar o processo de carbonização viável e ecologicamente aceitável, o WWF decidiu que a desclassificação das espécies destinadas à carbonização é inevitável.

---

[116]Ordem regional n°022 MATD/RSO relativa à regulamentação do sector da energia da madeira na região Sudoeste.

[117] Estas estruturas são :
A comunidade de base conhecida como *"Mahasoa Tany"* no *Fokontany* de *Andranotakatse* e *Tanantsoa* sud na comuna de *Masiaboay*;
A comunidade de base denominada *"Ezaka"* é constituída por quatro *Fokontany*, nomeadamente *Anadabolava* e *Tsilavondrivotse*, na comuna de *Ambatry*, e *Besakoa* Nord e *Besakoa* Sud, na comuna de *Masiaboay*;
A comunidade de base conhecida como "*Raza mitahy*" na *Fokontany* de *Ereteke*, na comuna de *Beantake*;
A comunidade de base conhecida por *"Ala Mahasoa"* na *Fokontany* de *Ampasindava*, na Comuna de *Beantake*;
A comunidade de base conhecida por *"Mahavitazy"* na Fokontany de *Anjambalo*, na comuna de *Beantake*.

6.4.2.1 CoBa e o circuito de controlo interno :

Para o controlo interno, foi criada uma organização entre os membros produtores e os controladores ou "agentes florestais" da CoBa. Em primeiro lugar, só os membros inscritos na lista dos carvoeiros registados podem produzir carvão vegetal; devem possuir uma caderneta de produtor. Antes de os carvões cozidos serem ensacados, o produto deve ser controlado pelos inspectores. Durante a inspeção, os agentes florestais devem ver o forno e os produtos. Depois de terem visto o forno e os produtos, verificam o nome do produtor, o seu número de registo e o número de sacos em relação ao número da lista. O funcionário florestal assina o livro de produção após o controlo. O produtor dirige-se então ao presidente do CoBa (que detém os cupões) para pagar o preço do cupão, uma vez que um cupão vale 750 *Ariary* por um saco de 40 kg de carvão vegetal. Só o presidente pode escrever no cupão e assina também a caderneta do produtor. Em seguida, o produtor apresenta-se e leva os seus produtos ao armazém com um livrete de produtos. O gerente do armazém, por sua vez, verifica o número da caderneta e espera que o gerente do armazém efectue a venda.

O consumidor compra no entreposto e paga o desconto na comuna, que, por sua vez, emite um recibo de 250 *ariary* por saco com uma autorização de saída.

 Antes de emitir um livre-trânsito , o chefe do acantonamento compara o número de sacos que consta do cupão com o número que consta do recibo.

O produtor paga dinheiro ao presidente (750 Ar por cupão) e o consumidor fora da comuna paga um desconto de 250 Ar.

O presidente verifica o registo para ver o número do carvoeiro, o número de carvão produzido e a verificação feita pelo funcionário florestal. Paga o dinheiro do cupão ao tesoureiro. Teoricamente, o dinheiro recebido é dividido da seguinte forma:

- taxa de gestão: 80 Ar ;

- cupão : 40 Ar por saco ;

- a parte dos agentes ou inspectores florestais: 50 Ar por saco;

- a parte do Cantonnement forestier : 150 Ar por saco ;

- Direito florestal DREF: 430 Ar por saco

6.4.2.2 Formação sobre o método de carbonização melhorado

Antes da aplicação da política destinada a assegurar a sustentabilidade dos recursos florestais no planalto *de Mahafale*, e a fim de controlar melhor a rastreabilidade do carvão vegetal, é essencial a formação em carvoaria melhorada. Os carvoeiros são formados na técnica do carvão vegetal melhorado para abandonarem a carvoaria tradicional.

Depois de receberem formação em carvoaria melhorada, para reforçar ou observar em primeira mão como os depósitos são geridos, mas sobretudo para que possam apropriar-se do novo método de carvoaria, foi organizada pelo WWF uma visita de intercâmbio a *Mahajanga*. Os carvoeiros visitaram os locais do projeto GESFORCOM onde o método de carbonização melhorado já tinha sido utilizado. Os carvoeiros foram acompanhados pelo chefe do distrito de *Betioky* e pelos presidentes das três comunas.

À chegada ao planalto *de Mahafale*, as comunidades e as autoridades locais, mais concretamente as câmaras municipais, estão prontas a regulamentar a exploração deste sector.

Por conseguinte, a Comuna decretou uma lei municipal para criar um entreposto comercial e uma barreira de controlo, nomeou um agente municipal e definiu os limites do mercado do carvão.

Por conseguinte, o CoBa e a Comuna têm uma responsabilidade muito importante na execução do controlo, quer ao nível de cada CoBa, quer ao nível da porta de controlo.

No entanto, os depósitos de venda mudaram, enquanto a maior parte dos comerciantes de carvão não se apropriou deles. Por conseguinte, os novos depósitos não são abastecidos. É difícil aplicar a nova regulamentação relativa ao funcionamento da indústria do carvão porque a estrutura, nomeadamente os comités de gestão desta estrutura CoBa, não são carvoeiros profissionais. Não podem assegurar o controlo interno: da prática da carbonização melhorada, da zona de conservação, do corte de madeira em direitos de utilização, dos incêndios florestais e da circulação de pessoas na floresta.

É de salientar que existem três fases de controlo, tais como a verificação ao nível do terroir CoBa pelos agentes florestais; o controlo dos documentos (cupão, ou seja, quota CoBa e passe) pelo agente comunal e o controlo misto pela gendarmeria, a comuna e o cantão florestal no portão de controlo da RN10.

Três meses após a aplicação desta política, os responsáveis pelo controlo não puderam cumprir as suas responsabilidades, interromperam o controlo e os carvoeiros voltaram às suas práticas tradicionais de produção de carvão.

Conclusão, parte 2

A segunda parte permite-nos analisar a organização local e a sinergia da participação de todos os actores na conservação dos ecossistemas florestais, a fim de detetar as condições e o grau da sua participação na gestão dos recursos florestais do planalto *de Mahafale*. Estas análises revelaram que a autonomia financeira dos departamentos governamentais e do CoBa, o nível de educação das comunidades, os problemas de posse da terra, **a estreiteza dos** direitos dos utilizadores e os choques climáticos tinham uma grande influência na motivação dos intervenientes para participarem na conservação. Este facto é ilustrado pela organização dos serviços públicos e dos actores locais ao nível das comunidades e pelo dinamismo das mulheres.

Além disso, a análise da vulnerabilidade põe em evidência a diversidade das partes interessadas e das suas funções, que não reagem da mesma forma às mudanças introduzidas pela transferência da gestão. A análise das interações permite compreender como as transferências de gestão podem, para além dos seus objectivos, induzir pressões sobre certas funções ou, pelo contrário, estimular efeitos de arrastamento susceptíveis de provocar mudanças no sistema de gestão.

Podemos dizer que a utilização da abordagem participativa como metodologia de intervenção na proteção dos ecossistemas florestais é interessante, porque responde à preocupação dos doadores e das autoridades locais em envolver de perto as comunidades de base no desenvolvimento do seu território. Por esta razão, considerámos necessário analisar e criticar a participação das comunidades de base na secção seguinte.

Terceira parte: Análise e crítica da participação comunitária de base

Para legitimar a sua ação, os projectos de conservação tentam melhorar a taxa de participação da população-alvo. Para o efeito, as ONG ambientais utilizam o método MARP (Accelerated Participatory Research Method) para iniciar a participação.

Por outro lado, os doadores internacionais pediram que a democracia se tornasse o quadro que garante os seus investimentos, uma vez que é indissociável do "desenvolvimento participativo".

A democracia é considerada como um meio adequado para estimular a participação das aldeias na gestão e no controlo dos assuntos públicos, incluindo a conservação e/ou a gestão dos recursos naturais renováveis. A instauração da democracia e da descentralização deve facilitar a ação do programa de envolvimento da população rural através dos actores locais. No entanto, esta democracia não pode, por si só, favorecer a participação de todos os habitantes, uma vez que outros elementos devem ser tidos em conta.

Mas o que é que mais influencia a motivação dos aldeões para se envolverem na conservação dos ecossistemas florestais? E quais são as condições que motivam os cidadãos a agir em prol do desenvolvimento da sua localidade?

Nos capítulos seguintes, será feita uma análise aprofundada, seguida de críticas às condições de participação comunitária na gestão dos recursos florestais e no desenvolvimento participativo nas zonas rurais.

Sétimo capítulo:
O âmbito e os limites da própria abordagem

Porque é que os países pobres só conhecem o fracasso das políticas de desenvolvimento que adoptam? Esta é a questão que se coloca.

Em princípio, estes países pobres caracterizam-se, por um lado, por uma desarticulação económica que se traduz numa hipertrofia do sector terciário acompanhada de uma urbanização acelerada. Por outro lado, caracterizam-se por uma produção insuficiente. Esta não é capaz de satisfazer as necessidades mais essenciais de toda a população. Este problema conduz à fome, à escassez e às epidemias a nível comunitário. A insuficiência da produção traduz-se num baixo rendimento das famílias e num baixo indicador de desenvolvimento. Estes países pobres dependem da ajuda externa de organismos internacionais como o Banco Mundial e o FMI, através de políticas de estabilização e de reestruturação.

Esta intervenção externa estava condenada ao fracasso, dada a explosão da crise da dívida dos anos oitenta. Esta crise deu origem ao conceito de política de ajustamento estrutural. Todas as políticas de desenvolvimento defendidas pelos países pobres devem referir-se a esta política de ajustamento estrutural.

A política de desenvolvimento é uma extensão da ação pública fora do campo de intervenção original. Quando falamos de política de desenvolvimento, referimo-nos às instituições de desenvolvimento, que são *"um conjunto de interações complexas entre grupos de reflexão macroeconómica e órgãos de decisão, burocracias e administrações, grupos e actores sociais"*. Esta política de desenvolvimento coloca a tónica na intervenção do Estado para corrigir as imperfeições e promover o crescimento económico e mesmo o desenvolvimento.

Os países pobres, como Madagáscar, confrontados com a sua pobreza, tentam adotar políticas para resolver problemas temporários, conhecidos como "cíclicos", ou para reestruturar a economia de acordo com o objetivo global dessas políticas, ou "política estrutural".

Os peritos malgaxes tomaram consciência do problema na sequência dos repetidos fracassos dos modelos estritamente económicos. Na altura, tinham existido diferentes modelos de abordagem, uns após outros, durante a aplicação das estratégias de desenvolvimento em Madagáscar. Primeiro, uma abordagem integrada, depois uma abordagem concertada, depois uma abordagem participativa e agora Agar. No final, o Agar é considerado como a única abordagem que pode ser adaptada a Madagáscar, uma vez que dá voz às comunidades.

Assim, é preciso saber que o Gelose é, afinal, um projeto novo e extremamente original que consiste em levar as populações locais a assinar um contrato com o Estado. Assinar um contrato com o Estado significa comprometer-se a realizar um certo número de acções para proteger o seu ambiente natural.

è Se a biodiversidade de Madagáscar está a ser considerada pelos investigadores e doadores, é porque desde o início dos anos 90 e a emergência da III República em 1992, o país tem vindo a emergir muito lentamente de um longo período de encerramento, que contribuiu para a deterioração das suas infra-estruturas e do nível de vida dos seus habitantes.

Considerado um dos países mais pobres do planeta, mas também um dos mais ricos em termos de biodiversidade específica, Madagáscar tem sido, nas últimas duas décadas, alvo de uma série de medidas de desenvolvimento destinadas a responder ao desafio de combater a pobreza e, ao mesmo tempo, proteger a biodiversidade.

7.1 Âmbito e limites dos instrumentos jurídicos

Os anos 90 foram um período de convulsão sociopolítica em Madagáscar, que culminou com a adoção de uma política geral baseada na liberalização da economia, na desvinculação do Estado do sector produtivo e na descentralização. Em matéria de gestão dos recursos naturais, verificaram-se os três factos seguintes:

- Devido à falta de recursos de todos os tipos, as autoridades responsáveis por esta atividade são cada vez mais incapazes de conter a onda de destruição e exploração ilegal destes bens nacionais, devido à existência de situações de acesso livre;

- As populações que vivem perto dos recursos são simultaneamente vítimas e, em grande medida, responsáveis pela espiral de degradação do ambiente natural de Madagáscar;

- As comunidades das aldeias aplicam certas formas de gestão tradicional dos recursos que não são valorizadas devido ao sistema de exclusividade aplicado pelas autoridades neste domínio.

A nova abordagem baseada no ágar é utilizada em Madagáscar desde 1996. A lei 96-025 rege esta abordagem. Esta abordagem foi copiada da gestão colonial da floresta malgaxe, enquanto que as comunidades locais dispõem desde há muito de uma forma de gestão tradicional. Esta última favorece o livre acesso das populações locais aos recursos florestais. Os peritos e os doadores tentam agora substituir esta gestão tradicional pelo famoso decreto Gelose ou GCF. Isto leva-nos a identificar os limites e os sucessos desta última, bem como os limites da transferência de gestão.

7.1.1   Os pontos fortes e fracos do ágar e do decreto do GCF

A promulgação da Carta do Ambiente, em 1990, foi o ponto de partida para uma mudança na conceção do Estado sobre a estratégia de gestão dos recursos naturais renováveis, que até então consistia em atribuir à administração a responsabilidade exclusiva por essa gestão. Este período dos anos 90 coincidiu também com uma série de convulsões sócio-políticas no país, que culminaram com a adoção de uma política geral baseada na liberalização da economia, na desvinculação do Estado do sector produtivo e na descentralização.

No que diz respeito à gestão dos recursos naturais, há três constatações principais: as administrações responsáveis por esta atividade são cada vez mais impotentes para travar a destruição e a exploração ilegal destes bens nacionais, devido à existência de situações de acesso livre por falta de recursos de todos os tipos.

Por último, em várias partes da ilha, as comunidades das aldeias aplicam certas formas de gestão tradicional dos recursos que não são exploradas devido ao sistema de exclusividade aplicado pelas autoridades neste domínio.

Numa tentativa de encontrar soluções para estes problemas, o governo malgaxe, com o apoio de doadores, criou um projeto de gestão local segura dos recursos naturais. Trata-se de um método de gestão patrimonial desenvolvido em 1996 para devolver às populações de uma aldeia o controlo das condições ecológicas em que vivem. A população acredita que este projeto restabelece o direito das comunidades a terem uma palavra a dizer.

Acima de tudo, Agar é um projeto extremamente original, um dos únicos a tentar colocar as pessoas no centro do seu próprio desenvolvimento. É também fundamentalmente uma abordagem não-diretiva, e há quem defenda um regresso a uma gestão mais dirigista. Agar precisa de ser avaliado. No entanto, antes de podermos avaliar o Agar, precisamos de esperar por uma geração sociológica, ou seja, 25 anos de implementação, porque tem um impacto a longo prazo, caso contrário não poderemos fazer uma avaliação.

No entanto, ainda nem sequer passaram 25 anos e gostaríamos de saber como é que nos estamos a sair com a utilização do ágar. Gostaríamos de saber se estamos a ser tratados como cobaias e se perdemos algum tempo.

Já passaram 20 anos desde que foi implementado em Madagáscar. Então, o que é que podemos dizer hoje? Que balanço podemos fazer?

Ao fim de 20 anos, é claro que as dificuldades de implementação são principalmente causadas por problemas de interface. Não é o projeto que está a causar problemas, nem as pessoas. É um problema da interface de implementação.

Os opositores dizem que 20 anos são suficientes para fazer uma avaliação negativa e que se deve parar de perder tempo a tentar perguntar às pessoas o que querem, com o que sonham, o que querem como sociedade. Parem de fazer estas perguntas e parem tudo porque não estão a chegar a lado nenhum. Retirar a voz aos habitantes locais ou voltar a impô-la é um grande passo atrás. Impor-lhes um projeto porque queremos fazer algo para eles sem o seu consentimento é também uma perda de tempo porque estamos com pressa.

No entanto, após 20 anos, foram identificados os pontos fortes e fracos do Agar e do decreto do GCF.

Em primeiro lugar, os pontos fortes da Gelose são os seguintes: trata-se de uma lei-mãe para a transferência da gestão dos recursos naturais renováveis. É transversal, pois aplica-se a todos os recursos cuja gestão pode ser transferida. É coerente com as políticas e os programas de desenvolvimento, bem como com os quadros jurídicos relativos à transferência da gestão dos recursos naturais. Por fim, define o procedimento de execução da transferência de gestão: os recursos em causa, os actores, o processo, a conclusão e o termo.

O decreto GCF é regido pelo decreto 2001-122 de 14 de fevereiro de 2000. Comparado com o decreto de Gélose, o decreto GCF é muito menos complexo: não envolve o mediador nem a segurança fundiária relativa (SFR). Apenas duas assinaturas em vez de três. De facto, o Presidente da Câmara não será signatário, sem que esta personalidade seja posta de lado como afirmam alguns críticos: avaliação da capacidade do COBA (artigo 4), receção do pedido e sua transmissão após parecer, membro da comissão local de inquérito (artigo 10), destinatário dos relatórios, P.V das infracções provenientes da administração florestal (artigo 29.º), agentes municipais de aplicação da lei florestal envolvidos no controlo das infracções, com poderes para apreender os produtos infractores (artigo 30.º), intervenção na resolução de conflitos (artigo 36.º e seguintes).

Além disso, o decreto GCF é mais pragmático do que o decreto Gelose. Trata-se de um instrumento de gestão técnica, especificado em termos de um plano de gestão, do método de gestão, seja em regime de autogestão ou de subcontratação, e de concurso.

No entanto, nos 20 anos que decorreram desde a sua primeira utilização, foram descobertos pontos fracos nestas abordagens (ágar e GCF).

No caso do ágar, verificámos que os textos de aplicação não foram aplicados a :

- as condições de elaboração da lista dos recursos susceptíveis de serem objeto de uma transferência de gestão, por regulamento (artigo 9.º da lei); trata-se de um decreto interministerial já elaborado mas não publicado;

- o conteúdo do pedido, que deve seguir um formulário-tipo estabelecido por regulamento (artigo 10.º da lei);

- o conteúdo do pedido deve obedecer a um formulário-tipo, a estabelecer por regulamento (artigo 14.º da lei);

- a instituição de benefícios, por lei, em benefício da COBA, para a comercialização e desenvolvimento de recursos naturais ou produtos derivados, (artigo 54 da lei);

- adaptação destas prestações às condições de uma economia de mercado, por regulamento, também o artigo 54º da lei.

Além disso, a Gelose teve problemas de financiamento em termos de aprovação e de contratos, de mediação e de mediador, e de segurança fundiária relativa.

No que respeita ao problema de fundo relativo ao contrato e à aprovação, esta última é um duplicado do contrato, o que só torna o sistema mais pesado. É emitido depois de as partes se terem comprometido, aceitando e assinando o ato administrativo de atribuição da gestão à coletividade de base, ou seja, o contrato.

Se se tratasse de um simples acordo sob a forma de um visto aposto ao pedido da autarquia de origem, ou de uma simples carta de não objeção, permitindo a celebração do contrato, a aprovação faria sentido. Em contrapartida, tudo é julgado posteriormente, em relação ao contrato: retirada da aprovação em caso de incumprimento das obrigações previstas no contrato, por parte do CoBa, renovação.

A identidade da autoridade administrativa competente que emite a aprovação não é clara; a primeira tendência é pensar no chefe do Distrito ou no seu representante ao nível comunal; mas quando o artigo 4 da lei Gelose diz: *"Esta competência é determinada pelas leis e regulamentos aplicáveis de acordo com a categoria de membro e a natureza dos recursos em questão"*, é óbvio que esta competência é variável mas não pode ser o chefe do Distrito. Nestas condições, seria o representante do serviço técnico responsável pela gestão do recurso em questão; só que este representante do serviço técnico que gere o recurso é o signatário do contrato de transferência; isto confirma mais uma vez a inutilidade da aprovação na sua forma atual.

Para a mediação e o mediador, a transferência da gestão dos recursos naturais envolve várias entidades:

- a população que vive junto dos recursos naturais, que não é ainda homogénea (população de aldeias de castas diferentes) e que vai formar uma associação para gerir um bem comum para o bem comum;

- a Comuna, que tem a sua própria visão do desenvolvimento económico e da preservação do ambiente;

- o serviço técnico responsável pela gestão do recurso, que executa a política do Estado em matéria de gestão dos recursos, com a obrigação de obter resultados;

- os organismos de apoio técnico e financeiro, indispensáveis tendo em conta a capacidade técnica e financeira do país, e que têm os seus próprios imperativos e exigências.

A reunião de todas estas pessoas exige necessariamente uma mediação, que pode ser efectuada por pessoas provenientes de escolas, institutos e universidades de prestígio. O problema de Agar é que tenta criar uma profissão específica de mediador ambiental.

Por último, no que diz respeito à segurança relativa da posse da terra, a Lei Gélose não faz qualquer referência à segurança da posse da terra nas suas disposições. A sua introdução só vem aumentar a complexidade do sistema. Se a segurança relativa da posse da terra for efetivamente necessária, como pode ser o caso, deveria ser facultativa.

Tal como no caso do ágar, existem também regulamentos de aplicação que não foram incluídos no decreto do GCF:

- para o despacho de aplicação relativo ao modelo de contrato GCF (artigo 9.º do decreto), o modelo é anexado ao decreto, mas não é confirmado por nenhum despacho;

- para as especificações do modelo de MCA, a ordem de aprovação prevista no artigo 13º do decreto nunca foi emitida;

- o método de cálculo das taxas previsto no artigo 16º do decreto não foi aplicado;

- O modelo de acordo de subcontratação, que estabelece os direitos e obrigações do CoBa e da empresa florestal aprovada (artigo 21.º), não foi publicado;

- O artigo 25º do decreto que fixa as taxas, as modalidades de cobrança e a repartição das taxas em caso de subcontratação ainda não foi publicado.

Foram igualmente detectados problemas fundamentais: incoerência com a lei Agar e os seus textos de aplicação (decreto do GCF):

- o n.º 1 do artigo 2.º do decreto GCF indica claramente que a gestão contratual das florestas se inscreve no quadro dos objectivos e das prescrições da lei Gélose; expresso desta forma, o decreto GCF é verdadeiramente incoerente com a lei Gélose; o termo "prescrição" é excessivo, pois implica a aplicação de todas as disposições da lei, nomeadamente a intervenção do mediador e a assinatura do presidente da câmara no contrato;

- A questão que se coloca é se esta incoerência jurídica teve algum impacto na eficácia dos contratos do GCF. Parece que não, porque, de facto, embora o presidente da câmara não seja signatário do contrato, está plenamente envolvido no processo de criação e de execução da transferência de gestão. No que diz respeito à mediação sem mediador, parecem ser tomadas todas as precauções para resolver a emergência de conflitos que, aliás, não podem ser evitados a 100%.

Os instrumentos previstos no decreto do GCF não foram concebidos. Por exemplo, o sistema de acompanhamento e de avaliação do contrato após três anos de execução exige a criação de um procedimento. Este procedimento está previsto no texto, mas a administração responsável não considerou indispensável a sua elaboração. Como é que os responsáveis pela avaliação vão proceder? Se a administração central tivesse concebido o procedimento e o tivesse distribuído ao nível descentralizado, este tê-lo-ia aplicado e teria havido uma harmonização em todo o país. Felizmente, um guia de acompanhamento e de avaliação dos contratos de transferência de gestão dos recursos naturais já foi concebido e difundido. A primeira coisa a fazer é que a administração florestal, em colaboração com os seus parceiros de transferência de gestão, teste no terreno o guia sobre os contratos GCF e elabore um procedimento de acompanhamento e avaliação adaptado aos recursos florestais.

7.1.2   Limites da transferência de gestão

As florestas estão no centro das políticas de gestão dos recursos naturais, pois são a fonte de muitos produtos necessários à população malgaxe, como materiais de construção, necessidades domésticas e plantas medicinais. Além disso, asseguram o bom estado dos factores de produção, protegem o solo contra a erosão e regulam o regime hídrico.

Podemos, portanto, reiterar que a forma tradicional de gestão das florestas malgaxes defende o livre acesso aos recursos naturais, e esta medida tem repercussões na sustentabilidade da utilização destes recursos. Os recursos florestais tornaram-se um recurso para uma população confrontada quotidianamente com problemas energéticos, alimentares e de construção.

A melhoria da situação económica prometida pelo atual Presidente da República ainda não foi sentida pela grande maioria da população, nomeadamente pelos camponeses. Com efeito, é num contexto de empobrecimento que o comércio de produtos florestais, fortemente enraizado no sector informal, contribui para gerar os recursos monetários indispensáveis à sobrevivência de uma grande parte da população.

O ambiente socioeconómico e político do sector florestal é, no entanto, bastante frágil, na medida em que a floresta é um espaço ideal para a desregulamentação dos sistemas políticos, sociais e económicos. Quando um destes sistemas funciona mal, é o recurso florestal que sofre as consequências, sob a forma de um aumento ou de uma diminuição do número e da intensidade das práticas silvícolas.

De facto, desde há vários anos que se verifica uma grave degradação dos recursos florestais. Esta situação deve-se à sobre-exploração para a produção de madeira e de energia, à manutenção de práticas agrícolas extensivas (desbravamento e incêndios florestais) e à pressão demográfica, que acelera indiretamente o processo.

A degradação dos recursos florestais conduz à degradação do sistema agrário, afectando os sistemas de irrigação e reduzindo a produção agrícola (através da erosão). Esta degradação conduz a uma série de problemas económicos e sociais (diminuição dos rendimentos agrícolas, êxodo rural, aumento do roubo de colheitas, etc.), que afectam o desenvolvimento das zonas rurais.

A região *de Mahafale* é cada vez mais afetada pelo fenómeno de desertificação ligado às alterações climáticas devido à distribuição irregular das chuvas. [118]Há mais de uma década que este problema se traduz pela degradação da vegetação e dos solos nas zonas cultivadas do planalto, sendo os danos mais graves nas zonas costeiras (comunas de *Beheloke, Itampolo* e

---

[118] FOFIFA / INSTAT / Cornell - 2001

Soalara Sud). [119]55% da população já não consegue satisfazer as suas necessidades energéticas mínimas e a maior parte da população empobreceu nos últimos anos [Barraud, 2006].

Para resolver estes problemas, as autoridades estão a aplicar uma nova política de gestão dos recursos naturais que dá maior ênfase às colectividades territoriais descentralizadas, mais especificamente às comunas. Este novo método de gestão faz parte da abordagem Gelose, em que a gestão dos recursos locais é transferida para as comunidades locais ou *"Vondron'Olona Ifotony"*. No entanto, esta gestão sustentável das florestas pelas comunidades locais de base tem impactos a longo prazo. A transferência da gestão para estas comunidades tem os seus limites.

7.1.2.1   O nível de educação da comunidade e do comité de gestão

Mesmo se o ágar e o decreto do GCF são os modos de gestão que atribuem maior responsabilidade às comunidades, trata-se de uma gestão partilhada entre as comunidades e o Estado, porque os recursos naturais renováveis pertencem ao Estado. O ator principal da gestão dos recursos naturais é, portanto, o homem e, mais especificamente, a comunidade de base envolvida. Através deste método de gestão, as populações locais começam a existir de forma concreta; descobrimos a sua heterogeneidade e a sua complexidade, adivinhamo-las imaginativas, preocupadas com o seu próprio futuro.

A gestão dos recursos florestais no âmbito do contrato Agar ou GCF exige um mínimo de competência e de conhecimento das técnicas de gestão que correspondem a este modelo adotado.

Historicamente, não existe um sistema de gestão sustentável comprovado e, sobretudo, não existe uma definição exacta de gestão sustentável das florestas naturais. Por outras palavras, não existe um modelo perfeito e imutável de gestão dos recursos florestais que as comunidades possam imitar, mas a gestão dos recursos florestais depende do plano de gestão e das especificações necessárias para uma transferência.

A administração florestal exige, na maior parte das vezes, um plano de gestão pormenorizado antes de conceder uma transferência de gestão. A elaboração de um plano de gestão detalhado é uma tarefa altamente técnica, uma vez que as comunidades têm um nível de educação muito baixo e são mesmo analfabetas. Por conseguinte, não são capazes de elaborar sozinhas estes planos devido à sua incompetência. Assim, são os técnicos dos operadores ambientais que vão elaborar o plano e não as comunidades de base. Estas últimas não dominam as teorias expostas no documento. Os técnicos não escreveram as políticas de gestão desejadas pelas comunidades, mas redigiram o conteúdo do documento de uma forma mais técnica. As comunidades são analfabetas e encontram-se num impasse quando se trata de implementar o documento. Não conseguem realizar as actividades previstas nos seus instrumentos de gestão na direção desejada.

Em suma, o analfabetismo das comunidades locais impede a aplicação dos planos de gestão e o respeito dos compromissos que assumiram nos seus contratos. Esta incapacidade das comunidades de base impede-as de dominar corretamente a nova gestão, embora o sucesso desta gestão e a promoção de um ambiente bem protegido e livre de todas as formas de

---

[119] In Projet COGESFOR du plateau Mahafale : Rapport d'activités annuel (Mars-Décembre 2010)

degradação seja uma condição necessária para o desenvolvimento sustentável da região de Madagáscar. A iliteracia dos gestores dos recursos naturais cria uma lacuna na política de gestão dos recursos florestais, o que leva à sua implementação numa direção que a administração florestal não deseja. Podem igualmente causar problemas aos técnicos que asseguram a formação necessária para a execução da transferência, uma vez que não estão familiarizados com a situação atual. Daí a inadaptação das técnicas utilizadas.

7.1.2.2   Tensão entre grupos indígenas e migrantes

A criação de uma estrutura de gestão dos recursos florestais assegurará a aplicação da política de gestão sustentável dos recursos naturais renováveis.

No caso da transferência de gestão, a estrutura denominada comunidade de base é a preferida para a aplicação desta política de gestão sustentável. O princípio desta comunidade de base que gere os recursos naturais renováveis é diferente do da *fokonolona*, que é a estrutura social baseada nos valores malgaxes. A *fokonolona* é a estrutura mais estável, sólida e duradoura, aceite por todos, sobretudo quando o país atravessa uma crise. Quanto à comunidade de base que gere os recursos florestais, é heterogénea.

> *"Nos seus documentos e nas suas negociações com as colectividades locais, os poderes públicos (incluindo as ONG) privilegiam a noção de comunidade ("comunidade de base"...), embora esta esteja longe de ser uma realidade. Uma unidade social de base concreta (um conjunto de linhagens, aliadas ou não, que vivem num espaço restrito, unidas por uma densa rede de relações quotidianas favorecidas pela proximidade) não dá, de modo algum, a imagem homogénea que a noção de comunidade evoca. A ideia de uma comunidade que agrupa vários elementos sociais sob uma autoridade piramidal única, pronta a defender as preocupações uniformes dos seus membros, é particularmente inexacta. Nestas pseudo-comunidades, encontramos várias autoridades pouco articuladas entre si (os chefes das linhagens principais, alguns ricos proprietários de gado, etc.) que estão longe de defender as mesmas preocupações.) que estão longe de defender o mesmo objetivo, devido a rivalidades entre linhagens empenhadas em estratégias contraditórias para ganhar a corrida à ostentação, rivalidades entre mpanarivos empenhados em lutas, muitas vezes impiedosas, pela hegemonia local, conflitos de poder, nomeadamente fundiários, entre nativos (tompontany) e migrantes mais antigos, por vezes instalados há várias gerações...".* [Chantal Blanc-PAMARD & Emmanuel FAUROUX, 2004].

Devido ao intenso empobrecimento das zonas rurais de Madagáscar, os membros da comunidade aspiram a algo mais vantajoso a curto prazo, o que tem um impacto direto nas suas necessidades de sobrevivência. Os agricultores só vêem uma prioridade: a resolução imediata das suas carências. No entanto, todos os grandes recursos naturais, principalmente florestas ou lagos, que podem ser objeto de um contrato agar ou GCF são utilizados há muito tempo por vários grupos sociais ou várias comunidades.

Os nativos, por exemplo, que estão familiarizados com os espíritos locais e podem retirar vários benefícios do seu papel de intercessores junto desses espíritos, tendem a ser muito mais protectores do ambiente do que os migrantes. Alguns aldeões, especialmente os que se dedicam à transumância, desejam conservar a floresta que serve de refúgio aos seus zebus em determinadas circunstâncias. Querem manter afastados outros grupos de imigrantes, especialmente os que têm uma longa experiência de gestão dos recursos florestais. Querem controlar estes recursos por si próprios porque acreditam que pertencem aos seus antepassados.

Por outro lado, os membros da comunidade que são mais vulneráveis por causa da segurança alimentar continuam a limpar a terra. Por outro lado, os migrantes, antigos e novos, tentam invadir os territórios, e esta ofensiva levará as comunidades a perder o controlo dos seus recursos. Esta rivalidade entre migrantes e autóctones conduz, portanto, a conflitos latentes, mas por vezes evidentes.

A título de exemplo, foram descobertas várias aldeias nos territórios de CoBa de *Vorojà*. Estas aldeias estão a ser criadas pouco a pouco ao longo do tempo, pelo que é difícil dizer exatamente quantas são neste momento. Os habitantes destas aldeias são todos imigrantes sedentários. Tentam explorar os recursos florestais.

Existe também um conflito de interesses entre os membros da comunidade: para alguns, é do seu interesse proteger os recursos, porque são a fonte de ajuda e de financiamento, e para outros, especialmente os migrantes, é do seu interesse tentar apagar a imagem dos agricultores como estando presos ao imutável, incapazes de progredir, desbravando terras para maximizar o seu rendimento numa altura de preços elevados do milho, ou comercializando os recursos florestais mais procurados.

Além disso, o início da perda de respeito pelas tradições e pelos mais velhos, demonstrado pelos jovens influenciados pela cidade, está a gerar conflitos sociais e problemas de governação na CoBa. Este conflito enfraquece a gestão sustentável dos recursos naturais renováveis. Além disso, a insegurança que reina na região influenciou as comunidades a não exercerem plenamente a sua responsabilidade na gestão dos recursos naturais, uma vez que aqueles que perderam os seus interesses tiraram partido desta situação e, consequentemente, manobraram para impedir a correta aplicação dos planos de desenvolvimento e dos compromissos consagrados no instrumento de gestão do CoBa.

Por fim, o equilíbrio de poder entre nativos e estrangeiros, manifesto ou latente, dificulta a implementação da transferência de gestão, especialmente quando os estrangeiros *(mpiavy)* tentam controlar os territórios e os recursos florestais. Com a impossibilidade de o CoBa patrulhar os recursos florestais, os desbravadores e os comerciantes de madeira tentam aproveitar-se da situação para fazer negócios.

7.1.2.3   Não propriedade de membros da comunidade

A maior parte dos CoBa criados em Madagáscar receberam uma formação de sensibilização dos operadores ambientais antes de se comprometerem a gerir os recursos naturais renováveis. Eles não estavam familiarizados com este modo de gestão partilhada, que se chama Gelose ou decreto GCF. Nenhum membro da comunidade se opôs à implementação da transferência de gestão; ninguém se recusou a cumprir as disposições da *dina* e nenhum aldeão questionou a CoBa como gestora destes recursos florestais. No entanto, a maioria dos aldeões não é membro deste CoBa. Como resultado, os membros do CoBa estão longe de ser representativos. Parece que a aplicação da ferramenta através da criação formal de associações comunitárias denominadas "comunidades de base", mas que excluem certos membros da comunidade, conduz por vezes a abusos. Esta exclusão conduziu a uma *falta de responsabilidade* por parte de certos membros da comunidade na gestão dos recursos.

Para excluir alguns aldeões, os membros do conselho de administração não estão por vezes dispostos a falar claramente sobre as condições de adesão. Além disso, os comités de gestão da CoBa nunca têm a oportunidade de apresentar a existência desta estrutura, que gere os recursos florestais locais, a toda a comunidade, a não ser que organizem um ritual de agradecimento aos espíritos proprietários da floresta.

Como resultado, as comunidades não sabem muito sobre a gestão destes recursos naturais e deixam o CoBa sozinho para proteger a floresta, pois acreditam que a floresta pertence aos operadores ambientais e que o CoBa é apenas "guardião". Aproveitando-se desta situação, os actores rurais não estão envolvidos no CoBa e obtêm poucos rendimentos da exploração dos recursos florestais. Como resultado, mesmo que os membros da comunidade encontrem infracções nas florestas, não as comunicam ao comité de gestão porque não têm nada a ver com isso.

7.1.2.4   A não aplicação da *dina*

A sociedade tradicional malgaxe é uma sociedade baseada na linhagem. Não funciona espontaneamente de forma democrática e tem muitas vezes dificuldade em gerir problemas que ultrapassam o quadro da linhagem. No entanto, os técnicos malgaxes, através do Estado e das agências doadoras, trabalharam com esta estrutura tradicional para criar a lei Gélose e o decreto GCF para assegurar a gestão partilhada dos recursos florestais.

Tal como referido no parágrafo anterior, a estrutura criada para gerir os recursos naturais parece estranha, pois não transmite de forma alguma a imagem homogénea evocada pela noção de comunidade tradicional malgaxe. Muitos aldeões (membros ou não do CoBa) não participaram na elaboração da *dina* ou do plano de gestão. Não sabem muito sobre o conteúdo da *dina*, mesmo que não se tenham oposto às organizações da CoBa.

Além disso, o obstáculo intransponível à aplicação desta *dina* é a *fihavanana*.[120] Com outras comunidades vizinhas, se os habitats lacustres e as terras de pastagem forem transferidos, existe o risco de serem destruídos. Desde há várias gerações que outras comunidades, nomeadamente os *mpanarivo* da aldeia, têm o hábito de levar os seus rebanhos de zebus para as pastagens de *Andremba* (zona de chegada dos transumantes da costa norte) durante o período de transumância. Nos lagos, as comunidades vizinhas têm livre acesso, uma vez que a água é o principal problema da região.

O sentimento de *fihavanana* é outra realidade a ser gerida no seio das comunidades. Alguns CoBa continuam a emitir autorizações de corte a outras comunidades vizinhas, apesar do disposto nos seus instrumentos de gestão que, aliás, duvidamos que os CoBa leiam. Sempre

---

[120] *Fihavanana* é a base da cultura malgaxe. *Fihavanana* traduz-se em mecanismos de solidariedade, apoio e unidade, tanto a nível familiar como comunitário. O espírito desempenha um papel fundamental na *fihavanana*, pois os malgaxes acreditam que é o *fanahy* (espírito) que faz o homem.

De passagem, convém também assinalar a diferença entre *a fihavanana* danificada e *a fihavanana* destruída. A diferença é que *a fihavanana* danificada pode ser reparada através do arrependimento ou de uma multa, embora com a observância de um rito. No segundo caso, a relação é totalmente destruída, a *fihavanana* está morta. De certa forma, esta é a divisão entre uma falha que pode ser reparada e uma falha que não pode ser reparada. É este medo de destruir a *fihavanana* que leva por vezes uma comunidade, apesar de si própria, a fazer uma concessão aos seus vizinhos.

que aludíamos a essas autorizações de corte a outras comunidades, os nossos interlocutores respondiam sempre que, em nome da *fihavanana*, é difícil, ou mesmo inconcebível, que um CoBa negue às comunidades vizinhas o acesso a certas espécies que elas não possuem. Foi assim que, por exemplo, os CoBa de transferências de gestão como *Reniala* d'*Ampotake*, *Mitsinjo taranake* d'*Itomboina* e *Mahasoa* d'*Ampitanake* concordaram em permitir o acesso das comunidades vizinhas aos seus recursos.

[121]Para resolver um problema social, os debates conduzem a acordos colectivos, *titike* ou *dina*, que são vinculativos para as partes co-contratantes, uma vez que o acordo é celebrado com um sacrifício de bois. Os antepassados tornam-se assim testemunhas exigentes. A desobediência ao acordo seria, portanto, uma falta tão grave como a desobediência aos antepassados. Por outro lado, no caso da regulamentação das infracções na floresta, a *vonodina* é geralmente feita de dinheiro e as testemunhas são as autoridades administrativas, mas não os antepassados.

Além disso, a proliferação da insegurança na sua sociedade faz com que as comunidades tenham medo de exercer a sua responsabilidade na gestão dos recursos naturais. Com efeito, se as comunidades não conseguem resolver entre si os casos de infração de *dina*, recorrem às autoridades legais (autoridades territoriais, serviços de polícia, tribunais), que podem deixar os infractores livres e impunes. Os infractores refractários têm tendência a reincidir e mesmo a vingar-se, fazendo pouco caso dos contratos sociais que têm pouco valor perante a lei.

7.1.2.5 O grau de envolvimento da administração florestal

A missão essencial da CoBa é assegurar a gestão sustentável dos recursos naturais, em conformidade com o contrato de transferência de gestão, regulando o seu acesso e utilização. As regras só são eficazes se forem aceites pelos utilizadores. A aceitação dos utilizadores depende do seu nível de conhecimento e compreensão das regras. Cabe à administração florestal apoiar as comunidades que gerem os recursos naturais através do reforço das suas capacidades.

As nossas observações, corroboradas pela análise qualitativa dos grupos de reflexão, revelaram que os serviços técnicos florestais ainda não estão frequentemente envolvidos desde o início da transferência (em alguns casos, só são informados pelos organismos de apoio muito pouco antes da assinatura). No entanto, convém sublinhar que, enquanto representante do Estado a nível local, o cantoneiro florestal tem plena autoridade sobre as florestas da sua zona antes da assinatura do contrato de cessão de gestão. É, portanto, uma parte do poder do gestor florestal do cantão que está a ser transferido para o CoBa. Antes da instauração do sistema de transferência de gestão, as cidades abasteciam-se principalmente de madeira proveniente das florestas geridas pelos serviços florestais descentralizados.

Durante a fase de execução da transferência da gestão, cabe à administração florestal ou a um distrito florestal signatário da transferência efetuar os controlos, bem como o acompanhamento periódico da CoBa com os recursos que gere. Além disso, o papel da administração florestal na execução da transferência da gestão dos recursos florestais consiste em efetuar o acompanhamento e o controlo. Para tal, pode informar os CoBa dos novos direitos relativos à gestão dos recursos naturais, formar os membros e prestar apoio técnico à

---

[121] *Titike* = cerimónia destinada a tornar mais solene uma convenção colectiva ou uma *dina*, mas que diz respeito a uma área geográfica geralmente mais restrita do que a *dina*.

associação; tomar decisões relativas à má conduta dos membros dos CoBa e aplicar as sanções correspondentes, ou mesmo dissolver o contrato em caso de infração.

No entanto, devido a recursos financeiros e humanos muito limitados, a administração florestal não está em condições de desempenhar as suas funções e de garantir que as condições de exploração cumprem as regras básicas de gestão estabelecidas na legislação florestal.

Além disso, a política mineira adoptada pelo atual governo central ameaça igualmente a conservação e a gestão dos recursos florestais pelas comunidades. O Estado autoriza investimentos mineiros, industriais ou turísticos sem consultar ou obter o consentimento das comunidades locais. Isto é tanto mais verdade quanto o governo queria ativar a demarcação das áreas protegidas na sequência da decisão presidencial na Austrália em 2014, para poder processar as licenças de exploração mineira. No entanto, as comunidades ainda não dispõem de todas as *"armas"* (técnicas, jurídicas, etc.) para defender os seus interesses, mesmo no âmbito de uma consulta pública sobre um estudo de impacto ambiental, em caso de ameaça de destruição dos seus recursos. Os outros distritos florestais estão a aproveitar-se desta situação para passar um mau bocado.

Nestas condições, o Parque Nacional *de Tsimanampesotse*, que confina a norte com o planalto *de Mahafale* e constitui o núcleo duro da paisagem com os seus 207.000 ha de superfície, equivalente a 12% da superfície total, bem como as transferências de gestão, estão expostos a vários perigos, nomeadamente os de origem antropogénica. Os mais caraterísticos são as práticas de cultivo *"teteke / hatsake"* ou queimadas e as práticas de transumância, que tendem a ser longas tanto em duração como em distância. Estas práticas conduzem ao sobrepastoreio, à degradação do coberto vegetal e do solo e a conflitos sociais entre agricultores e pastores. Esta situação é agravada pelo aumento contínuo do número de habitantes.

Face à insuficiente eficácia das medidas regulamentares e legislativas de proibição da limpeza dos terrenos e da desflorestação adoptadas pela administração florestal, ou à ausência de regras adequadas para o exercício da transumância, aliada à precariedade das condições de vida nesta região, a população local não pode deixar de recorrer a práticas que não respeitam o ambiente para sobreviver. A integridade do Parque *de Tsimanampesotse* e, em particular, das suas zonas periféricas, está assim comprometida e a população local continua a viver numa situação de pobreza persistente.

Consequentemente, a crise ecológica nas zonas de chegada e a saturação das terras nas zonas de acolhimento dos pastores transumantes conduziram a um aumento considerável do fenómeno de intrusão nas transferências de gestão dos recursos naturais e nas novas zonas do parque. [122]Os criadores de gado aproveitaram o fenómeno *de Malaso* e o acordo entre as comunidades e as autoridades do parque sobre a utilização do espaço do parque, anteriormente considerado insalubre. Por outro lado, como os meios disponibilizados (caminhos, carrinhos, etc.) para a vigilância das florestas transferidas para as comunidades foram até agora claramente insuficientes (nomeadamente nas zonas de acolhimento pastoril para aqueles que as possuem), foram poucos os obstáculos à vontade do criador de gado de efetuar a sua transumância no parque de *Tsimanampesotse*.

---

[122] A população local e o PNM referem-se a ele como os "Dez Mandamentos de Itampolo". O segundo artigo deste acordo estipula que a ANGAP demarcará uma zona de pastagem para os transumantes. Consequentemente, os pastores de Itampolo podem aí transumir.

[123]O desbravamento ou *teteke* é uma prática tradicional de ordenamento do território já utilizada pelos primeiros ocupantes do planalto *de Mahafale*. Nessa altura, o baixo nível populacional permitia combinar a prática do desbravamento com a utilização da floresta. Nessa altura, as florestas tinham um carácter sagrado (geralmente eram aí colocados túmulos) e constituíam um reservatório de alimentos e plantas medicinais para as pessoas e para o gado. As pessoas costumavam obter os seus alimentos da floresta, mas quando esta foi destruída, foram obrigadas a começar a desbravar terras para se sustentarem. No entanto, o matagal xerófilo espesso original não desapareceu em todo o lado, embora tenha empobrecido e se tenha transformado em *monto* (matagal secundário aberto) e *sarike* (matagal secundário fechado) em muitas zonas.

Assim, a nova dinâmica migratória no planalto *de Mahafale* surgiu como um fator determinante na degradação florestal atualmente observada na região. Embora a imigração não seja um fenómeno recente na região sudoeste, mudou radicalmente nos últimos 15 anos, aproximadamente. No passado, a migração era temporária e individual; atualmente, tornou-se maciça e permanente.

Progressivamente, os migrantes enriqueceram e a sua coesão social consolidou-se, enquanto os indígenas não beneficiaram de oportunidades políticas que lhes permitissem adquirir títulos de propriedade. Por conseguinte, lançaram-se numa "conquista" da floresta. Por um lado, em termos económicos, exploram o ambiente (produção de carvão vegetal, abate de árvores, agricultura de sequeiro). Por outro lado, em termos simbólicos, "repovoaram" certas zonas da floresta com espíritos e divindades do tipo *"kokolampy"* do seu território de origem, a fim de se apropriarem espiritualmente do espaço florestal e, assim, controlá-lo completamente.

Após a independência de Madagáscar, muitas famílias do litoral começaram a instalar-se no interior do planalto. [124]O dinamismo da agricultura de queimada intensificou-se ao mesmo tempo que os *Vatoeka* (agentes do Estado) começaram a comprar os produtos locais aos agricultores. O aumento do preço do milho atraiu alguns agricultores para o cultivo da terra e a exploração da floresta. ara além disso, na II República, a obtenção de uma licença de fogo junto do Serviço de Águas e Florestas era interpretada como uma autorização para desbravara floresta. Assim,entre os anos 70 e o início dos anos 2000, dezenas de milhares de hectares de floresta foram destruídos para desbravar terrenos. Tal como no caso da transumância, o parentesco (relação matrimonial,

---

[123] A palavra local *teteke ou hatsake* designa a ação de cortar e queimar diretamente as árvores, para semear sem qualquer preparação posterior da parcela. Este sistema é praticado em praticamente todos os terrenos, incluindo os solos pedregosos e pouco profundos do planalto calcário, pois mobiliza os nutrientes acumulados na folhada e na biomassa florestal. As parcelas desbravadas são cultivadas, geralmente durante dois anos, e depois abandonadas devido a uma diminuição da fertilidade e/ou uma invasão de ervas daninhas que tornaria necessário investir uma grande quantidade de mão de obra na monda. Em seguida, novas terras são desbravadas para um novo ciclo de cultivo. Após este abandono, forma-se novamente uma floresta secundária (*moka*) ao fim de cerca de 5 anos. O campo pode ser recultivado após 10 anos, mas com uma produtividade muito menor.
Esta escolha de limpeza explica-se pela facilidade com que a floresta pode ser limpa e depois cultivada, em comparação com a dificuldade de preparar o solo e mondar os campos mais antigos. Do mesmo modo, o solo das zonas florestais é mais solto e fértil, o que o torna mais adequado para o cultivo do que o solo duro das zonas de savana.
A limpeza de terras é, portanto, uma técnica extremamente produtiva, tanto em termos de área cultivada (3-5 hectares de limpeza de terras podem ser cultivados por família, por ano, apenas com mão de obra familiar) como em termos de mão de obra investida.
[124] Vaomieran'ny Toe-karena ou Comité Económico

irmandade de sangue) desempenha e desempenhou um papel importante no acesso às terras florestais e à limpeza das terras.

Muito rapidamente, tornou-se difícil para os *Mahafale* resistir ao dinamismo económico dos migrantes, ao seu avanço na floresta e à sua exploração da floresta. Esta perda de controlo sobre o acesso à terra e aos meios de produção leva atualmente as populações *Mahafale* a reagir com diferentes estratégias, por vezes implementadas de forma contraditória no espaço florestal: podem ocupar a floresta com os seus rebanhos, praticar elas próprias a desflorestação (agricultura de queimada nas margens das transferências de gestão ou no interior do parque de *Tsimanampesotse*) e, paradoxalmente, apoiar programas de proteção da floresta ou reinvestir antigas práticas cerimoniais ligadas ao ambiente florestal.

No sudoeste de Madagáscar, em particular na paisagem *de Mahafale*, a floresta, outrora um lugar sagrado e marginal, tornou-se um espaço-chave onde se expressam novas questões socioeconómicas. A rivalidade pelo controlo e exploração do ambiente florestal é a materialização de tensões e conflitos entre populações indígenas e migrantes.

As principais razões apontadas para o aumento da limpeza das terras são as seguintes:

- a chegada de novos ocupantes à zona do planalto *de Mahafale*, que se apropriaram de novas terras;

- o regresso dos pastores à agricultura devido ao fenómeno *malaso*;

- a introdução de parques e de TGRN, que empurrou os habitantes das zonas costeiras para zonas não urbanizadas e desprotegidas (Kaufmann JC, Tsirahamba S., 2006);

- o aumento do preço do milho e o número cada vez maior de colectores;

- as grandes secas que atingiram a região (a frente de limpeza, por exemplo, avançou consideravelmente na falésia após a seca de 1990-1991) [Lebigre, J.M. e F. Bellera, 1997].

7.1.2.6   R esumo dos dados disponíveis :

Os dados disponíveis sobre o desmatamento são muito díspares. [125]De acordo com um documento elaborado pelo WWF com base numa análise retrospetiva de imagens de satélite SPOT, as tendências do desmatamento no parque e na TGRN são as seguintes

---

[125]WWF. 2011. *Estudo da desflorestação na paisagem do Planalto de Mahafale*. Projeto.

Quadro 11: Tendências do desbravamento no parque TGRN e *Tsimanampesotse*

Sítios	Taxa de apuramento 2003-2008 (%) anual	Taxa de apuramento 2008-2010 (%) anual	Tendência
Antigo limite do Parque *Tsimanampesotse*	0.46	0.32	↓
Nova extensão do parque *Tsimanampesotse*	0.65	1.25	↑
Média de 11 transferências de gestão	1.16	0.80	↓
Zona periférica do parque (sem TGRN)	1.48	2.75	↑

Fonte: WWF Toliara, 2013

ste quadro mostra a evolução da limpeza das florestas dentro dos limites do parque e dastransferências de gestão dos recursos naturais. o interior do antigo limite do parque edas antigas transferências de gestão, a frente de desmatamento está a diminuir. m contrapartida, nanova extensão do parque, que não é outra coisa senão a antiga zona núcleo da TGRN, e azona periférica doparque, registou-se um aumento da limpeza. sto explica porque é que o desbravamento sempre ocorreu no planalto *de Mahafale* e porque é que parece estar a aumentar. maior parte dos desbravadores sãomembros doCoBa, que contestam a extensão do parque, porque consideram que foram enganados quando a sua área central foi retirada para a nova extensão.

ara a média das 11 transferências de gestão, esta diminuição da limpeza pode ser vista, mas se analisarmos as transferências individualmente, um foco de limpeza é esporadicamente espalhado aqui e ali. pós 2011, a área desmatada nas transferências de gestão aumentou tanto olitoral como em*Ancara*, a leste do parque. Os levantamentos aéreos efectuados pelo WWF em 2010 e 2011 dão conta de vários desmatamentos no Parque *de Tsimanampesotse* (particularmente na zona oeste, ou seja, nas novas extensões).

s imagens do oogle Earth também mostraram a extensão do desmatamento no planalto *de Mahafale*, embora não tenha sido possível datar com exatidãoas áreas desmatadas. Os inquéritos e a análise documental revelaram que :

- As zonas desmatadas situam-se principalmente a leste do parque *Tsimanampesotse (Ankara)* e as transferências de gestão não são seguras;

- Grandes desmatamentos estão também a ocorrer dentro do parque de *Tsimanampesotse*, particularmente no sector de *Itampolo*. Já ilustrámos este caso com o desbravamento efectuado pela comunidade *de Ambolisogno* na floresta gerida pela CoBa *de Mizakamasy*;

- Alguns municípios são mais afectados do que outros pela limpeza de terrenos, nomeadamente *Itampolo, Ejeda* e *Beahitse* ;

- [126]alguns pastores transumantes aproveitam a sua presença nas zonas de acolhimento para desbravar terras, sem ter em conta a regulamentação em vigor;

- uma parte dos alimentos produzidos nas zonas de acolhimento através de limpezas e de escavações destina-se à zona costeira (transumância inversa da produção agrícola);

- algumas pessoas ricas organizaram grandes limpezas pagando mão de obra;

- Por último, algumas áreas utilizadas como pasto no passado estão atualmente desbravadas para cultivo.

Apesar dos pontos positivos assinalados pelos membros da CoBa (regeneração das árvores, aumento do número de animais selvagens, redução dos abates ilegais, melhoria da pluviosidade, aumento da quantidade de recursos naturais renováveis e refúgio do gado dos pastores nas áreas protegidas e transferências de gestão), os agro-pastores são obrigados a desocupar as áreas protegidas. Com efeito, as terras férteis do planalto tornaram-se interditas. Além disso, as comunidades aprenderam que as actividades condenáveis não são seguidas de medidas coercivas, apesar do controlo do acesso às florestas pelos agentes do parque e do CoBa.

O desenvolvimento do país através da exploração dos seus recursos minerais está em voga. No distrito *de Betioky*, a exploração petrolífera por uma empresa chinesa em parceria com a empresa petrolífera malgaxe PETROMAD ameaça as transferências de gestão, nomeadamente as transferências de gestão da energia lenhosa (produtores de carvão vegetal CoBa), uma vez que a empresa chinesa destruiu as florestas acima das zonas de prospeção, independentemente do estatuto da zona (grave, privada ou gerida pelas comunidades, como no caso das transferências de gestão dos recursos naturais renováveis). Da mesma forma, a exploração de pedras preciosas (granadas, quartzo rosa, ametista, berilo rosa, granito, etc.) no distrito *de Ampanihy* está a causar estragos numa grande parte da transferência de gestão de Etrobeke e tem colocado muita pressão sobre as outras transferências de gestão do distrito.

No que se refere ao projeto de extração de carvão de *Sakoa*, também realizado por uma empresa chinesa, várias transferências de gestão são afectadas pela construção de uma estrada de evacuação dos produtos até *Salary* e de um cais de carga. É de notar que o estudo de impacto ambiental deste projeto foi realizado por agentes do Ministério do Ambiente, da Água e das Florestas de *Antananarivo*. No seu estudo, concluíram que não haveria impacto ambiental no transporte de produtos em bruto de *Soamanonga* para *Salary* através dos centros de transferência de gestão da CoBa.

Os membros da direção da CoBa estão a protestar contra a construção da estrada que atravessa a sua área central, mas a administração florestal da região sudoeste não reagiu. Durante a nossa visita ao local, ouvimos dizer que a empresa mineira irá receber em breve a sua licença de exploração mineira e que a construção irá começar. Será que este projeto de extração de carvão vegetal de *Sakoa* é do interesse da nação malgaxe e não poderá contornar o núcleo duro das transferências de gestão?

---

[126] As zonas de acolhimento dos transumantes situam-se em Ancara, a leste do parque. As seguintes CoBa acolhem transumantes: *Mahasoa* d'*Ampitanake*, Tsivery *anjara Mahasoa* de *Vorojà*, *Fiarovantsoa* d'*Ankitekiteke*, *Magnasoa tane* de *Behombe*, *Magnasoa Tane mitsinjo Taranake* de *Marofototse*, Mitsinjo *Taranaka* de *Tomboina* e *Soa ho anay* d'*Andremba*.

Assim, as seguintes questões merecem ser partilhadas para que possamos refletir sobre a forma como o Estado lida com os recursos naturais renováveis em Madagáscar:

- o governo incentiva as comunidades de base a conservar a biodiversidade para os estrangeiros?

- O incentivo do Estado à preservação da biodiversidade equivale a perturbar as comunidades para que se fartem de ocupar o seu território ou para que se desestabilizem nas suas actividades socioeconómicas e seja fácil expulsá-las das suas casas numa altura em que operadores estrangeiros estão interessados nas suas terras ancestrais?

Sejam quais forem as respostas, a nossa interpretação desta situação é simples: o sucesso ou o fracasso da conservação dos recursos florestais de Madagáscar depende da vontade política e económica dos seus dirigentes.

Para concluir este subcapítulo, a proibição de plantar no planalto nas zonas de conservação enfraquece os membros da comunidade. A extensão do parque para as zonas de conservação da CoBa significa que não há terras aráveis suficientes a oeste e a leste do parque, uma vez que os solos dessas zonas são considerados mais férteis. Esta extensão também significa que o limite das terras de CoBa está a ser empurrado para o interior da sua aldeia. Este recuo também significa que é pouco provável que o comité de gestão e os funcionários do parque tomem medidas legais, uma vez que as áreas oficiais de cultivo estão localizadas a leste do parque ou na costa, no novo limite. Por conseguinte, a ausência de ação judicial e, sobretudo, a fragilidade da decisão tomada pelos responsáveis terão repercussões no sucesso da transferência da gestão dos recursos naturais renováveis.

Podemos, pois, sublinhar que os programas de luta contra a desflorestação não podem ser concebidos sem ter em conta estas novas questões, que investem nas florestas malgaxes e contribuem para a perda de maciços florestais, sob pena de estarem condenados ao fracasso. Do mesmo modo, só podem ser implementados com o apoio e a participação das populações locais.

7.1.3   Os efeitos da transferência de gestão

A transferência da gestão florestal para uma comunidade de base tem consequências. Estas podem ser positivas ou negativas. Elas variam consoante a tendência e o ângulo a partir do qual realizámos a análise. Assim, interessam-nos os efeitos ao nível da conservação e ao nível da população.

Em termos de conservação, a transferência da gestão florestal para a comunidade de base tem efeitos positivos, nomeadamente em termos de preservação destes recursos, através da existência de iniciativas locais de luta contra todas as formas de degradação, como os incêndios florestais e a redução da quantidade de madeira cortada. A verdadeira responsabilização das camadas mais baixas da comunidade permite otimizar os resultados e garantir a sustentabilidade das actividades de desenvolvimento local em curso.

A sustentabilidade das actividades de desenvolvimento baseia-se sobretudo na regeneração do ecossistema, o capital (físico) mais importante identificado como fonte de crescimento, de acordo com as teorias neoclássicas. Neste sentido, a regeneração significa não só o aumento da produção, mas também o aumento da produtividade, a fim de obter economias de escala.

No entanto, a regeneração natural ainda não é eficaz. A falta de domínio das técnicas de reflorestação, associada a condições climáticas e pedológicas difíceis, persiste e está a dificultar algumas tentativas de repovoamento por parte das comunidades locais. Madagáscar já transferiu uma parte da gestão dos recursos naturais para várias regiões.

No que diz respeito à população local, a dinâmica no seio das comunidades locais de base pode ter efeitos positivos: a transferência da gestão florestal para uma comunidade contribui efetivamente para a revalorização destes recursos. A profissionalização deste sector, com a comercialização eficaz dos produtos, proporciona emprego e rendimentos regulares à população local. Surgiram agricultores técnicos que aperfeiçoaram técnicas modernas de tecelagem. Os operadores económicos recorreram a estas organizações para colaborar na comercialização.

No plano social, a emergência de líderes agricultores nas comunidades locais facilitou a sua integração nos órgãos de decisão e de consulta. A melhoria das relações entre as comunidades locais de base e as comunas proporcionou um quadro favorável a vários contactos e intercâmbios com outros parceiros técnicos e financeiros.

Para que este processo de transferência funcione, devem ser respeitadas determinadas condições e princípios. A questão que se coloca é: quais são os factores de sucesso das transferências de gestão?

7.1.4   Os vários factores que podem favorecer ou prejudicar uma transferência de gestão

7.1.4.1   Factores de sucesso

A transferência de gestão é efectuada com o objetivo de conservar os recursos naturais a longo prazo e de contribuir para o desenvolvimento da população. Nos termos da Lei 96-025, o princípio da participação da comunidade de base na gestão dos recursos naturais baseia-se na participação voluntária. Mas a conservação e a gestão sustentável têm um custo. A grande questão, ainda sem resposta, é dupla: por um lado, como financiar o custo da conservação e da gestão sustentável e, por outro, o que é que as populações locais, as comunidades de base (VOI) - os principais actores da conservação e da gestão sustentável no terreno - têm a ganhar.

De acordo com os membros das comunidades de base com quem falámos, a transferência da gestão teve um impacto positivo na mudança de atitude das pessoas em relação à gestão sustentável dos recursos e na solidariedade entre os membros do VOI no que diz respeito às actividades a realizar e às decisões a tomar. Esta melhoria começa agora a ter um impacto na floresta.

A título de exemplo, para demonstrar o seu empenho na conservação da biodiversidade, os representantes de 487 comunidades de gestão dos recursos naturais de 17 regiões de Madagáscar formaram a rede *TAFO MIHAAVO*, que emitiu uma declaração de compromisso e de propostas: a "Declaração de *Anjà*" em maio de 2012. Desde então, a rede tem trabalhado para desenvolver uma proposta de estratégia e de plano de ação comunitário para a gestão sustentável dos recursos naturais, destacando o lugar do VOI em relação à *fokonolona*.

Em termos ecológicos, os VOIs afirmaram que, desde a adoção da gestão dos recursos florestais, foi observada uma mudança no ecossistema: a regeneração das florestas, que levou ao regresso de fauna que os aldeões raramente encontravam no seu território, como a abundância de ouriços-cacheiros. Os membros da comunidade também notaram uma redução ou um aumento das pressões humanas. Durante a estação das chuvas, notaram um aumento dos espaços verdes. Apesar desta melhoria, notaram a necessidade de monitorizar o estado de algumas espécies-alvo de conservação (a razão de ser da conservação da biodiversidade no planalto *de Mahafale*). Entre elas, *Cedrelopsys greveii (katrafay)*, *Albizia greveana (lovainafy)*, *Dyospiros perrieri (mendoravy)*, *Chloroxylon falcatum (voaovy)* e *Neobeguia mahafaliensis (handy)*. O mesmo se aplica - no que diz respeito à fauna - às tartarugas *Geochelone radiata* e *pixis,* espécies *que* são objeto de tráfico ilegal periódico.

<u>Figura 15</u>: Impacto da transferência de gestão no planalto *de Mahafale*

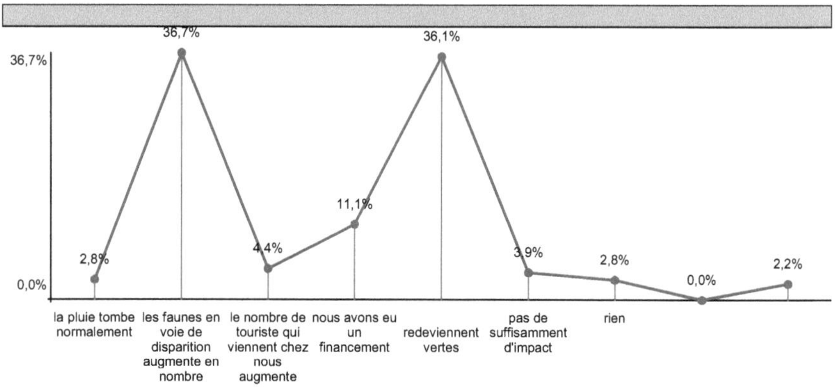

<u>Fonte</u>: O nosso próprio inquérito, 2014

Este gráfico mostra os resultados das actividades desenvolvidas pelas comunidades de base que gerem os recursos florestais. O nosso inquérito revelou que 2,8% afirmaram que, graças à transferência da gestão, a chuva caiu regularmente; 4,4% afirmaram que houve um aumento do número de turistas que visitam as suas áreas. 11,1% afirmaram ter beneficiado de um financiamento do *SGP/Tany Meva*. No que diz respeito ao aspeto ecológico, 36,7% constataram um aumento do número de variedades de fauna em vias de extinção no seu território e 36,1% constataram também que as florestas do seu território estão mais verdes do que antes. Por outro lado, 3,9% não encontraram um impacto suficiente da transferência de gestão nas áreas geridas pelos VOIs.

7.1.4.2   Factores de bloqueio

Desde a sua introdução em Madagáscar, a transferência de gestão foi dificultada por um certo número de factores. Estes factores situam-se a nível demográfico, económico e institucional.

Em primeiro lugar, no domínio demográfico, a degradação do ecossistema florestal nos países não desenvolvidos acelerou-se nos últimos anos devido à explosão demográfica. Este é também um problema para Madagáscar, embora não existam dados estatísticos sobre esta situação.

De facto, o crescimento da população nos países pobres é significativamente mais elevado do que nos países desenvolvidos. [127]Em média, em comparação com o ano anterior, o crescimento anual da população nos países não desenvolvidos é de 1,83%, enquanto nos países desenvolvidos é de 0,55% .

Este crescimento acelerado da população levou a um aumento significativo da necessidade de explorar ao máximo os recursos naturais. O resultado é a destruição desses recursos. Esta sobre-exploração consiste sobretudo na procura de satisfação das necessidades de consumo, de energia, de espaço e outras.

Os recursos florestais geridos pelas comunidades locais deparam-se com problemas de intrusão de outros membros, associados ou não, para satisfazer as suas necessidades, embora esta transferência de gestão seja regida por uma *dina*. A aplicação desta última é limitada por um certo número de necessidades, nomeadamente a satisfação das necessidades de consumo, de energia e de espaço.

A satisfação das necessidades de consumo das comunidades em torno destes recursos florestais está ligada à dependência da atividade humana em relação ao seu ambiente natural. A população humana é altamente dependente dos recursos naturais, especialmente em países subdesenvolvidos como Madagáscar.

Por exemplo, cerca de 53% da população destes países trabalha no sector agrícola e a utilização da tecnologia é fraca [Bertrand Y. A., 2007] (no caso de Madagáscar, esta taxa é muito mais elevada). Existe aqui uma relação positiva entre a produção e a superfície cultivada: quanto maior for a superfície cultivada, maior será a produção, daí a necessidade de aumentar ainda mais as superfícies cultivadas, uma vez que a produção já não é suficiente para satisfazer as necessidades alimentares expressas pela população. [128]No entanto, no

---

[127] Banco Mundial, 1992, Relatório sobre o Desenvolvimento Mundial, p28

[128] No relatório MARP, SuLaMa 2011, investigação para o desenvolvimento sustentável: "A morfologia da região é caracterizada por três zonas principais distribuídas de este a oeste e estendendo-se de norte a sul. A oeste, existe uma planície costeira contínua que varia de 1,5 a 15 km de largura. Esta zona é coberta por areias quaternárias intercaladas por depósitos aluviais e charcos temporários. Inclui o lago *Tsimanampesotse*, com 15 km de comprimento, classificado como sítio Ramsar em 19 de fevereiro de 1998 e integrado no parque nacional com o mesmo nome. O lago é limitado a leste pelo "planalto *de Mahafale*", um planalto de calcário numulítico. Este planalto, que cobre uma superfície de 10 000 quilómetros quadrados, situa-se geralmente entre 100 e 200 metros acima do nível do mar. Constitui também uma grande parte do Parque Nacional *de Tsimanampesotse*. É desabitado e apresenta uma variedade de caraterísticas cársicas (Raunet 1996):

- Cerca de uma centena de buracos de 40 a 100 metros de profundidade na parte noroeste,
- Uma zona de poços de fundo argiloso nas partes central e oriental,
- Depressões com argilas de descalcificação, bem como corredores e vales secos, testemunhos de uma rede hidrográfica fóssil, na parte oriental (Raunet 1996).

As argilas de descalcificação dão origem a solos fersialíticos ("terra vermelha sobre uma concha de calcário"), bem estruturados e com pH neutro ou básico.

A terceira zona, a leste do planalto calcário, é constituída por um mosaico d e afloramentos e depressões calcárias cobertas por espessos depósitos arenosos pliocénicos, frequentemente designados por "areias vermelhas". As areias vermelhas dão origem a solos tropicais ferruginosos com pH bastante ácido ("terra vermelha siliciosa"), por vezes misturados com solos fersialíticos de descalcificação; ou, menos frequentemente, a solos hidromórficos mais férteis em zonas baixas".

planalto *de Mahafale*, é impossível aumentar as superfícies cultivadas devido à falta de terras aráveis.

Em termos de satisfação das necessidades energéticas, a procura de energia registou um forte aumento desde 1980. Este aumento deve-se a um forte aumento da população, que se torna cada vez mais consumidora. Esta elevada procura de energia levou à sobre-exploração dos recursos que a podem fornecer, nomeadamente as florestas, uma vez que a madeira continua a ser a principal fonte de energia para mais de metade da população mundial. Esta dependência resulta do facto de a população não ter acesso a novas técnicas ou substitutos: por um lado, os custos são muito elevados, mas a maioria da população também não tem capacidade técnica para utilizar as novas tecnologias.

Desde há algum tempo, a paisagem de *Mahafale* é o potencial produtor de carvão vegetal para o abastecimento da cidade de *Toliara*. No relatório sobre a análise do sector madeira-energia envolvido no abastecimento da cidade de *Toliara* no planalto de *Mahafale* pela ONG PARTAGE em julho de 2011, as florestas são as principais, se não as únicas, fontes de energia utilizadas pelas populações locais na área de intervenção. A madeira é abatida para ser utilizada diretamente como lenha ou transformada em carvão vegetal.

A produção de carvão vegetal na zona é repartida ao longo do ano, com duas épocas muito distintas: o período seco, de maio a outubro, que corresponde à época baixa dos trabalhos agrícolas, em que a produção de carvão vegetal é elevada, e o período de cultivo, de novembro a abril, em que a produção é reduzida para quase metade. Os inquéritos efectuados nas quatro comunas revelaram que 39% dos carvoeiros trabalham continuamente durante todo o ano; 23% produzem carvão durante a época baixa e 38% fazem-no ocasionalmente. A quantidade total de carvão vegetal entregue à cidade de *Toliara* está estimada em 397 toneladas por ano. O WWF e a administração florestal tentaram organizar os carvoeiros e controlar a rastreabilidade dos seus produtos. Apesar desta vontade de organização, a produção de carvão vegetal exerce pressão sobre as transferências de gestão, uma vez que as comunidades podem produzir carvão com madeira seca dentro dos limites das transferências de gestão.

Finalmente, com o aumento considerável da população, a necessidade de espaço, quer para habitação quer para actividades, aumentou fortemente. A isto junta-se a grande mobilidade da população com os diferentes recursos afectados a este facto. O caso da limpeza de terrenos no interior do parque e de certas transferências de gestão efectuadas pelas comunidades costeiras, nomeadamente as de *Ambolisogno*, são disso testemunho.

Se olharmos apenas para a superfície da terra e para a população mundial, vemos que a capacidade da terra está longe de ser atingida. Mas o problema é que os recursos da Terra não conseguem suportar esta população. De facto, se partirmos de uma construção horizontal, ou seja, se a população mundial continuar a crescer ao mesmo ritmo, o aumento da população implica a procura de novos espaços habitáveis, e espaço habitável significa desenvolvimento e, portanto, transformação e destruição dos recursos pré-existentes.

A pressão demográfica é, pois, a principal responsável pela degradação ambiental da paisagem *de Mahafale*. Esta pressão *bloqueará* o êxito da transferência de gestão.

Mas que papel desempenha a economia no bloqueio da transferência de gestão?

O segundo fator de degradação ambiental que impedirá o êxito da transferência de gestão é a sobre-exploração dos recursos naturais devido à atividade económica. Estas podem ser divididas em duas categorias, consoante o nível de desenvolvimento do país em causa.

Nos países industrializados, por exemplo, grande parte da degradação ambiental deve-se ao comportamento dos consumidores. O consumo excessivo conduz à sobre-exploração dos recursos renováveis e esgotáveis e, sobretudo, ao efeito de estufa e ao buraco na camada de ozono. Com cerca de 30% da população mundial, as pessoas consomem a maior parte dos recursos ambientais do planeta e poluem muito. Cerca de 70% das emissões de CO_2 provêm dos países industrializados [BONTENS H. e ROTILLON G. 1998].

Toda esta poluição se deve à especialização dos países do Norte na atividade industrial, reflectindo o que Ricardo designou por "vantagem comparativa", ou seja, um país especializa-se na atividade que lhe confere uma vantagem comparativa. As economias dos países desenvolvidos baseiam-se na indústria e o crescimento económico resulta da exploração dos recursos naturais e do domínio da natureza pela tecnologia [RAMIARISON H, 2008]. No entanto, a maioria das tecnologias utilizadas são altamente poluentes e requerem muitos recursos naturais, como o petróleo, para funcionar.

Se a destruição do ambiente pode ser explicada pelo aumento da industrialização nos países desenvolvidos, o que dizer dos países subdesenvolvidos?

Em contraste com os países desenvolvidos, a atividade económica nos países pobres é dominada pela agricultura e pela exportação de recursos naturais como a madeira, o arroz e o milho.

A industrialização nos países não desenvolvidos é baixa e, se tivessem mantido o mesmo ritmo de exploração e os mesmos métodos de produção, não teria havido destruição do ambiente e dos recursos naturais.

Mas não foi isso que aconteceu. [129]No seu desejo de atingir o mesmo nível de desenvolvimento que os países industrializados, os países pobres imitaram os métodos de produção dos países industrializados. Os países pobres tornaram-se cada vez mais consumidores de recursos naturais e cada vez mais poluidores.

No caso de Madagáscar, mais concretamente do planalto *de Mahafale*, este sofreu com a seca provocada pelas alterações climáticas. As alterações climáticas são o resultado do efeito de estufa. A comunidade *de Mahafale* não tem outra alternativa à seca que não seja a desflorestação para a agricultura tradicional e a produção de carvão e tábuas.

Finalmente, o último fator que impede a transferência de gestão é o fator institucional. Nesta secção, para facilitar a compreensão, escolhemos o Estado e o mercado como instituições. Com efeito, é ao nível destes dois grandes tipos de instituições que são tomadas as principais decisões. Esta secção analisa o fracasso destas instituições na gestão ambiental.

Em primeiro lugar, para os economistas clássicos, o mercado é um mecanismo de autorregulação. Uma "mão invisível" coordena e orienta as acções individuais no sentido da harmonia social [SMITH A. citado por MANDRARA E. T., 2005]. Mas a realidade é bem diferente.

---

[129] H. Ramiarison, 2008. Op. cit,

Na realidade, não existe um mercado para o ambiente, embora alguns recursos naturais sejam transaccionados. A primeira falha de mercado reside no facto de os indivíduos subestimarem o valor dos recursos naturais, o que os leva a explorá-los em excesso. Este facto é reforçado pela subestimação dos custos envolvidos na exploração, com os indivíduos a terem em conta apenas os custos suportados por si próprios e a ignorarem os custos suportados por outros. Um proprietário de um automóvel, por exemplo, só tem em conta as suas despesas de combustível e de manutenção e ignora os efeitos da utilização do seu automóvel para os outros, como a poluição sonora e atmosférica. [130]Esta atitude é frequentemente designada por externalidade .

O fracasso do mercado está também ligado às suas caraterísticas. Quando falamos de mercado, referimo-nos sempre à lei do mercado, segundo a qual o preço é fixado no mercado pelo confronto entre a oferta e a procura. Mas uma coisa que não é dita é que este mercado está sujeito a numerosas imperfeições, incluindo informação assimétrica, incerteza e risco. Todas estas imperfeições do mercado levam a que os recursos naturais sejam subvalorizados e sobreexplorados. De facto, por exemplo, dadas estas falhas de mercado, as pessoas podem valorizar excessivamente o presente e utilizar intensivamente os recursos naturais por receio de que os seus valores presentes sejam superiores aos seus valores futuros. Outro exemplo é a sobre-exploração dos recursos naturais quando não se dispõe de informação sobre esses recursos (como no caso do pau-rosa de Madagáscar, apesar de não dispormos de dados estatísticos que o confirmem, há mais de uma década). Os agentes podem sobre-explorar os recursos por desconhecerem as suas caraterísticas, como a taxa de crescimento e de renovação. Estes factos são acentuados pela irreversibilidade das acções já realizadas.

A deficiência do mercado na gestão dos recursos naturais também pode ser explicada pelo papel desempenhado pelos preços. Os preços podem aumentar quando os recursos são escassos, estimulando a procura de novos recursos, a utilização de substitutos e a redução do consumo de recursos naturais. No entanto, este papel de regulação dos preços é limitado.

Em primeiro lugar, quando não existe um substituto eficiente, ou seja, em termos de custo ou de facilidade de utilização, mesmo que o preço aumente, esse aumento é seguido apenas por uma ligeira alteração do consumo, e isto a curto prazo. Neste caso, a procura não é muito elástica em relação a um aumento do preço dos recursos naturais, como se pode ver no caso do petróleo.

Em segundo lugar, quando o Estado intervém na fixação dos preços, como acontece na agricultura, onde aplica preços garantidos, os preços não podem ultrapassar um preço máximo e, por conseguinte, os preços deixam de poder cumprir o seu papel regulador.

Por último, este papel regulador do preço deixa de ser válido quando existem grupos que o podem influenciar quer para baixo, para reduzir os custos de produção, quer para cima, para limitar a entrada de novos concorrentes, como no caso de um monopólio.

Em suma, o fracasso do mercado agravou o problema ambiental. Esta falha está relacionada com as imperfeições do mercado, com o seu mecanismo e também com o comportamento dos indivíduos. Mas o que é que se passa com o Estado?

---

[130] Refere-se a uma situação económica em que a ação de um agente tem um impacto positivo ou negativo na situação de outro agente não envolvido na ação, sem que este último seja totalmente compensado ou tenha de pagar pelos danos ou benefícios causados.

O papel do Estado consiste em assegurar a satisfação das necessidades da população. Em geral, para satisfazer essas necessidades, dado que as necessidades são ilimitadas e os meios são escassos, o Estado empreende acções que visam agir sobre essas necessidades e orientá-las para uma escolha deliberadamente preferida.

No domínio do ambiente, este papel consiste principalmente em incentivar os indivíduos a comportarem-se de forma a melhorar o bem-estar coletivo, por exemplo, através da aplicação de leis e de políticas de redistribuição.

Em primeiro lugar, o fracasso pode resultar da ausência de uma política de gestão ambiental. É difícil encontrar uma política desejável e aceitável e pô-la em prática.

A segunda falha do Estado é a sua incapacidade de adaptar a política às necessidades da população. A procura da população está em constante mutação e difere consoante as categorias sociais e os seus modos de vida, enquanto a política do Estado é inerte e não tem qualquer relação com essa procura. No entanto, a eficácia da política do Estado depende da sua capacidade de satisfazer as exigências que possam surgir, e a legitimidade do Estado também depende disso.

O fracasso do Estado na gestão dos recursos naturais pode também resultar do antagonismo entre as políticas de gestão ambiental e as políticas estatais relativas às actividades que requerem recursos naturais. Por exemplo, por um lado, o Estado elaborou uma política de proteção das florestas e, por outro, promete uma economia baseada na agricultura ou na exploração mineira. Neste caso, para promover a economia, o Estado pode conceder subsídios aos agricultores ou garantir o preço da produção para incentivar os produtores a aumentar a sua produção. Para aumentar a produção, os agricultores têm de sobreexplorar o solo e, se a área disponível para cultivo for insuficiente, têm de procurar novas terras, o que leva a queimadas. É a chamada destruição subsidiada. O Estado é, portanto, obrigado a escolher entre o bem-estar da população e o crescimento económico, e é de notar que esta situação só é válida se os agricultores forem motivados por ofertas do Estado.

Em suma, a degradação do ambiente e a sobre-exploração dos recursos naturais foram causadas pelo crescimento exponencial da população, especialmente nos países subdesenvolvidos, pelos métodos de produção e também pelas falhas de instituições como o mercado e o Estado.

7.2 Âmbito e limites ligados à política seguida pelos intervenientes

7.2.1 Política das ONG ambientais

Após a promulgação da lei Gelose, imposta indiretamente pelos doadores, Madagáscar deixou de negligenciar a ecologia. Quando o Presidente Didier *RATSIRAKA* regressou ao poder em 1997, ajustou a sua retórica prometendo uma república humanista e ecológica. Em julho de 2002, o Presidente Marc *RAVALOMANANA* chegou ao poder prometendo um desenvolvimento rápido e sustentável que conciliaria o vocabulário apreciado pelos doadores com o da urgência. Em Durban, o Presidente optou por um desenvolvimento sustentável que favorece a conservação dos recursos naturais, aumentando a superfície das zonas protegidas em Madagáscar.

[131]Por conseguinte, nos últimos dez anos, aproximadamente, multiplicaram-se as ONG estrangeiras e malgaxes que trabalham no domínio da proteção do ambiente e do desenvolvimento agrícola. O aparecimento destes actores intermediários entre o nível global e o nível local é uma resposta tanto à procura de parceiros do tipo ONG por parte dos doadores internacionais, para implementar a ambiciosa política ambiental de Madagáscar, como à mobilização de intelectuais urbanos em busca de empregos gratificantes.

Indiretamente, o desenvolvimento apoia a população, mas também serve diretamente as ONG. Em conjunto com estas últimas, o desenvolvimento ajuda essencialmente o sector económico mais avançado, que é a população urbana.

As ONG são geralmente indispensáveis porque são os actores, os primeiros contratantes de projectos muito mais globais financiados por doadores internacionais ou pelo Estado, etc., ou seja, são elas que vão pôr em prática os projectos a nível local. Para este efeito, existe certamente uma concorrência internacional entre as ONG. Cada ONG que opera em Madagáscar tem os seus próprios métodos e objectivos de funcionamento. Estes diferem em função das exigências dos seus doadores, mesmo que trabalhem sobre os mesmos temas.

No que diz respeito à paisagem *de Mahafale,* várias ONG ambientais estão a trabalhar para conservar o lago salgado de *Tsimanampesotse.*

O PNM é o gestor do parque. É, por conseguinte, o principal responsável pelo parque. O montante dos fundos injectados pelos doadores depende da superfície dos terrenos a conservar. Para o efeito, os gestores do PNM fizeram o possível para alargar a área do parque. Por exemplo, durante a época de vacas magras de 2010, o PNM mobilizou os *fokonolona* para construírem um caminho ao longo da falésia e decretou que este caminho seria o limite para a extensão do parque nacional, apesar de o novo limite invadir as áreas de conservação do CoBa. O CoBa sentiu-se traído pelo PNM. A extensão do parque levou então a uma redução do acesso tradicional às florestas.

Em 2 anos, o CoBa esgotou a madeira utilizada para construir caixões *(mendoravy)* na área de conservação. Para obter *mendoravy,* a população local tem atualmente de pedir autorização ao MNP para cortar a madeira.

Devem ser consideradas medidas específicas relativas ao acesso e à gestão sustentável (pelo PNM) das árvores necessárias para a construção dos caixões. Os funcionários do PNM chegaram a um acordo com as comunidades de *Itampolo* sobre a utilização das áreas do parque para reprimir eventuais revoltas. Chamaram a este acordo os Dez Mandamentos de *Itampolo.* Depois, o PNM foi obrigado a construir alguns poços para as comunidades costeiras, embora a qualidade da água fosse má porque o nível de salinidade da água costeira era muito elevado. No entanto, a prioridade das comunidades é ter acesso tradicional e livre às florestas para satisfazer as suas necessidades.

O WWF, o SAGE e o GIZ estão a trabalhar com o CoBa. Estes deverão ser um cinto e um escudo que protegerão o parque através da transferência da gestão. Com as comunidades de base que apoiou, o WWF concentrou os seus esforços na alfabetização e na adoção de uma nova técnica agrícola para melhorar a produção. Trata-se do método SCV ou cultivo sob

---

[131] Quando falamos de ambiente, estamos a falar de biodiversidade

cobertura verde. De facto, o WWF está a fornecer um certo número de comunidades conhecidas como agricultores-piloto que estão a popularizar esta nova técnica.

Para formar os agricultores-piloto, o WWF convocou dois membros de cada comunidade que gere os recursos florestais. O WWF terá de alterar esta estratégia, ou seja, adotar a formação de proximidade, uma vez que esta é mais pertinente do que convocar os representantes dos agricultores para uma capital de distrito para participarem num curso de formação-ação.

O SAGE, por seu lado, financiou as patrulhas das comunidades de base que gerem a transferência de gestão para que estas pudessem atingir os seus objectivos.

Quanto à GIZ, financiou as sementes e as actividades de trabalho de campo dos membros das comunidades de base que gerem os recursos florestais. Como resultado, existe uma espécie de concorrência oculta entre as comunidades de base em torno do parque.

Por conseguinte, é necessário promover uma melhor coordenação entre os vários organismos de apoio, nomeadamente para evitar fugas entre os CoBa.

É de notar, no entanto, que este fenómeno de fuga atesta uma certa apropriação das transferências de gestão por parte da população e o início de uma certa dinâmica que motiva o CoBa a tomar conta das suas próprias terras.

As ONG não têm o hábito de apresentar relatórios à administração florestal local, apesar do seu estatuto. [132]No que se refere aos relatórios de atividade, as ONG enviam-nos aos doadores. A administração florestal local deve informar as ONG quando estas lhe confiam uma missão.

As abordagens divergentes dos parceiros técnicos e financeiros conduzem a uma debilidade das intervenções dos organismos de apoio, mesmo que trabalhem sobre o mesmo tema e no mesmo sector de atividade. [133] Consequentemente, as organizações de apoio não têm procedimentos uniformes, apesar dos esforços de coordenação a nível regional ou nacional, e cada organização tem os seus próprios objectivos a atingir. Esta situação é deplorável, na medida em que as comunidades locais de base se aproveitam dela para obter apoios que nem sempre correspondem às suas necessidades reais. Esta atitude dificulta a apropriação efectiva e a obtenção de resultados duradouros.

7.2.2   Política de administração florestal

O processo de transferência de gestão tem por objetivo atribuir às comunidades locais a responsabilidade pela gestão sustentável dos recursos naturais. Este processo implica que o Estado delegue alguns dos seus poderes nas autoridades locais descentralizadas, para que estas possam gerir racionalmente os seus recursos. É o que se designa por empowerment das comunidades de base a todos os níveis, através da transferência de responsabilidades e poderes do Estado.

Para o efeito, as comunidades locais que utilizam recursos naturais podem negociar com o governo um contrato de gestão de recursos, baseado num conjunto de regras, para gerir esses recursos por um período inicial de três anos, renovável por períodos subsequentes de dez anos. Este contrato baseia-se em três princípios fundamentais: a voluntariedade, demonstrada por um pedido de transferência das comunidades de base; a subsidiariedade, procurando a

---

[132] Em geral, as ONG produzem relatórios com base nos requisitos e resultados esperados pelos seus doadores.
[133] Recorde-se que três organizações de apoio estão atualmente envolvidas no planalto *de Mahafale*, nomeadamente a GIZ, o MNP e o WWF.

complementaridade entre as partes interessadas; e a não exclusão, envolvendo todos os diferentes estratos sociais da zona em causa.

Este processo de transferência da gestão dos recursos naturais para as comunidades locais de base inscreve-se no quadro da lei Gelose, que entrou em vigor em 1996. Esta lei regula todos os diferentes tipos de recursos naturais renováveis, tais como florestas, lagos, pastagens, áreas protegidas, etc., mas a nossa análise centra-se apenas nos recursos florestais, que foram objeto do decreto 2001-122 sobre a transferência da gestão florestal, conhecida como gestão contratualizada (GCF). Por outro lado, o êxito da aplicação desta lei tem em conta a criação de estruturas administrativas coerentes.

A gestão dos recursos naturais é da responsabilidade de numerosas estruturas administrativas, e esta prática dificulta a colaboração inter e intra-institucional devido às dificuldades de coordenação das actividades. Com efeito, é provavelmente a falta de procedimentos claros que impede que diferentes divisões de um mesmo serviço administrativo tenham a mesma visão dos objectivos e trabalhem com abordagens coerentes. Esta situação agrava-se ainda mais quando os serviços estão geograficamente distantes e não pertencem ao mesmo ministério.

A formalização das políticas através da promulgação de uma lei ou de um texto jurídico permite, pelo menos, prever as modalidades institucionais que devem favorecer uma melhor coordenação das acções. No entanto, muito poucas políticas foram formalmente formuladas e, de qualquer modo, a sua divulgação nem sempre é automática. Apesar das várias reuniões de coordenação interministerial a nível nacional (conselho de ministros ou comité interministerial), a gestão dos recursos naturais apresenta dificuldades de coordenação evidentes, devido à falta de conhecimento mútuo dos objectivos e das estratégias de aplicação de cada um dos parceiros.

Estas dificuldades são já evidentes a nível nacional, no seio de uma equipa que se pretende homogénea por fazer parte de um mesmo governo e que, por conseguinte, deve atingir os objectivos. A nível regional, podem ser agravadas pela entrada em cena de outros actores (ONG, associações de agricultores, operadores florestais, empresas madeireiras) que não têm necessariamente a mesma visão ou os mesmos interesses na gestão dos recursos naturais.

A nível local, o serviço de silvicultura está limitado por recursos e meios limitados. Aos olhos dos intervenientes locais, o serviço florestal continua a ser o principal representante do Estado responsável pela gestão florestal. A visibilidade do apoio do serviço florestal é uma garantia importante da legislação da lei de gestão comunitária. No entanto, nem sempre dispõe dos recursos necessários para prestar apoio consultivo e acompanhamento local à execução dos planos de gestão e para apoiar as comunidades locais de base no momento oportuno.

Além disso, apesar dos esforços efectuados, o processo de descentralização é ainda lento. A lentidão deste processo está a dificultar a tomada de decisões por parte do representante do Estado e irá perturbar a confiança entre os serviços florestais e as comunidades de base.

Em particular, o atraso n a avaliação oficial dos três primeiros anos de estágio para a renovação do contrato de gestão põe em causa a legalidade do poder das comunidades locais de base. Esta situação "pouco clara" constitui um fator de desmotivação e bloqueia a continuação da execução do plano de gestão.

Podemos confirmar que o Estado ainda não está preparado para transferir a gestão destes recursos florestais para as comunidades locais. Devido à pressão dos doadores, o governo central decidiu apressadamente transferir a gestão dos ecossistemas florestais para as comunidades locais sem criar os mecanismos necessários. No terreno, o serviço florestal é muitas vezes obrigado a fazer correcções ou recomendações. No entanto, existe um certo pesar por parte dos funcionários florestais, que sentem que perderam o seu prestígio junto das populações geridas e que se sentem esquecidos nas actividades a desenvolver no terreno.

7.2.3 A política dos municípios e a AICPM

7.2.3.1 Política das autoridades locais

A comuna à qual a floresta está ligada é a autoridade local em cuja área estão localizados os recursos florestais geridos, que são objeto da transferência de gestão. A comuna está em contacto permanente com a administração florestal e a comunidade local que gere os recursos florestais. Por conseguinte, deve ser fortemente envolvida no processo de transferência da gestão, mesmo que não seja signatária do contrato. Deve arbitrar os litígios que surjam antes do contrato. Além disso, a comuna, por intermédio do presidente do conselho, é responsável pela conciliação das partes em litígio antes de recorrer ao tribunal competente ou à arbitragem.

Os representantes eleitos nas colectividades locais descentralizadas dispõem de poderes que lhes permitem tomar iniciativas para promover o desenvolvimento da sua localidade.

No entanto, estas iniciativas são frequentemente dificultadas pelos recursos limitados disponíveis nas comunas. Estes recursos, constituídos principalmente por subvenções estatais, mal cobrem as despesas de funcionamento destas colectividades descentralizadas. Além disso, o nível dos fundos transferidos para as comunas é muito baixo. O reduzido montante transferido para as comunas tem um impacto considerável na sua capacidade de investimento. Reduz a margem de manobra dos projectos de desenvolvimento de base. Os recursos fiscais são igualmente reduzidos e insuficientes para reconstituir os cofres das comunas.

Por conseguinte, cada autarquia local procura resolver esta escassez de recursos financeiros e apressa-se a trabalhar com parceiros financeiros e técnicos. Aproveitando esta situação, estes últimos impuseram condições para a concessão de ajudas e de financiamentos. A proteção do ambiente é uma dessas condições.

Os representantes eleitos da autarquia local incluirão então projectos de proteção do ambiente ou acções ligadas à proteção do ambiente no seu plano de desenvolvimento municipal, como uma piscadela de olho aos doadores.

De facto, a existência de uma transferência da gestão dos recursos naturais facilita a obtenção de financiamento ou melhora a imagem do município aos olhos dos parceiros técnicos e financeiros. Assim, os representantes das comunas encorajarão as comunidades locais a pedir a transferência da gestão dos recursos florestais para obter ajudas e financiamentos. As portarias 73-009 [19 de março de 1973] e 73-010 [24 de março de 1973] relativas às competências e responsabilidades da *fokonolona* estipulam as responsabilidades da fokonolona em matéria de governação e gestão dos recursos naturais situados nas suas terras. O princípio inicial da transferência da gestão dos recursos naturais baseava-se na atribuição da gestão desses recursos às comunidades locais, vulgarmente conhecidas como "*fokonolona*".

[134]Infelizmente, o princípio de voluntariedade incluído na lei 96-025 parece ter minimizado a assunção de uma responsabilidade colectiva, dando origem a um conflito no seio da comunidade em causa, com algumas delas a registarem-se como VOIs apoiadas por organizações internacionais e KASTI apoiadas pela administração florestal local, que o Estado considera ser o único gestor legal com direito aos benefícios derivados dos recursos naturais.

Além disso, os representantes de cada comuna competem para serem o modelo de proteção ambiental e as relações entre as autoridades locais e a população diferem de um grupo social para outro. A falta de uma estrutura de diálogo ao nível das comunas, onde os cidadãos se possam exprimir livremente, pode ser uma das principais causas desta situação. Em caso de problemas entre as comunidades, há uma recuperação política por parte dos partidos antagónicos (pró-regime e oposição). Estes competem para controlar os conflitos internos relativos à gestão dos recursos florestais.

Apesar do apoio da comuna à criação de associações e à revitalização das organizações de agricultores para a gestão dos recursos florestais, o objetivo da comuna continua a ser a procura de colaboração e de financiamento. Ainda não tenciona criar uma plataforma que possa ser um fórum de diálogo entre as autoridades e a população local, devido à falta de recursos, mas também talvez porque não é a sua prioridade.

Por conseguinte, CoBa e KASTI são concorrentes entre si. Na relação entre os actores municipais, existe uma separação que não lhes permite concentrar os seus esforços para agir em sinergia e em conjunto para o desenvolvimento integrado do município, porque cada um age de forma independente, embora os objectivos sejam os mesmos.

É inegável o esforço das autoridades locais, das associações de agricultores existentes, dos operadores económicos locais, dos organismos governamentais e dos doadores para promover o desenvolvimento e conservar a biodiversidade, mas a falta de complementaridade faz com que estas acções não sejam sustentáveis.

7.2.3.2   Política da AICPM

Como explicámos anteriormente, a AICPM é uma associação das 13 comunas da paisagem de *Mahafale*, uma associação ambiental que funciona como uma ONG. A única fonte de rendimento da associação é a quotização dos seus membros. Os membros não são proactivos no pagamento das suas quotas. Por isso, a associação espera pela ajuda das ONG que trabalham no domínio do ambiente para levar a cabo as suas actividades. Vende os seus serviços a organizações que trabalham no planalto *de Mahafale*. A associação está a tentar reunir as VOIs que receberam financiamento do *SGP/Tany Meva*, para que possa cogerir o seu financiamento com as comunidades de base. No entanto, as comunidades de base não aceitaram esta proposta.

7.2.4   A política do CoBa

Inicialmente, as comunidades de base do planalto *de Mahafale* queriam proteger os recursos florestais em torno do parque de *Tsimanampesotse* para deles beneficiarem: ajuda para os seus

---

[134] O Komitin'ny Ala Sy ny Tontolo Iainana é um grupo de agricultores que conservam a biodiversidade nas suas terras. Foi criado pelo chefe do distrito florestal. Não assinou um contrato de gestão nem com a administração florestal nem com os funcionários da sua comuna. Não dispõe de um instrumento de gestão. Em geral, o KASTI não recebeu qualquer formação em matéria de gestão dos recursos florestais.

problemas quotidianos ou financiamento. Por outras palavras, a proteção dos recursos florestais em troca de ajuda ou de financiamento. Por outras palavras, em relação aos objectivos dos parceiros técnicos e financeiros, as comunidades de base têm um único objetivo: satisfazer as suas necessidades básicas, porque talvez soubessem que a floresta do planalto é protegida pelos espíritos conhecidos como *Tambahoake*, sendo vigiada pelos *ombiasy* e *mpitankazomanga*. Acreditam que, independentemente de serem ou não geridas segundo a lei Gelose, as florestas da paisagem *de Mahafale* já são geridas tradicionalmente graças à forte presença de usos e costumes. Por conseguinte, a sua motivação ou o seu grau de participação nas actividades a empreender, quer sejam ordenadas pelos parceiros técnicos e financeiros ou incluídas no plano de gestão, depende do volume de financiamento. No entanto, desde a implementação da transferência de gestão no planalto *de Mahafale*, as comunidades de base não receberam qualquer financiamento de ONG ambientais internacionais como a WWF, mas foram-lhes fornecidas sementes.

As florestas transferidas não foram geridas corretamente. As populações locais continuam a utilizar as florestas para satisfazer as suas necessidades. [135]Eles retiram madeira sem pedir ao comité de gestão e os transumantes vieram construir currais e habitações para o gado sem querer respeitar a *dina* . De facto, os pastores transumantes têm um direito de passagem através das transferências de gestão para irem para as zonas de chegada dos transumantes. No entanto, apenas uma pessoa muito poderosa (o antigo presidente da câmara de uma comuna vizinha que possui milhares de bois) reivindica o direito de pastar numa transferência de gestão porque a considera uma zona de chegada.

Em suma, as comunidades de base ainda estão habituadas a utilizar livremente os recursos naturais que as rodeiam. A implementação de uma transferência da gestão para grupos de indivíduos nas comunidades é suscetível de encontrar factores de bloqueio. A exclusão social dos grupos desfavorecidos é simultaneamente um fator de bloqueio e uma consequência do processo. Esta exclusão foi implicitamente causada pela estrutura social local, que dificilmente permitia a expressão de grupos sociais dominados, como as mulheres dos *Mahafale*. O apoio prestado não foi capaz de resolver esta situação delicada.

Além disso, os conflitos internos não resolvidos, gerados pela divergência de interesses entre as comunidades locais de base no seio da sua união, constituíram um travão ao desenvolvimento da dinâmica comunitária. No planalto *de Mahafale*, o conflito latente entre os *mpiavy* e os *tompontany* sobre a gestão dos recursos florestais está longe de estar resolvido.

Apesar desta atitude por parte das comunidades, muitas delas gostariam de conservar os recursos florestais porque acreditam que, ao fazê-lo, estarão a garantir a sua pluviosidade.

Estão igualmente convencidos de que a biodiversidade só tem valor se lhe for atribuído valor. Vivem dos recursos naturais. Dependem dos recursos naturais. As transferências de gestão podem, por conseguinte, ser um instrumento de conservação da biodiversidade, mesmo que, em certos locais, se limitem a deslocar o problema. Além disso, uma única comunidade de base não pode lutar contra o futuro, mas o investimento deve ser feito a longo prazo e em rede.

---

[135] A *dina* não é bem conhecida do grande público. Foi recomendada uma maior divulgação. Recorde-se que a ritualização permite normalmente esta divulgação.

Para gerir melhor os seus recursos, as comunidades de base da paisagem *de Mahafale* juntaram forças com uma plataforma que é mais poderosa do que elas. Esta plataforma chama-se *TAFO MIHAAVO*.

As estruturas de base que têm os mesmos problemas unem-se nesta plataforma porque, em geral, deduziram que :

- a assunção de responsabilidades pelas comunidades de base é enfraquecida pela insuficiência dos seus poderes e recursos face aos mais poderosos ou aos que têm mais poder do que elas;

- a legislação que rege a exploração e a proteção dos recursos naturais mineiros, florestais, pesqueiros, marinhos e outros não é coerente;

- os benefícios dos recursos naturais são distribuídos de forma injusta ;

- O respeito pelas disciplinas sociais é muito difícil porque muitas famílias dependem dos recursos naturais para a sua subsistência.

Para resolver estes problemas, os membros da plataforma vão concentrar todos os seus esforços na criação e implementação de uma estratégia nacional com uma relação de colaboração e na gestão dos recursos naturais ao nível das bases. A visão da plataforma estende-se até 2020 e centra-se num ambiente limpo e na gestão equitativa dos recursos naturais como uma alavanca para o desenvolvimento sustentável.

As comunidades de base serão responsáveis, eficientes, autónomas e respeitadas por todos em termos dos seus poderes, competências e valores. Para o conseguir, a transferência de gestão, por si só, já não é suficiente. Para erradicar o despotismo de alguns no que diz respeito aos recursos naturais, é necessário criar uma estrutura em que haja "uma divisão de poderes e responsabilidades entre as autoridades, as estruturas de base", o sector privado e a sociedade civil, "para uma melhor governação". Deve também incluir o poder das comunidades de base de apresentarem queixas contra quaisquer saqueadores dos recursos naturais, que serão punidos por autoridades judiciais competentes, independentes e justas, criadas para o efeito.

As comunidades de base tomarão a seu cargo, juntamente com as outras partes interessadas, as actividades destinadas a proteger o ambiente, a assegurar a sua subsistência e a melhorar as suas condições de vida em geral. Assim, estão a criar as estruturas e o plano de gestão das suas terras, e o estatuto oficial do VOI, bem como a lei Gélose e a portaria MECIE serão revistos (Mise en Cohérence des Exploitations avec l'Environnement) para que todos possam utilizar e proteger as terras e os recursos naturais de Madagáscar e beneficiar deles de forma equitativa.

Por último, as estruturas de base "trocam experiências e comunicam de forma transparente" a nível local, nacional e internacional, de modo a poderem desenvolver-se rapidamente, aconselhar e executar imediatamente as actividades que lhes são confiadas.

Esta rede de comunidades de base tem um desafio ambicioso. É verdade que ter uma visão positiva das políticas de gestão dos recursos naturais é ótimo, mas o que nos interessa é saber se as comunidades analfabetas, como as do planalto *de Mahafale,* conseguem enfrentar estes desafios sozinhas.

Ao mostrar os alcances e os limites da abordagem ligada à política seguida pelos actores, podemos afirmar que cada um deles tem os seus êxitos e, sobretudo, os seus limites. Além disso, a lei Gelose e o decreto GCF que eles implementaram também têm os seus limites.

O segredo do sucesso da transferência da gestão do planalto *de Mahafale* reside no respeito das comunidades pelos costumes e tradições, uma vez que a maioria das florestas transferidas para as comunidades de base inclui florestas sagradas ou tabu. Os nossos antepassados já geriam estes recursos florestais. A sua gestão baseava-se na dissuasão através de ameaças, na gestão participativa e na sensibilização, mostrando que a floresta é, em última análise, o último recurso dos pobres.

Assim, a política de gestão florestal participativa não é nova. A forma como foi implementada mudou de um regime para outro. Atualmente, a transferência da gestão dos recursos naturais ocorreu graças à aplicação da lei Gelose e do decreto GCF. Os doadores confiaram a implementação deste último a organizações não governamentais nacionais e/ou internacionais.

De facto, a conservação dos recursos naturais renováveis está a tornar-se um verdadeiro negócio, uma verdadeira competição internacional entre ONG. Não são os recursos naturais que lhes dizem respeito, mas sim o mercado. No caso do planalto *de Mahafale*, as ONG intervenientes não têm o mesmo procedimento, apesar dos esforços de coordenação efectuados. As abordagens divergentes dos parceiros técnicos e financeiros conduzem a uma fragilidade das organizações de apoio, apesar de trabalharem sobre os mesmos temas e no mesmo sector de atividade. Esta situação é deplorável, na medida em que as comunidades locais de base se aproveitam dela para obter apoios que nem sempre correspondem às suas necessidades reais. Esta abordagem dificulta a apropriação efectiva e a obtenção de resultados sustentáveis.

CONCLUSÃO SOBRE A SEGUNDA HIPÓTESE

Repetindo a nossa segunda hipótese: "A organização social e os costumes tradicionais garantem a estabilidade e o sucesso das transferências de gestão no planalto *de Mahafale*".

A nossa análise parece confirmar esta hipótese inicial. O governo central não parece disposto a entregar a gestão dos recursos naturais às colectividades locais. Esta lacuna teve um impacto nas colectividades locais descentralizadas. Assim, a transferência da gestão dos recursos naturais renováveis continua a ser uma moda para as comunas, pois o seu objetivo continua a ser a procura de colaboração e de financiamento.

Além disso, desde o início, as comunidades de base que gerem as transferências de gestão dos recursos naturais no planalto *de Mahafale* têm um duplo objetivo no que diz respeito à proteção dos recursos naturais: ser um modelo para outras comunidades e também beneficiar de financiamento para satisfazer as suas necessidades básicas.

Além disso, as organizações de apoio à transferência de gestão são obviamente os principais contratantes dos projectos de conservação dos recursos naturais renováveis. Por outras palavras, são eles que vão implementar os projectos a nível local. No entanto, são eles que são mais sensíveis às realidades que encontram no terreno, e não os *mpitan-kazomanga* e os *ombiasa*. Estes últimos são excluídos da gestão destes recursos florestais, apesar de serem os verdadeiros guardiões.

[136]No planalto *de Mahafale*, a última etapa do processo de transferência da gestão, que é a ritualização, é omitida pelas organizações de apoio, tornando-se o grupo de pessoas que forma o comité de gestão o novo gestor das florestas ancestrais *(alan-draza)*.

Por conseguinte, as acções do CoBa e do KASTI são incoerentes e muitas vezes até antagónicas. Na relação entre os actores locais, existe uma separação que os impede de concentrar os seus esforços para agir em sinergia e em conjunto, para o desenvolvimento integrado do seu município, porque cada um age de forma independente, embora os objectivos sejam os mesmos. Por outras palavras, gerir os recursos florestais em troca de financiamento.

Todos os intervenientes nesta transferência de gestão estão simplesmente a confiscar a gestão tradicional dos *ombiasy* e dos *mpitankazomanga*. O êxito desta transferência de gestão baseia-se, desde há muito, no respeito pelo povo de *Tambahoaka* (espírito guardião das florestas do planalto *de Mahafale*) e no respeito pelos costumes e tradições.

A população local continua a utilizar as florestas para satisfazer as suas necessidades. Recolhem madeira sem consultar o comité de gestão. Os pastores transumantes vieram construir currais e habitações para o gado sem querer respeitar a *dina*. O tráfico de pau-rosa nas zonas geridas pelo CoBa está a intensificar-se. As florestas transferidas não foram corretamente geridas. O resto das florestas do planalto *de Mahafale* são florestas tabu ou florestas sagradas cuja utilização exige o sacrifício de zebus.

---

[136] Pedir uma bênção e um livre-trânsito aos antepassados e aos espíritos da floresta *(Tambahoake)*, uma vez que o CoBa vai assumir a gestão dos recursos florestais através da transferência da gestão.

Capítulo Oito: Desenvolvimento sustentável
e conservação dos recursos naturais

Todas as acções empreendidas pelos diferentes agentes económicos visam, de uma forma ou de outra, melhorar a situação socioeconómica e política, o que não é outra coisa senão o desenvolvimento. Existem muitos conceitos diferentes de desenvolvimento, desde o simples crescimento económico, passando pelo desenvolvimento social, até ao desenvolvimento sustentável.

Neste capítulo, para maior esclarecimento, analisaremos se é possível alcançar um desenvolvimento sustentável sem ou com a conservação dos recursos naturais e as ideias que lhe estão associadas.

8.1 Desenvolvimento sustentável

Antes de entrarmos em pormenores, é necessário clarificar a diferença entre *"desenvolvimento sustentável"* e *"desenvolvimento sustentável"*.

De um modo geral, o desenvolvimento deve ser sustentável, ou seja, durar muito tempo. Mas para ser sustentável, tem de ser sustentável.

Neste caso, o desenvolvimento sustentável é o desenvolvimento que pode ser suportado pelo homem, pela natureza ou pelos recursos naturais. [137]Podemos, portanto, dizer que o desenvolvimento sustentável é sinónimo de *"desenvolvimento ecologicamente viável"*.

[138]O desenvolvimento sustentável é definido como *"o desenvolvimento que satisfaz as necessidades do presente sem comprometer a capacidade das gerações futuras de satisfazerem as suas próprias necessidades"*. Este conceito tem vindo a ser desenvolvido desde 1980, altura em que foi traduzido do inglês como *"sustainable development"* na obra *"The World Conservation Strategy"* da União Internacional para a Conservação da Natureza (UICN). O seu objetivo é conciliar considerações ecológicas, económicas e sociais e encontrar um equilíbrio ótimo entre estes três elementos, de modo a que a produtividade global compense as perdas causadas pelas actividades económicas que esgotam os recursos naturais.

O desenvolvimento tem tido várias definições e designações. O termo atual é desenvolvimento sustentável. De seguida, vamos analisar os elementos tidos em consideração neste novo tipo de desenvolvimento.

8.1.1   A abordagem sistémica do desenvolvimento

Um sistema é constituído por vários elementos estreitamente interdependentes e organizados de uma determinada forma. Para Condillac, um sistema é um arranjo de elementos numa ordem que se apoia mutuamente; o todo está em cada elemento, e cada elemento não tem significado se não pertencer a um todo. É neste sentido que o novo conceito de desenvolvimento deve ser entendido. Enquanto luta contra a pobreza, o desenvolvimento deve ter em conta três elementos importantes: o económico, o social e um novo elemento ao qual estão ligados os dois elementos anteriores: a ecologia.

---

[137] Banco Mundial, 1992, Relatório sobre o Desenvolvimento Mundial.

[138] G. Grarnier e Y. Veyret, 2006. *Desenvolvimento Sustentável: Quais são os desafios geográficos?* La documentation Française.

8.1.2 O aspeto ecológico do desenvolvimento

Consciente da destruição e da degradação dos ecossistemas (desertificação, aquecimento global, etc.) e das externalidades negativas que lhes estão associadas, a necessidade de uma melhor gestão dos recursos naturais tornou-se uma prioridade. O desenvolvimento deve ter em conta o ambiente, porque não basta satisfazer as necessidades do presente, mas também as das gerações futuras, e deve respeitar o ambiente. Podemos fazê-lo respondendo à pergunta: *"O que devemos deixar aos nossos filhos e netos para que tenham o máximo de hipóteses de não viverem pior do que nós?*

Por conseguinte, é necessário preservar o ambiente e tomar medidas para garantir a sustentabilidade dos recursos naturais ao procurar o crescimento económico, para que as gerações futuras possam beneficiar dele.

8.1.3 O aspeto económico do desenvolvimento

O crescimento económico é uma condição necessária para o desenvolvimento. É necessário favorecer o crescimento económico, um aumento da produção para satisfazer as necessidades expressas pela população. Este crescimento económico deve ter em conta dois outros factores: deve traduzir-se numa melhoria do nível de vida da população sem prejudicar o ambiente. No passado, o crescimento económico consistia apenas no aumento da produção, ignorando o seu impacto sobre a população e, sobretudo, sobre o ambiente. Hoje, porém, deve avaliar as externalidades que a população e o ambiente podem sofrer.

Poderíamos pensar que não é possível ter crescimento económico e conservação do ambiente ao mesmo tempo, porque o crescimento económico visa aumentar a produção através da exploração dos recursos naturais. Assim, temos de escolher entre o crescimento económico e a conservação dos recursos naturais. No entanto, nem sempre é assim. De facto, o crescimento económico e a conservação do ambiente não são contraditórios para os países desenvolvidos. Para que o crescimento económico seja ecologicamente viável, é necessário produzir de forma diferente; é necessário alterar a forma como consumimos os recursos naturais e utilizar tecnologias de produção que respeitem mais o ambiente, mas que permitam o crescimento desejado.

No entanto, a aplicação da política de conservação dos recursos naturais conduzirá a um abrandamento do crescimento económico. Este abrandamento do crescimento económico pode ser explicado pelo facto de não existir uma correlação automática entre o crescimento económico e uma mudança nos métodos de produção. O abrandamento do crescimento económico continua até atingir um nível mínimo correspondente a um esforço de conservação do ambiente.

Antes de aplicar a política de conservação do ambiente, o governo malgaxe não tem em conta o desenvolvimento económico de todos. Não existem medidas de apoio a esta política. Além disso, transformou os liceus agrícolas num programa (gerido por organizações não governamentais). É a isto que chamamos um erro estratégico.

Se este é o aspeto económico do desenvolvimento, por que razão é importante o aspeto social?

8.1.4 O aspeto social do desenvolvimento

Há quem diga que a gestão ambiental é importante para o desenvolvimento. Sem uma boa gestão ambiental, não podemos ter desenvolvimento. No entanto, a relação inversa também é importante, e é talvez aqui que a tónica deve ser colocada, porque sem desenvolvimento não pode haver uma boa gestão ambiental.

A maioria da população mundial, especialmente nos países em desenvolvimento como Madagáscar, é pobre. As pessoas pobres fazem todo o possível para satisfazer as suas necessidades essenciais ou básicas. Sobrevivem através da exploração dos recursos naturais. Utilizam muito pouco a tecnologia moderna. Assim, se querem aumentar a sua produção, têm de explorar ao máximo os recursos naturais, incluindo a silvicultura para consumo.

Se quisermos ter alguma esperança de gerir estes recursos naturais, temos de tirar as pessoas da pobreza, dar-lhes um melhor nível de vida e fazer com que deixem de depender dos recursos naturais. No entanto, isso parece impossível, porque a população está em constante crescimento e a procura está a aumentar. Como resultado, a natureza continua a ser explorada. Para nós, a luta contra a pobreza é essencial se quisermos conservar o ambiente.

Para concluir, se quisermos falar de desenvolvimento sustentável, temos de ter em conta os três pilares seguintes: ecologia, questões sociais e economia.

Para que o desenvolvimento seja sustentável, tem de ser social e ecologicamente habitável, económica e socialmente equitativo e económica e ecologicamente viável. Por conseguinte, temos de encontrar um equilíbrio entre estes três pilares, sem os quais o desenvolvimento não pode ser sustentável.

Mas desta relação surge um problema: o da equidade entre a população, entre os países e, sobretudo, entre as gerações. A solução reside na utilização óptima dos recursos naturais.

O desenvolvimento sustentável tornou-se agora um objetivo global. Para o alcançar, temos de resolver o problema da equidade. A equidade surge assim que se fala de desenvolvimento sustentável, porque implica um equilíbrio entre os três elementos seguintes: economia-sociedade-ambiente.

8.2 Será que o desenvolvimento sustentável significa um eterno empobrecimento para Madagáscar?

8.2.1 Evolução do conceito de desenvolvimento sustentável

O conceito de desenvolvimento sustentável tem vindo a ser desenvolvido desde a primeira conferência internacional sobre o ambiente humano, realizada em Estocolmo (sob a égide das Nações Unidas) em 1972. A conclusão a que se chegou foi a de propor um modelo de desenvolvimento económico compatível com a equidade social e a prudência ecológica. Este modelo foi designado por modelo de "ecodesenvolvimento". Posteriormente, em 1987, o relatório do Primeiro-Ministro norueguês Brundtland "O Nosso Futuro Comum" redefiniu o desenvolvimento sustentável como um desenvolvimento que satisfaz as necessidades do presente sem comprometer a capacidade das gerações futuras de satisfazerem as suas próprias necessidades.

Em 1992, na Conferência do Rio, o desenvolvimento sustentável foi definido como uma mudança nos métodos de produção, uma mudança nas práticas de consumo e, sobretudo, a adoção, pelos cidadãos e pela indústria, de comportamentos quotidianos que preservem a qualidade e a diversidade do meio vivo, dos recursos e do ambiente. O modelo de desenvolvimento das sociedades ocidentais já não é considerado como o único modelo de desenvolvimento obrigatório (pelo menos em teoria). Chegou-se à seguinte conclusão: *"a uma diversidade de situações e de culturas deve corresponder uma diversidade de formas de desenvolvimento"*.

[139]Após estas datas-chave, a noção de desenvolvimento sustentável foi discutida em vários eventos. A definição desta noção já não está na ordem do dia, mas sim as soluções a apresentar para evitar possíveis catástrofes e preservar o ambiente.

8.2.2 Apropriação das ideias do desenvolvimento sustentável

Falaremos sobre a mobilização e apropriação de ideias desenvolvidas a nível internacional sobre o desenvolvimento sustentável nos processos de elaboração de políticas nacionais.

Em Madagáscar, a adoção deste referencial de desenvolvimento sustentável foi precoce. Já em 1984, o país era um precursor do desenvolvimento sustentável, inicialmente abordado numa perspetiva ambiental. No entanto, a sustentabilidade só foi tida em conta no início dos anos 90, com a adoção de uma carta ambiental e o lançamento do Plano de Ação Ambiental (PAE) apoiado por um consórcio de doadores (Banco Mundial, USAID, GTZ, etc.). Esta reapropriação do quadro de referência do desenvolvimento sustentável nas políticas nacionais parece caraterizar-se atualmente por uma vontade de rutura com as práticas sectoriais de ação pública, centradas no ambiente.

Esta integração pode levar à introdução de novas políticas que procurem integrar as várias dimensões da sustentabilidade, mas também a alterações nas políticas pré-existentes.

O primeiro programa (1991-1996) caracterizou-se por uma abordagem centralizada da gestão do ambiente e dos recursos naturais: zonagem das zonas protegidas com base em critérios científicos, sem qualquer consulta das partes interessadas locais, e estigmatização da agricultura como principal fonte de degradação. O desenvolvimento sustentável perde assim a sua substância e o desenvolvimento rural passa para segundo plano.

A adoção destas políticas públicas de inspiração internacional significa que os dirigentes do país estarão dependentes e ajudarão a comunidade internacional, porque Madagáscar estará dependente da ajuda ao desenvolvimento. Os países ricos estão a correr para pedir empréstimos a Madagáscar nas suas condições. Isto levanta a questão do grau de liberdade de que o país dispõe para definir as suas opções de desenvolvimento e a sua ação pública. A divergência de propostas entre os cientistas e as comunidades está na origem de uma deterioração das relações entre os operadores e a população local. Daí o comentário de Chaboud de que *a sustentabilidade e a aceitabilidade social destas orientações decretadas a nível internacional são motivo de reflexão* [Chaboud. 2007].

Então, será que as relações de assistência evoluíram realmente para parcerias que deveriam ser mais construtivas? É preciso questionar a realidade dos actuais projectos de conservação.

---

[139] Através de conferências e simpósios internacionais

Capítulo Nove: Transferência da gestão dos recursos florestais
e o seu futuro

O objetivo de Agar era restituir os direitos da natureza e os direitos sobre o ambiente ao conjunto da população. Por outras palavras, visa devolver um lugar central às populações locais. Assim, para algumas pessoas, finalmente, abre espaço para os mais pobres, mas para outras, que não são minoritárias, é bem-vinda porque vai enquadrar aqueles que beneficiam dos recursos. No entanto, de acordo com a teoria da conservação integradao objetivo da CoBa seria conservar os recursos florestais e explorá-los ao mesmo tempo. No entanto, na prática do "desenvolvimento" ou da "conservação do ecossistema florestal", existe uma distinção clara entre os projectos de apoio que visam conservar a natureza e os que visam enquadrar a utilização produtiva e comercial dos recursos pelos aldeões. A dissociação dos objectivos, que reflecte a divisão do trabalho entre os intervenientes, é mais acentuada neste caso porque os recursos em causa se situam na zona periférica de um parque nacional. Em Madagáscar, por exemplo, o estatuto das ONG com fins lucrativos levou a que o ágar fosse por vezes desviado para ajudar certos indivíduos a obterem lucros para si próprios. Estas pessoas estão ativamente envolvidas na execução de projectos de conservação. Mesmo que estejam ativamente envolvidos na conservação, será que conseguem atingir o objetivo final da transferência de gestão, que é a gestão a longo prazo destes recursos para que os seus descendentes possam beneficiar?

Neste último capítulo, tentaremos verificar que *as transferências de gestão estudadas não atingem os objectivos de uma gestão sustentável devido à redução dos direitos de uso das comunidades Mahafale, à situação geográfica e às alterações climáticas que pesam sobre as suas terras.*

9.1   O futuro do ecossistema florestal no planalto de Mahafale

A região de *Mahafale* é uma zona sub-árida com uma das taxas de pobreza mais elevadas do país. Ecologicamente, está coberta por uma vegetação xerófita única no mundo. No entanto, devido à sua extrema pobreza, as pessoas que vivem perto destes ecossistemas florestais são muitas vezes forçadas a explorar e comercializar os recursos existentes, uma vez que esta é a sua única fonte de rendimento em dinheiro e é frequentemente um pré-requisito para a sobrevivência. Desbravam terras para a produção de milho e fabricam carvão vegetal, que é utilizado nas cidades como combustível doméstico.

Além disso, a pobreza apaga a dignidade humana e o sentido de responsabilidade cívica, e os pobres, como meros benfeitores sem qualquer iniciativa, não podem esperar nem um desenvolvimento ou uma posição social satisfatórios, nem qualquer melhoria das suas condições materiais e de vida.

A pobreza, seja ela intelectual, cultural ou económica, cria um sentimento de frustração ou de insatisfação e pode facilmente conduzir a um desinteresse pelas responsabilidades comunitárias.

Por conseguinte, a maioria da população sente-se marginalizada. Para além disso, são pobres. Não têm grandes responsabilidades. A pobreza das mulheres e o problema do desemprego dos jovens (a corrida aos campos de safiras e aos arrozais de Morondava em busca de uma vida melhor) acentuam este fenómeno.

A iniciativa ou outras formas de envolvimento dos cidadãos em acções comunitárias ou especificamente em acções de conservação dos recursos florestais dependem da sua necessidade de desenvolvimento como pessoas e da sua capacidade individual, razão pela qual abordaremos um a um os factores que podem determinar o futuro do ecossistema florestal do planalto *de Mahafale*.

9.1.1   O nível de educação dos membros do CoBa

A maior parte das comunidades do planalto *de Mahafale* são analfabetas e esta situação impede o desenvolvimento da cultura oral em direção à cultura escrita. Limita também a capacidade de negociação. No entanto, a gestão de uma "associação comunitária" como a CoBa exige um mínimo de competências organizacionais, de gestão e mesmo de "cultura escrita". Em suma, o gestor da CoBa deve dominar a cultura da liderança. O desconhecimento desta última é um constrangimento importante na vida de uma associação. Conduz a um aumento dos problemas de comunicação entre o dirigente e os membros da associação. Por sua vez, o problema de comunicação conduz a um baixo nível de partilha das responsabilidades internas entre os membros.

Nas zonas rurais, como o planalto *de Mahafale*, as associações que trabalham em prol da proteção do ambiente ou de outros objectivos de desenvolvimento vivem uma acumulação de responsabilidades cometidas pelos detentores do poder. Esta acumulação de responsabilidades por parte de alguns dirigentes é uma consequência direta da falta de recursos humanos.

Por exemplo, quando os organismos de apoio convidam pessoas para participar em cursos de formação, são essas mesmas pessoas que beneficiam dos mesmos, porque alguns dirigentes da CoBa foram vistos a agir de má fé. Esta atitude pode ser explicada pela existência atual, graças a esta associação chamada CoBa, de uma nova geração de dirigentes agrícolas que está em vias de nascer. No entanto, a rutura com a velha ordem não é flagrante.

Os novos líderes provêm, na maioria das vezes, de famílias ricas e poderosas que puderam financiar a educação dos seus filhos. Isto é mais frequente no litoral do que no interior, no planalto *de Mahafale*. No entanto, alguns deles são descendentes dos *Hova*, que também contavam com escolas e com a Igreja.

O que nos surpreende é o facto de o planalto *de Mahafale* ser frequentado por ONG há mais de vinte anos, apesar de a comunidade no seu conjunto desconfiar delas.

A alfabetização de adultos e a escolarização das crianças do planalto, para que possam mudar de mentalidade, não estão incluídas nos planos de atividade destas ONG.

Verificámos também que, quando os jovens das minas, mesmo analfabetos, regressam às suas aldeias, a sua "mentalidade" muda muito mais rapidamente nas minas, porque estão abertos à modernidade, sobretudo os que utilizam a RN7. Este estado de coisas é fácil de compreender. As suas culturas misturam-se com as dos outros e são influenciadas pela modernidade ("uma cultura de negócios").

Os jovens, que são considerados o potencial e o futuro do planalto *de Mahafale*, não estão suficientemente integrados para fazerem parte da população ativa ou para serem líderes na sua localidade. São frequentemente excluídos dos grandes projectos de desenvolvimento, nomeadamente do projeto de conservação dos recursos naturais. A sua falta de formação, devido ao custo elevado das propinas, explica em parte a sua passividade, ou melhor, a sua falta de iniciativa. Os seus pais também os impedem de se lançarem e de tomarem o seu futuro nas suas próprias mãos, daí a sua marginalização.

Podemos reiterar que o desenvolvimento no contexto da globalização exige a adoção de outra cultura. É a cultura ocidental que poderá eventualmente dar uma oportunidade aos competentes, independentemente do género e da idade.

A sociedade malgaxe, particularmente no campo, mudaria então o seu itinerário, a sua trajetória, para ter uma nova visão e uma nova perspetiva no quadro do desenvolvimento comunitário. Isto requer unidade e integridade comunitárias. Os jovens devem preparar-se e convencer os mais velhos a trabalhar em conjunto para gerir a situação económica e ambiental do planalto *de Mahafale*.

A forma de participação na conservação ou na gestão do ecossistema florestal é diferente da forma de trabalho comunitário, como a formação baseada no trabalho. A gestão ou a conservação dos recursos naturais renováveis requer a participação de todos.

[140]Além disso, o índice de falta de capacidade de Madagáscar é de 0,988, de acordo com o Relatório de Desenvolvimento Humano de 1996. [141]O indicador de participação feminina é de 1,346 . Isto mostra que uma grande parte da população não tem capacidade e que a participação das mulheres no desenvolvimento é muito baixa. A população do planalto *de Mahafale* não está imune a esta situação. A pobreza intelectual é um obstáculo à participação humana: as pessoas não podem tomar parte na vida política, social ou económica da sua sociedade porque têm limitações intelectuais, tendo em conta o seu nível d e educação.

Em conclusão, a duração do financiamento de um projeto de conservação e/ou gestão dos recursos florestais em torno do parque de *Tsimanampesotse* é de, no máximo, cinco anos. No planalto *de Mahafale,* a introdução de transferências de gestão para circundar o parque já recebeu duas subvenções. Para perpetuar as actividades de gestão do ecossistema florestal mantidas pelo CoBa, as estratégias e as competências necessárias, bem como os instrumentos e as técnicas de gestão, devem ser transmitidos às comunidades de base antes de estas serem autorizadas a gerir elas próprias os recursos transferidos. No entanto, o nível de educação do CoBa ainda é baixo. A sua capacidade de boa governação dos recursos naturais renováveis após a fase I do financiamento para a criação de transferências de gestão em torno do parque foi posta em causa durante a avaliação [em 2010] realizada pela administração florestal. De facto, o objetivo dos doadores é proteger o parque para que a pressão humana diminua.

Devido ao seu nível de educação, os CoBa tornam-se expectantes. Estão sempre à espera de instruções das ONG promotoras antes de empreenderem as suas actividades na gestão e/ou conservação do ecossistema florestal. Caso contrário, não fazem nada, especialmente depois de os projectos de apoio terem partido. Têm pouco interesse em patrulhar as florestas transferidas. *"Entre a fase I e a fase II (renovação e implementação dos novos contratos de transferência de gestão) do financiamento, a taxa de desmatamento aumentou, tanto no litoral como no interior, mesmo dentro do parque",* admitiu o presidente do CoBa *de Mandrosoa, Tongainoro,*

---

[140] Este valor é a projeção de 0,353 em 1993. Multiplica-se por 2,8 para obter uma estimativa para 2016.

[141] Uma projeção de 0,481. Este valor é multiplicado por 2,8 para chegar a esta estimativa para 2016.

quando o contactámos. A afirmação do presidente da CoBa pode ser verificada com a ajuda do mapa 9, um mapa da limpeza de terras no parque, que apresentaremos no próximo subcapítulo.

9.1.2 O custo das patrulhas e/ou do controlo e da avaliação

No planalto *de Mahafale,* a floresta é o domínio da profusão e da diversidade da vida: é um recurso dado ao homem por Deus. É um templo, um lugar de diálogo com o Deus criador, os espíritos da natureza *(Tambahoake)* e os espíritos dos antepassados. Estas concepções religiosas alimentam as utilizações tradicionais da floresta: amuletos e remédios à base de plantas, pastoreio de zebu, recolha e pesca [Moreau S, 2002].

O patrulhamento das florestas transferidas requer recursos financeiros adequados, bem como uma boa organização (horário da patrulha, número e grupo de homens afectos à patrulha), dado que para os *Mahafale* a floresta é um lugar de segredo, onde os forasteiros não são bem-vindos. [142] A maior parte dos *"mpiavy"* (estrangeiros) que são membros do CoBa não patrulham com os *"tompontany"* (proprietários) e os *"zanatany"* (filhos da terra). Se forem obrigados a patrulhar com os *tompontany,* estes não os levarão para as zonas estritamente secretas no interior da floresta transferida.

Além disso, a maior parte das florestas transferidas para as comunidades inclui florestas sagradas (reservatórios de encantos e remédios ou túmulos antigos).

A área mais pequena das transferências de gestão é de 1052 ha (TG *Soa Ho Anay Andremba, Maroarivo*), enquanto a maior é de 42 999 ha (TG *Magnasoa Tane, Behombe*) e a distância entre a floresta transferida e a aldeia mais próxima é de 15 km. Quando o CoBa organiza uma patrulha na floresta transferida, esta tem uma duração mínima de 4 dias. A equipa de patrulha é obrigada a levar provisões, uma vez que vai acampar no local. No entanto, a maioria dos CoBa não tem um orçamento afetado a esta patrulha. As pessoas que vão para a patrulha têm de pagar as provisões.

Por exemplo, no seu plano de trabalho anual, o CoBa de *Soa Ho Anay,* em *Andremba,* deve efetuar uma patrulha de 15 em 15 dias, ou seja, duas vezes por mês. A equipa de patrulha deve gastar um mínimo de 40.000 *ariary* por patrulha (aluguer de carro + provisões). O CoBa gastará, portanto, 80.000 *ariary* por mês para efetuar esta patrulha, enquanto a quotização mensal dos membros não ultrapassa os 20.000 *ariary* (à razão de 200 *ariary* por pessoa e por mês). Por conseguinte, os membros da CoBa não estão motivados para efetuar a patrulha devido a esta falta de dinheiro. Daí a proliferação da limpeza de terrenos e do tráfico de tartarugas radiadas no planalto.

O custo por CoBa para uma patrulha depende da área de floresta transferida e da sua distância da aldeia.

A imagem seguinte mostra a proliferação de clareiras no parque de *Tsimanampesotse.*

---

[142] Os *Zanatany* são antigos *mpiavy* aceites pelos *tompontany* como co-proprietários devido à sua antiguidade na aldeia. Na antiga organização *Mahafale,* os *Zanatany* ocupavam, em geral, a parte sudeste da aldeia.

Mapa 9: Mapa de desobstrução do parque *Tsimanampesotse*

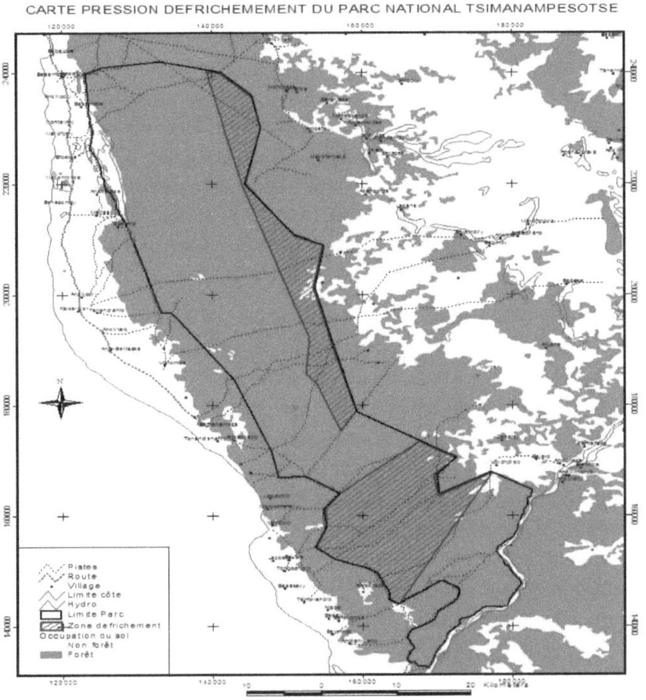

Fonte: MNP Toliara, 2013

As riscas neste mapa mostram a limpeza que o parque sofreu. No litoral, o desbravamento na zona de *Ambolisogno*, do lado da CoBa *Mizakamasy* de *Nisoa* e de *Mandrosoa, Tongainoro* é o mais assinalado. No entanto, a parte oriental do parque foi devastada pela limpeza das florestas. Este fenómeno de limpeza pode ser explicado da seguinte forma:

- Em primeiro lugar, após a ampliação do parque em 2010, as comunidades manifestaram o seu descontentamento, pois a maior parte delas sentiu-se maltratada pelos funcionários do parque. Não foram apenas as comunidades que vivem a leste do parque que limparam as terras, mas também foram ajudadas pelos transumantes da costa. Estes últimos exprimem o seu descontentamento porque, quando regressam a casa, já não há zonas de pastagem para o seu gado. Assim, as comunidades estão a desmatar a antiga área de conservação ou o antigo núcleo duro da floresta transferida para o CoBa;

- em segundo lugar, o período em que a compensação estava a ter lugar era o período de renovação do contrato de gestão da CoBa em 2011. Durante este período, os membros da CoBa, incluindo a direção, foram despedidos. Deixaram de se sentir responsáveis pela gestão destes recursos naturais transferidos até à assinatura de um novo contrato;

- Finalmente, uma vez que o parque foi desmatado, isto implica que as transferências de gestão, que não são mais do que as cinturas de proteção do parque, já não estão a salvo da desflorestação. Os desbravadores começam as suas acções de dentro das transferências de gestão para fora, ou seja, atacam os antigos núcleos duros do CoBa. Depois disso, devastam a maior parte da área da transferência de gestão e deixam o resto, de modo a que fora da floresta exista uma floresta intacta. [143]O CoBa e o CLP, juntamente com os funcionários do parque, não patrulham estas áreas e os desbravadores aproveitam-se desta situação.

É por esta razão que defendemos que as transferências de gestão estudadas não atingem os objectivos de uma gestão sustentável. Além disso, os CoBa vão experimentar, ou estão atualmente a experimentar, o fim do projeto de apoio aos CoBa na conservação e gestão dos recursos florestais. Deixará de haver agentes do projeto para sensibilizar os membros da comunidade para o que devem fazer. *"Os caçadores furtivos e os desbravadores de terras não têm medo do CoBa, seja qual for o seu estatuto, atrevem-se mesmo a desafiar-nos; por isso, se perguntar qual será o nosso futuro, nós, o CoBa, após a saída das organizações de apoio, penso que seremos tão fracos como éramos em 2009-2011; não podemos fazer nada contra os desbravadores de terras e a caça furtiva porque temos medo deles. O balanço após 10 anos será catastrófico se a administração florestal não nos visitar pelo menos uma vez por mês"* [Entrevista com o Presidente da CoBa *Maevasoa, Zamasy*].

Além disso, a avaliação das transferências de gestão não é de todo uma tarefa fácil.

Em primeiro lugar, tal como a patrulha, requer recursos financeiros adequados, cuja mobilização depende da aplicação de uma política financeira apropriada e da participação efectiva das organizações de apoio e dos doadores.

₀Tecnicamente, o estabelecimento do tempo zero (t) cria um problema e comprometerá igualmente a avaliação das transferências de gestão, uma vez que estas apresentam tendências muito díspares ao longo do tempo.

Em primeiro lugar, porém, há um problema geral que decorre da própria natureza dos sistemas de controlo-avaliação. Como qualquer sistema de informação, eles são concebidos para satisfazer as expectativas específicas de certas partes interessadas. No caso do programa Gelose ou do decreto do GCF, há muitas partes interessadas e os seus interesses são frequentemente divergentes.

O vasto leque de questões envolvidas nas transferências de gestão dificulta o desenvolvimento de um sistema de acompanhamento e avaliação em que todas as partes interessadas possam investir. Estas dificuldades reflectem-se na identificação dos indicadores de impacto e, por conseguinte, na identificação dos objectivos comuns e das formas de os atingir.

---

[143] O CLP é um comité local do parque. Este comité é recrutado pelo membro do escritório da CoBa na sua localidade para ajudar os funcionários do parque a patrulhar o parque através das florestas transferidas.

Seja como for, os objectivos atribuídos às transferências de gestão pela lei Gélose e pela carta do ambiente malgaxe continuam a ser "a conservação da biodiversidade" e "a melhoria das condições de vida da população".

Para além dos indicadores de impacto, deve ser dada especial atenção aos indicadores de atividade. Estes podem ser utilizados para assinalar os disfuncionamentos dos processos e, como no caso do sistema de informação sobre a transferência de gestão, para envolver as partes interessadas numa "abordagem de qualidade" destinada a melhorar gradualmente a governação.

Do mesmo modo, devem ser elaborados indicadores de conformidade. Isto permite caraterizar as transferências de gestão, nomeadamente no que diz respeito ao cumprimento de todas as acções realizadas em relação às disposições legais e regulamentares, incluindo as relações com a administração florestal.

Em segundo lugar, há que admitir que não é fácil avaliar um sistema de governação. Trata-se de ter em conta um grande número de interações entre cientistas, organismos de apoio, administrações e cidadãos, e estas interações constituem um sistema complexo. Embora estas interações nem sempre sejam generalizadas no âmbito das transferências de gestão, e sejam parciais e/ou dispersas, elas existem. Este tipo de análise tem um grande potencial, tanto para a investigação como para os organismos de apoio e a administração florestal, porque a avaliação objetiva das transferências de gestão continua a ser uma preocupação de todos os intervenientes na execução da política florestal.

De facto, a mobilização de tais investigações só pode tender para a interdisciplinaridade para abordar um tema tão complexo como o do impacto e do acompanhamento das transferências de gestão.

A título de exemplo, os papéis importantes da geografia e da teledeteção em relação à análise espacial complementam a abordagem económica, ecológica, social e institucional. No entanto, estes indicadores espaciais poderiam ainda ser melhor formalizados.

Há ainda muito a fazer neste domínio. O tratamento das informações espaciais deve ser efectuado, desde o início (ou seja, aquando da elaboração das classificações), no âmbito de um verdadeiro sistema de informação baseado numa abordagem interdisciplinar. Isto remete-nos para as questões: o que é que se pretende realmente observar, acompanhar e avaliar?

Os vários relatórios sobre o planalto *de Mahafale* que deciframos evidenciaram as oportunidades e as possibilidades de monitorização de muitos aspectos. No entanto, as discussões realizadas a montante da investigação sobre a identificação dos diferentes objectos susceptíveis de serem caracterizados, monitorizados e avaliados mostram a necessidade de envolver investigadores, profissionais, operadores, comunidades locais e decisores, desde a fase de conceção do sistema de monitorização e avaliação.

Em todos os casos, é importante ligar todas as diferentes abordagens às questões jurídicas, incluindo as relativas à posse da terra, que estão estreitamente ligadas à duração dos contratos de transferência de gestão. [144]Atualmente, a Lei 2005-019 sobre a reforma fundiária,

---

[144] Na aplicação das disposições da presente lei, devem ser tidos em conta os domínios que são excluídos por estarem sujeitos a disposições jurídicas especiais. Estes domínios incluem :

-       terrenos em zonas reservadas a projectos de investimento;

nomeadamente o seu artigo 38.º, não define o estatuto das terras sujeitas a um contrato de gestão de cedência, nem o das terras sujeitas ao regime florestal, nem mesmo o das terras situadas em zonas protegidas, uma vez que estas três categorias estão extremamente interligadas. Para se ter uma visão coerente do futuro, é, pois, urgente investir nestes regimes específicos, necessariamente harmonizados, dadas as interações entre eles.

Todas estas considerações mostram o trabalho que falta fazer para que possam ser desenvolvidos e disponibilizados indicadores fiáveis, incontestáveis, compreensíveis e fáceis de estabelecer, que ajudarão a estabelecer as bases de acções concretas para melhorar a governação das transferências de gestão, mas também permitirão avaliar a sustentabilidade da gestão destes recursos naturais.

Existe um grande potencial para compreender as transferências de gestão como uma estrutura de conservação e desenvolvimento, a nível local, regional e nacional.

Em terceiro lugar, todos os sistemas de acompanhamento e avaliação devem ser harmonizados sob a direção da Administração Florestal. Neste sentido, independentemente das vias mencionadas, a Administração Florestal é o ator central na execução da política florestal e, como tal, continua a ser legalmente responsável pelo acompanhamento e avaliação das transferências de gestão. A sua avaliação é sempre necessária para a renovação dos contratos de cedência de gestão. A falta de avaliação das transferências de gestão pela Administração Florestal é extremamente prejudicial: apenas 192 dos 896 contratos foram renovados nas 13 Regiões estudadas [Lohanivo A. C., 2012].

Esta situação levanta uma série de questões sobre a sustentabilidade das iniciativas empreendidas, apesar de terem sido efectuados grandes investimentos e de as expectativas sociais e institucionais serem particularmente elevadas.

A título de conclusão, a identificação dos indicadores de impacto de um sistema de acompanhamento-avaliação torna as actividades de acompanhamento-avaliação dos organismos de apoio muito difíceis porque, em geral, é necessário recordar que os sistemas de acompanhamento-avaliação são concebidos para satisfazer as expectativas particulares de certas partes interessadas (nomeadamente os doadores). No contexto de Agar e do decreto GCF, as partes interessadas não são as mesmas que em outros projectos, porque, no caso de Agar e do decreto GCF, são numerosas e os seus interesses são frequentemente diferentes.

Além disso, as diferentes "etapas temporais" que devem ser tidas em conta implicam que o impacto das transferências de gestão deve ser acompanhado e avaliado ao longo do tempo, o que não é possível com uma abordagem baseada em projectos. A necessidade de abordar "etapas temporais" longas só pode ser conseguida recorrendo a administrações permanentes e, portanto, a priori, a administrações estatais. Reconhece-se que estas últimas não dispõem de recursos suficientes.

- terrenos abrangidos pelo âmbito de aplicação da legislação relativa às zonas protegidas;
- terrenos utilizados para a execução de acordos assinados ao abrigo da legislação relativa à gestão dos recursos naturais;
- terras legalmente definidas como abrangidas pelo âmbito de aplicação da legislação florestal;
- Terrenos protegidos por uma convenção internacional ratificada pela República de Madagáscar.

9.1.3   Gestão local de difícil acesso

As florestas secas do planalto *de Mahafale* contêm uma biodiversidade de valor mundial devido à sua endemicidade local. Em geral, antes da gelosis e do decreto do GCF, os nomes dados às florestas eram *alan-draza* (floresta dos antepassados) e *ala faly* (floresta tabu) para as florestas sagradas. Isto implica que estas florestas foram transmitidas pelos antepassados desde tempos antigos, que a comunidade não consegue definir exatamente. Foram os antepassados que decretaram que uma parte de cada floresta era sagrada ou tabu. As florestas sagradas são locais de enterro que não podem ser profanados, e as florestas tabu são locais que devem ser preservados porque contêm uma riqueza de fauna e flora. Em geral, a floresta tabu é guardada pelo espírito conhecido como *Tambahoake* entre os *Mahafale*. As riquezas das florestas sagradas e das florestas preservadas são utilizadas como reserva em tempos de crise: doença (plantas medicinais), fome (inhames selvagens, ouriços, etc.), catástrofe (madeira para sítios comunitários importantes) e para a construção de caixões para os mortos.

Estas florestas sagradas são geridas de facto pelas comunidades. A fronteira das florestas sagradas e/ou tabu é conhecida pelas comunidades porque as árvores são mais altas e mais densas do que noutros locais, o que demonstra a eficácia da conservação da biodiversidade. As regras comunitárias proíbem a utilização dos recursos florestais sagrados para as necessidades quotidianas. Por conseguinte, utilizam recursos fora das florestas sagradas e/ou tabu.

No entanto, no conceito de gestão local segura (Gélose), as áreas de conservação comunitária vão para além dos recursos (florestas, lagos, etc.) e incluem uma parte das terras da aldeia governadas pelas comunidades. Os membros da comunidade não querem compreender porque é que os seus sítios são elegíveis para conservação.

Os seus sítios só serão elegíveis como zonas de conservação comunitárias se o valor da sua biodiversidade, associado à sua cultura, for significativo e se tiverem a vontade de os gerir ou governar eficazmente para a sua conservação.

Constatam que, apesar dos seus princípios fundadores, a gestão local implementada no planalto *de Mahafale* não conferiu praticamente nenhum poder de decisão aos agricultores, nem lhes permitiu defender os seus interesses e satisfazer as suas necessidades como anteriormente. Os contratos de gestão reiteram, a nível local, a legislação florestal em vigor, insistindo nas proibições ou limitações de desmatamento, de incêndios e de corte, sem propor qualquer desenvolvimento suscetível de proteger a biodiversidade, tendo em conta as dinâmicas de antropização em curso. Estas regras nem sempre são judiciosas.

Convém recordar que a gestão dos recursos naturais no âmbito da atual Gélose ou GCF é assegurada por um grupo restrito de pessoas denominado comité de gestão, ao passo que antes era toda a comunidade.

A gestão dos recursos naturais no âmbito do decreto Gelose ou GCF penaliza as populações mais pobres que, pelo menos durante os períodos de escassez, vivem da exploração florestal. A proibição das queimadas, que forneciam uma grande variedade de culturas alimentares e de rendimento, torna a situação de todos mais precária. A repartição dos territórios de gestão numa zona de contornos pouco nítidos, presa de actividades móveis (pecuária extensiva, recolha, etc.), está longe de ser evidente: feita à pressa, nem sempre respeita as antigas divisões ou perturba a solidariedade entre os aliados que se permitiam utilizar os respectivos territórios. Os planos de desenvolvimento interno estavam também desfasados das realidades dos agricultores.

Aqueles que estão habituados a ter livre acesso aos recursos naturais reagirão às proibições e restrições. Durante a nossa visita a *Behomby* (sede de uma CoBa a leste do parque), um pai que já não suportava as regras estabelecidas aquando da transferência da gestão discutiu com o comité de gestão. *"A maior parte das pessoas aqui não aceita que a floresta dos nossos antepassados seja gerida apenas por alguns chefes de aldeia. A floresta não é um legado do vosso pai e vocês impuseram as regras que quiseram. É injusto que não consigamos obter a quantidade de madeira de que precisamos. Se querem harmonia nesta aldeia, vamos gerir a floresta de acordo com as regras estabelecidas pelos nossos antepassados...".*

Este excerto do litígio de um pai com o comité de gestão da CoBa é apenas um exemplo dos desacordos expressos pelos membros das comunidades do planalto *de Mahafale.* As comunidades aprovam a proteção da floresta, mas rejeitam totalmente a proibição de abate de árvores na floresta. Aceitam a proibição de limpeza dos terrenos, a que estão habituadas, mas não a limitação da colheita, que é vital para algumas famílias. Embora os contratos confiram às comunidades gestoras o direito de explorar os recursos florestais em seu nome, são muito poucas as que o podem fazer. As CoBa têm projectos (ecoturismo, exploração de madeira ou de corindo, viveiros florestais nas florestas, etc.) que têm dificuldade em realizar devido à falta de conhecimentos técnicos, de equipamentos e de meios.

Os agricultores têm uma visão dupla da gestão local: vêem-na como uma estrutura exógena, restritiva ou mesmo repressiva, mas também são sensíveis ao facto de ela representar um meio de reforçar o seu controlo sobre a floresta. Na sua opinião, as acções devem ser tomadas em primeiro lugar pelo CoBa e depois pelas ONG de apoio no terreno. Este diferendo reflecte a falta de apropriação da transferência da gestão por parte das populações.

Por conseguinte, de momento, a gestão destas transferências continua a ser um processo imposto, do qual a sociedade camponesa se tenta apropriar. Não será sustentável porque os recursos naturais estão constantemente ameaçados.

As ameaças à sustentabilidade da conservação comunitária na paisagem *de Mahafale* prendem-se, em primeiro lugar, com a insegurança alimentar, que favoreceu a exploração abusiva, e, em segundo lugar, com a insegurança das comunidades nos seus métodos de gestão actuais. Esta insegurança alimentar é agravada pelas vicissitudes do clima e pelas invasões de gafanhotos que assolam a região todos os anos. Para resolver este problema, os habitantes da RN10 estão a recorrer à produção de carvão vegetal, uma vez que a necessidade de carvão da cidade aumentou. Além disso, as comunidades *Mahafale* não dispõem de uma fonte de rendimento alternativa, uma vez que os projectos de apoio não promovem suficientemente actividades alternativas geradoras de rendimento que respeitem o ambiente.

Em segundo lugar, o crescimento demográfico terá um impacto na sustentabilidade da conservação dos recursos naturais renováveis. [145]Não dispomos de dados estatísticos actualizados sobre a demografia do planalto *de Mahafale,* mas a população está estimada em 613 317 habitantes, contra 219 042 em 2010. No espaço de 5 anos, a população da paisagem *de Mahafale* aumentou em 394.272 pessoas. O crescimento demográfico é um fenómeno

---

[145] Este valor baseia-se numa estimativa estatística de 219042 x 2,8

recente, mas tem um impacto imediato na dinâmica da gestão dos recursos naturais. Conduziu à saturação dos vales de baixa altitude e das zonas *de baiboho* facilmente urbanizáveis, mas também ao desencadeamento de importantes fluxos migratórios para as zonas florestais de fraca implantação humana. Está também a forçar a conquista de novas terras para desenvolvimento à custa da floresta.

Em suma, é incontestável que as necessidades destes habitantes aumentaram na sequência deste crescimento demográfico e que, por conseguinte, a pressão da atividade humana sobre os recursos naturais aumentou.

Em terceiro lugar, como o seu nome indica, o planalto calcário *de Mahafale* é constituído por rochas calcárias. [146]Os solos aráveis não cobrem mais de 15% da superfície total do planalto. A maior parte desta superfície situa-se no interior do parque e no âmbito das transferências de gestão. No entanto, o Governo, com o apoio de doadores, decidiu proteger estas áreas. Protegeu 27% de toda a paisagem *de Mahafale*. Esta decisão do Estado está a desestabilizar o desenvolvimento socioeconómico das comunidades, na sua maioria pobres.

O quarto ponto que enfraquece a sustentabilidade da conservação dos recursos naturais é a atual escassez de espécies de madeira utilizadas diariamente e localmente fora das áreas protegidas. As comunidades são, portanto, obrigadas a procurá-las no âmbito das transferências de gestão ou do parque. Além disso, os comités de gestão têm dificuldade em aplicar sanções sob a forma de multas a pagar à CoBa ou à *dina*. Não se atrevem a aplicá-las na aldeia porque as consideram comprometedoras devido às relações familiares.

Fora do Parque, os pastores transumantes e os seus animais sofrem de falta de recursos hídricos e de pastagens escassas. Para compensar esta situação, têm de se deslocar para a zona de conservação da transferência de gestão no interior do parque. Permanecerão nessa zona durante 8 meses, desbravando terras para cultivar e sustentar-se.

Algumas pressões foram negligenciadas ou mesmo subestimadas há duas décadas. Hoje, elas representam ameaças iminentes à biodiversidade. É o caso do desenvolvimento de uma agricultura pioneira de queimadas em zonas remotas e pouco ocupadas (incluindo o interior do parque e a zona de conservação de transferência de gestão) e também da produção de tábuas e de carvão vegetal nas proximidades das estradas nacionais que conduzem às grandes cidades.

Finalmente, o último ponto diz respeito aos elementos-chave da gestão florestal comunitária.

Os seguintes factores são os mais importantes para que o maneio comunitário seja eficaz e sustentável: a criação e a adesão à CoBa devem ser voluntárias; os limites da floresta comunitária devem ser bem definidos e aceites por todos; a estrutura de gestão comunitária deve ter estatuto legal; deve haver um ou mais mecanismos legais para a transferência dos direitos de gestão; os procedimentos/processos de transferência devem ser simples e fáceis de compreender; a comunidade deve ter direitos exclusivos sobre os recursos a gerir; as instituições comunitárias devem basear-se nos princípios da boa governação; a gestão florestal deve basear-se nos princípios da sustentabilidade; a comunidade deve ter uma garantia de direitos de gestão a médio e longo prazo.

---

[146] Em Testemunhos de Madagáscar: "Climate change and rural lifestyles", WWF 2010

CONCLUSÃO DA TERCEIRA HIPÓTESE

Repetindo a nossa última hipótese: "as transferências de gestão no planalto *de Mahafale* não atingem os objectivos de uma gestão sustentável devido à redução dos direitos de uso das comunidades, à situação geográfica e às alterações climáticas que pesam sobre as suas terras". Podemos deduzir que, no planalto *de Mahafale*, a maior parte destes factores que podem enfraquecer a gestão sustentável não são considerados. Por exemplo, o CoBa *de Ampasindava* (produtor de carvão vegetal) e o CoBa de *Andremba* (conservação dos recursos florestais) estão em conflito porque os limites das suas florestas se sobrepõem. Como resultado, os membros de cada CoBa estão a limpar as florestas uns dos outros para se acusarem mutuamente.

Além disso, a conservação sustentável é inseparável da consideração de meios de subsistência sustentáveis para as comunidades. As medidas de acompanhamento ou alternativas à conservação não estão a ser postas em prática e/ou implementadas em benefício das comunidades do planalto *de Mahafale*. Além disso, dado que as ameaças acima mencionadas ainda persistem e que os projectos de apoio à transferência de gestão que acompanhavam e supervisionavam a CoBa já terminaram, o aumento da limpeza de terras e o tráfico clandestino de recursos naturais continuarão como antes da avaliação e renovação do contrato assinado em 2011. A fauna e a flora endémicas da paisagem *de Mahafale* estarão em risco até ao regresso dos novos financiamentos atribuídos às transferências de gestão em torno do parque de *Tsimanampesotse*.

9.1.4 A proliferação da atividade mineira

A expansão do atual sector mineiro é semelhante ao início da industrialização e, como tal, é vital para o desenvolvimento do país. A regulamentação do sector mineiro progrediu rapidamente nos últimos anos, com exceção do ambiente. Embora as principais empresas do sector mineiro já apliquem as normas ambientais internacionais, ainda não existe um quadro regulamentar e instituições capazes de garantir que todas as empresas estejam sujeitas aos mesmos regulamentos.

Além disso, não existe qualquer forma de regular o sector artesanal nem as corridas que ocorrem sempre que é descoberta uma nova jazida de ouro ou de pedras preciosas, muitas vezes dentro ou perto de florestas e áreas protegidas.

[147]Além disso, de acordo com o artigo 35.º do novo Código das Áreas Protegidas (COAP) [2008], para as áreas protegidas das Reservas de Recursos Naturais (categoria V) e da Paisagem Harmoniosa (categoria VI), as actividades mineiras e petrolíferas são permitidas, com exceção do núcleo duro, desde que sejam compatíveis com os objectivos da área protegida em causa.

De facto, as áreas protegidas estão em perigo constante porque, em geral, os objectivos dos operadores nunca serão compatíveis com os da área protegida em questão.

O planalto *de Mahafale* é um verdadeiro reservatório mineiro, onde se encontram recursos como a bentonite, o ouro e o ferro.

Durante o período de transição até ao início da Segunda República em 1975, o governo malgaxe, com ajuda estrangeira (uma empresa americana), já tinha efectuado um ensaio de

---

[147] A transferência da gestão dos recursos naturais insere-se na categoria VI

exploração petrolífera no planalto *de Mahafale*, nomeadamente no interior do atual parque. Na altura, conseguiu extrair seis barris.

Como o regime do Presidente *RATSIRAKA* optou por uma política de nacionalização e de encerramento aos países ocidentais, a exploração foi interrompida. Atualmente, para além do Governo malgaxe, o GEF do Banco Mundial e o banco de desenvolvimento alemão KfW co-financiam o parque *de Tsimanampesotse*, enquanto o Fundo Mundial para o Ambiente francês financia a realização de transferências de gestão em torno do parque *de Tsimanampesotse.*

Os doadores apressam-se a financiar o parque e o seu cinturão (TGRN). Mas o que é que os motiva a agir desta forma? Será por causa das reservas de petróleo no planalto calcário e dos vários recursos mineiros nos arredores, ou por outra razão qualquer?

Sejam quais forem as razões que levaram os doadores a apressarem-se a financiar o Planalto *de Mahafale*, o mapa abaixo mostra a riqueza das áreas protegidas.

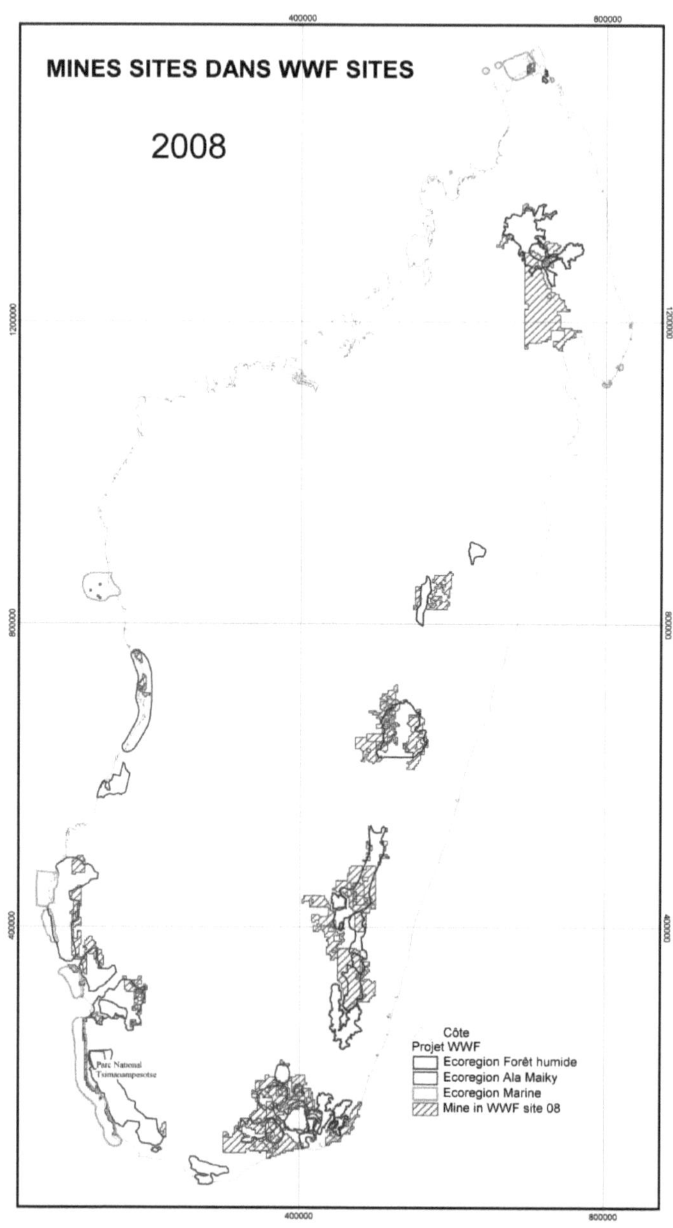

Fonte: WWF Toliara, 2013

Existem várias minas nas áreas onde o WWF opera. Não estão lá por acaso. No caso do planalto *de Mahafale*, onde se situa o parque *de Tsimanampesotse* e as transferências de gestão, o mapa mostra-nos que na parte sul-sudeste da nova delimitação e nos TGRNs seguintes de *Voroja* e *Ampitanake*, há vestígios de recursos mineiros.

Além disso, os chineses começam a aproximar-se do nordeste do parque, juntamente com as transferências de gestão do CoBa. Nem todos, nem mesmo as autoridades locais, sabem o que eles estão a fazer. Estão habituados a explorar clandestinamente os recursos minerais de Madagáscar. Além disso, negligenciam o impacto ambiental quando exploram as minas. Já exploraram bentonite no âmbito da transferência de gestão da CoBa *Magnasoa Tany*, em *Behomby*. Esta bentonite é utilizada na perfuração de petróleo em *Sakaraha*. Nem o Departamento de Administração Florestal (DREF) de *Toliara*, nem a Comunidade Rural de *Beahitse*, nem a CoBa de *Behomby* que gere a transferência de gestão têm conhecimento da exploração e da autorização chinesas. Foi o departamento de desenvolvimento rural da região (DDR) que emitiu a licença. A DDR não informou a Comuna de *Beahitse* da chegada dos chineses, nem perguntou à administração florestal local se a zona em questão contém ou não zonas protegidas. Tal como os chineses, os funcionários da Região não têm em conta a conservação da biodiversidade. Enquanto o Estado ou o Ministério do Ambiente e da Ecologia encorajam as comunidades de base a proteger a biodiversidade, a Região ignora-o. Este facto prova que não existe comunicação entre as autoridades.

Se as autoridades que vão fazer cumprir a lei aceitarem ser cúmplices ou saquear a biodiversidade, será que os traficantes e os traficantes os respeitarão ou terão medo deles?

A atual expansão do sector mineiro em Madagáscar

9.2   O futuro da transferência da gestão dos recursos florestais em Madagáscar

A maior parte das transferências de gestão em Madagáscar são estabelecidas com base na gestão-exploração e no desenvolvimento local da biodiversidade. Por outro lado, o texto inicial e o espírito dos promotores da Lei 96-025 (Lei Gelose) consistiam em encorajar a utilização sustentável dos recursos naturais pelas comunidades, assegurada pela transferência de gestão e pelo reconhecimento de direitos fundiários exclusivos ("segurança fundiária relativa").

No entanto, uma vez promulgada a lei Gélose pelo governo malgaxe, numerosos obstáculos e mesmo a oposição atrasaram a sua aplicação no terreno. O corpo de silvicultores, que se identifica como o principal gestor dos recursos naturais renováveis, preferiu a adoção de um texto de aplicação da lei 97-017 específico para o sector florestal. O decreto 2001-122, denominado decreto de Gestion Contractualisé des Forêts, foi promulgado como complemento da lei Gélose, mas foi considerado como um substituto de facto [apesar das questões estritamente jurídicas levantadas; Karpe, 2007].

Além disso, o processo de desenvolvimento das transferências de gestão foi obscurecido, atrasado e por vezes mal orientado, mas parece estar a evoluir inexoravelmente até à data. A criação de novas áreas protegidas na sequência do Congresso de Durban coloca de novo a questão do lugar atribuído às populações locais (dentro ou fora destes recursos?) e a de uma síntese ainda improvável entre a gestão comunitária, a gestão sustentável, a luta contra a pobreza e a conservação da biodiversidade.

As populações rurais estão portanto desconfiadas, porque se sentem muitas vezes traídas pelo Estado e/ou pelos projectos de desenvolvimento e de conservação. Acreditam que continuam a viver sob uma política colonial de repressão e de exclusão da gestão dos recursos locais, mesmo que a aplicação efectiva dos contratos de transferência de gestão não seja abusiva e, sobretudo, que a reconversão das práticas quotidianas locais para uma gestão sustentável não seja possível sem um envolvimento real e duradouro com elas.

Sentem-se excluídos dos seus recursos porque a explicação dos diferentes tipos de conservação que serão aplicados em Madagáscar não é bem recebida pelas comunidades. Confundiram a "conservação integral ou conservadora" com a "conservação de reforço".

A preservação por exclusão não constitui uma garantia real, duradoura e séria de conservação efectiva da biodiversidade. Mas a denúncia de uma exploração irracional e destrutiva também não é eficaz se as necessidades das populações locais não forem satisfeitas.

Por exemplo, de acordo com Ravelona, as transferências de gestão de conservação implementadas pela Conservation International na floresta *de Ambihilero* em *Didy* nunca eliminaram o abate ilegal de árvores nas áreas colocadas sob conservação integral [Ravelona, 2009]. Este facto mostra claramente que a criação de áreas protegidas não garante, por si só, a sustentabilidade da biodiversidade que contêm.

Além disso, as falhas dos poderes públicos [Karsenty, Fournier, 2008] são muitas vezes nefastas para a biodiversidade das áreas protegidas. Estas falhas podem ser causadas quer pela falta de meios dos poderes públicos, nomeadamente dos serviços públicos responsáveis pelas florestas, quer por períodos de instabilidade política. Não permitem o controlo dos fluxos nem a luta contra a exploração madeireira ilegal.

A conservação da biodiversidade nas áreas protegidas é condicionada por dois elementos: a realidade do Estado e a sua capacidade de fazer cumprir as regras que estabelece, e a reação das populações residentes que há muito ocupam essas áreas e vivem desses recursos e dessa biodiversidade.

Períodos de instabilidade política, como o de 2009, são revelações implacáveis e exacerbadas dos fracassos da preservação face a práticas mais comedidas, mas persistentes e secretas, nos parques nacionais e nas transferências de gestão.

Há mais de dezoito anos que a proliferação da indústria do pau-rosa no Masoala Park e a exploração da casca de Prunus africana na zona do corredor *Ankeniheny - Zahamena* (incluindo a zona protegida *de Zahamena*, já existente, e a floresta classificada *de Ankeniheny*) são apresentadas como um exemplo aos saqueadores e às empresas madeireiras e mineiras.

Embora o capítulo V da Lei 99-022 de 19 de agosto de 1999, intitulado Prospeção Mineira, estipule que a prospeção mineira é livre em todo o território nacional fora das áreas protegidas, das reservas naturais de flora e fauna e das suas zonas de proteção reguladas por legislação específica, é palpável a proliferação da exploração bárbara dos recursos mineiros fora e sobretudo dentro das áreas protegidas. A corrida à extração clandestina de safiras no interior das áreas protegidas de *Zahamena* e *Isalo* é um exemplo disso. Além disso, os planos para uma exploração mineira de ouro em grande escala nas florestas de tapia da região de *Soamahamanina* estão a perturbar os fanáticos da proteção ambiental.

Se Madagáscar quiser avançar para uma gestão sustentável da sua biodiversidade, o poder político que o governa deve fazer uma escolha política clara e aceite pela maioria da população rural.

9.3 Gestão e desenvolvimento sustentáveis ou preservação dos recursos florestais?

"Resaka tsy hay ny an'ny gidro sy ny ankoay ho an'ny fisa-tsinay ; Resak'adala izay tanety sy ny ala ho an'ny tsy misy drala" significa literalmente que falar de lémures e pássaros não faz sentido para quem tem fome, e falar de colinas e florestas não faz sentido para quem não tem dinheiro. Esta reflexão do cantor e intérprete Rossy ilustra a lógica e a perceção das pessoas que vivem numa situação de grande pobreza, da qual não conseguem libertar-se quando se trata de preservar os recursos naturais. Não é de admirar que a atitude dominante seja a de "dar e receber", como demonstrou M.-L. Matthieu no Mali [Matthieu, 2009].

[148]Neste caso, a gestão sustentável refere-se ao desenvolvimento sustentável. O desenvolvimento sustentável é um conceito que surgiu do movimento para a gestão sustentável dos recursos naturais, citado no Relatório Brundtland [1987]. O relatório afirma que *"o desenvolvimento sustentável satisfaz as necessidades do presente sem comprometer a capacidade das gerações futuras de satisfazerem as suas próprias necessidades"*.

O desenvolvimento sustentável postula que o desenvolvimento a longo prazo só é viável se conciliar os seguintes três aspectos inseparáveis: respeito pelo ambiente, equidade social e rentabilidade económica. O ponto de intersecção e o principal ator destes três aspectos é o homem.

Em termos concretos, o desenvolvimento sustentável sublinha a necessidade de manter ou melhorar a qualidade do ambiente natural, de assegurar a sustentabilidade dos recursos, de reduzir as diferenças de nível de vida entre as populações, de promover a autossuficiência das comunidades e de permitir a transferência de conhecimentos ou de riquezas (incluindo as riquezas naturais) de uma geração para a seguinte. Por conseguinte, este conceito diz respeito à gestão dos recursos naturais.

Para os criadores, o Agar é um método de gestão patrimonial por excelência, concebido para devolver às populações de uma aldeia o controlo das condições ecológicas em que vivem. Para implementar o Agar, é necessária a transferência de gestão e a gestão comunitária. Estas últimas são apenas instrumentos para alcançar o desenvolvimento sustentável, ou seja, o desenvolvimento, a redução da pobreza e a gestão local sustentável dos recursos naturais e da biodiversidade.

Por outro lado, a conservação expulsa as pessoas do seu ambiente. Ela defenderá as florestas contra as pessoas. Para além da proliferação da exploração madeireira ilegal e da degradação dentro e fora das áreas protegidas, a conservação está a conduzir a um recrudescimento do banditismo rural.

Se nos referirmos ao planalto *de Mahafale,* é preferível abordar brevemente este fenómeno de banditismo rural.

---

[148] Trata-se de uma mudança gradual que satisfaz as necessidades essenciais das gerações actuais e futuras, impondo limites à utilização de recursos preciosos e uma maior equidade na distribuição dos recursos.

9.3.1 O fenómeno *malaso* no planalto *de Mahafale*

Já não é necessário repetir que a criação de gado desempenha um papel fundamental entre os *Mahafale*. A insuficiência das chuvas, mal distribuídas ao longo do ano, conduziu a uma falta de recursos (forragens, pontos de água, terras de cultivo, etc.) no planalto calcário *do Mahafale*. No entanto, antes de falar do fenómeno *de Malaso*, seria útil falar brevemente da prática da transumância e das tradições que envolvem a criação de gado e a transumância.

No passado, a prática da transumância resolvia o problema do sobrepastoreio, mas com a escassez de recursos, agravada pelas alterações climáticas e pelo aumento da população e do gado ruminante, surgiram conflitos entre os pastores e a população local nas zonas de destino.

É para o centro do planalto calcário *de Mahafale* que os rebanhos (quase todos os bovinos e uma grande parte dos caprinos e ovinos) se deslocam para aproveitar as pastagens e a água retida nas depressões durante a estação das chuvas. Os pastores praticam a transumância no início da estação das chuvas (novembro-dezembro), que coincide exatamente com o início dos trabalhos de campo. Os rebanhos permanecem geralmente nas suas novas pastagens durante 5 meses, por vezes mais, regressando às aldeias a partir do final de abril, durante vários meses, sendo que alguns rebanhos só regressam em junho ou julho. No entanto, é importante notar que, com a escassez de terras de pastagem, o movimento de transumância está a começar a mudar em termos de duração e direção. O mapa abaixo mostra o fluxo de zebus roubados.

As idas e vindas do gado durante a transumância são muito díspares, por vezes aleatórias. Algumas cabeças de gado são deixadas na floresta pelos seus proprietários durante vários dias, mas, de um modo geral, os itinerários principais foram recolhidos e referenciados. Em geral, o trajeto só muda quando há bandidos.

9.3.1.1 Interações sociais, conflitos e constrangimentos

O planalto *de Mahafale* está dividido entre clãs maiores e menores, que exercem influências distintas no território. Vários clãs maiores e clãs menores (na zona de *Ankazomanga*) estão presentes no planalto. [149]As áreas dos clãs estão bem definidas e separadas por corredores de "terra de ninguém" (sem "proprietários" claramente definidos).

A delimitação das terras de pastagem na estação das chuvas é efectuada por acordo entre os clãs da planície costeira e os dos *Mahafale* do interior. Os itinerários de transumância estão, portanto, ligados à presença de "aliados" nas zonas de acolhimento. Em princípio, estas redes de alianças - constituídas por laços matrimoniais, *ziva* (parentesco de brincadeira) e *fati-drà* (irmandade de sangue) - eram concluídas entre clãs da mesma realeza *Mahafale* (*onilahy, linta, menarandra*). Para cada clã da planície costeira, o itinerário e os locais de transumância foram fixados há muito tempo e são mais ou menos os mesmos todos os anos. O direito de pastar no território dos clãs do interior parece ter sido concedido sem que os utilizadores da planície costeira fossem obrigados a pagar-lhes qualquer taxa pela erva consumida pelos seus rebanhos.

9.3.1.1.1 A poligamia e a deslocação dos bois

A poligamia, uma prática tradicional entre os *Mahafale*, serve muitas vezes objectivos políticos. Originalmente, a aliança matrimonial era motivada pela necessidade de criar um

---

[149] Embora não tenhamos conseguido defini-los com precisão durante os nossos inquéritos

clima de confiança e de bom entendimento para ter acesso às zonas pastoris. Em termos sociais, a esposa garante a continuidade do grupo. Quando um homem toma uma nova mulher, deve indemnizar a sua primeira mulher com um boi. Em contrapartida, os seus sogros dão-lhe uma *tandra* (dote) - uma vaca. Esta *tandra* tem a marca da orelha ou *vilo* da mulher.

9.3.1.2 Conflitos actuais

[150]Embora seja difícil "medir" a evolução das tendências, pois não temos outra referência para além das memórias dos "mais velhos", a maioria dos jogadores testemunha um desaparecimento progressivo da aplicação e do respeito pelos costumes tradicionais. Parece que estas regras estão em desuso há cerca de vinte anos. *"Os pastores transumantes já não são os mesmos de antigamente, já não respeitam as regras que temos, como impedir os zebus de entrar nos campos de cultivo"* [Pastor de *Etrobeke*].

Os principais factos "objectivos" que demonstram a evolução das práticas são os seguintes

(i) o abandono de certos rituais tradicionais como o *titike*, um pacto social entre os pastores transumantes e as populações locais durante o qual eram definidas as regras de utilização da terra;

(ii) a instalação direta de pastores em pastagens sem negociação prévia com os habitantes locais;

(iii) o desrespeito das regras pelos transumantes em certas localidades de acolhimento (desrespeito dos tabus em torno dos pontos de abeberamento, desrespeito das zonas definidas para o cultivo e o pastoreio, etc.);

(iv) Desrespeito e/ou desconfiança em relação aos sistemas de justiça tradicionais (*Kabary*) e modernos;

(v) a transição da gestão "contemplativa" do zebu para uma gestão mais "capital-intensiva".

9.3.1.3 Roubo de zebu

Tal como a morte dos mortos nas terras altas, o roubo de zebu é considerado uma tradição no sul de Madagáscar. Nunca desaparecerá. No entanto, há períodos em que aumenta e períodos em que diminui. Pavageau observou que *"o roubo de zebu, tal como a reviravolta dos mortos, foi sempre apresentado como uma caraterística específica da cultura malgaxe, uma prática curiosa e exótica que se mantém até hoje"* [Jean Pavageau, 2008].

---

[150] 90% dos *Mpitan-kazomanga* inquiridos afirmaram ter abandonado as regras de gestão tradicionais

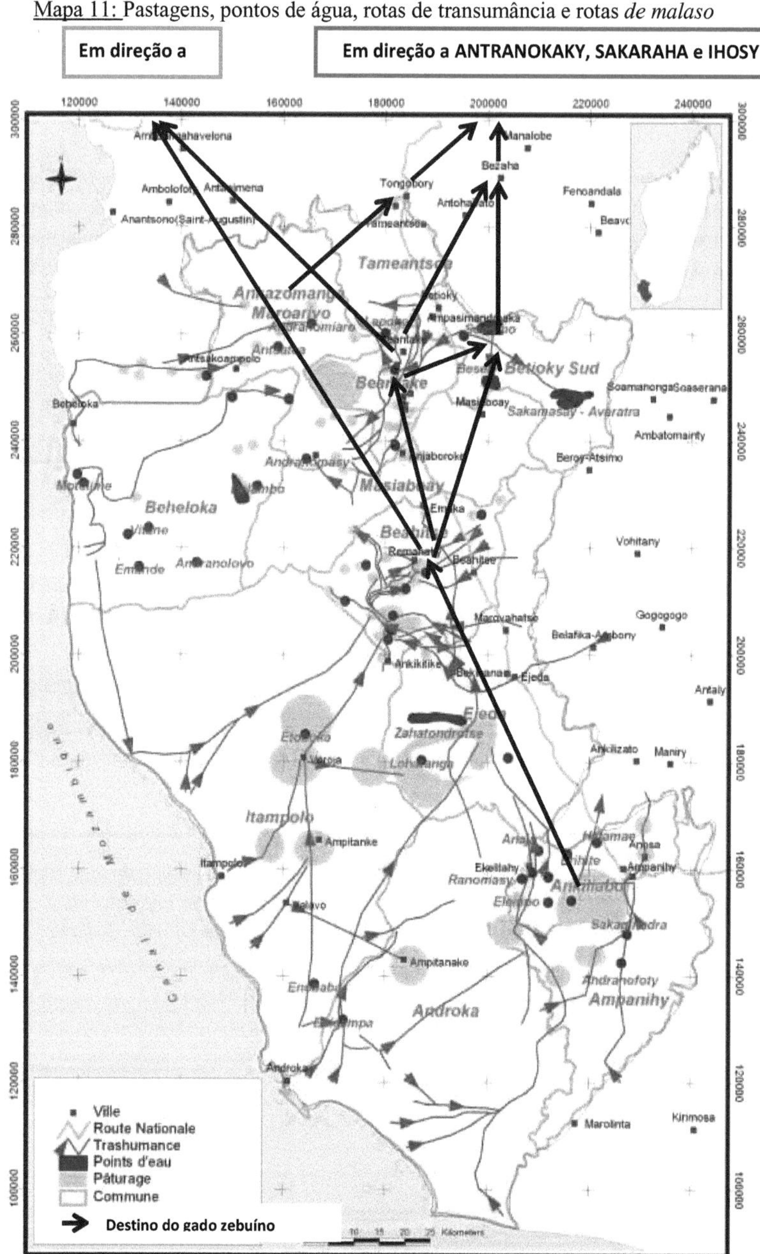

Fonte: WWF Toliara, 2014, melhorado

9.3.1.3.1 História do roubo de carne de bovino em Madagáscar

O fenómeno *malaso* existe há muito tempo. [151]No tempo da sociedade *vazimba*, já se falava de *sonjoa* [Rasamoelina H, 2000]. Durante o período feudal, particularmente durante o reinado de Ranavalona II, aqueles que eram bandidos e ladrões eram chamados *fahavalo* ou inimigos. O nome *fahavalo* foi também utilizado durante o período colonial para designar os resistentes. A exportação de zebus cessou com a abolição da escravatura pelos colonizadores. Foram eles que exploraram esta indústria posteriormente.

"Por outro lado, o Sr. Augagneur acredita que o futuro comercial de Madagáscar está na África do Sul.

É por isso que reconstruímos completamente a rota ocidental, equipámos o porto de Tuléar e criámos um serviço regular de navegação costeira na costa ocidental. Madagáscar pode abastecer a África do Sul de gado, madeira, arroz e café, e a carga de retorno será constituída por carvão, de que a ilha tem grande necessidade. [Zimmermann Maurice, 1909]

Se nos referirmos a estes textos de Zimmermann, a exportação de gado já era praticada durante a colonização. Nessa altura, era a administração colonial que geria as exportações. Por outras palavras, era a administração colonial que negociava com os países estrangeiros as mercadorias a exportar. A prática da exportação de zebus foi, portanto, herdada dos colonialistas.

No início da independência, os colonos continuaram a exportar gado zebu para a África do Sul e para as ilhas do Oceano Índico [arquipélagos das Comores e da Reunião].

Os colonos instalaram colectores nos pontos de recolha. No caso do planalto *de Mahafale*, *Betioky* era um desses pontos. Para assegurar a quota semanal prevista ou para facilitar a recolha de zebus, os colonos instalavam colectores (no caso do planalto *de Mahafale*, havia uma pessoa proveniente do sudeste de Madagáscar, mais precisamente de *Farafangana*) em locais estratégicos. O coletor enviava o gado para *Toliara* quando conseguia reunir o número de cabeças de gado requerido pelos colonos. Uma vez reunidos em *Toliara*, os zebus seguiam para exportação no porto.

É de salientar que, para os *Bara,* isto era visto como um rito de passagem para a idade adulta. Para provar a sua virilidade ou a sua capacidade de sustentar uma família, os jovens rapazes tinham de se submeter a esta "prova do roubo do boi".

Durante a Segunda República, o Estado [ou o Chefe de Estado?] substituiu-se aos colonos para assegurar a exportação de zebu para as ilhas do Oceano Índico. Foi nesta altura que surgiram os *"dabok'andro"* (comerciantes de zebu). Os *dabok'andro* são responsáveis pela compra do zebu para revenda aos coleccionadores. São também pagos pelo transporte do zebu até ao seu destino. Para assegurar a data de vencimento e garantir a encomenda dos colectores, os *dabok'andro* recorreram a ladrões de bois.

Desde os anos 90, o roubo de bois tornou-se uma "profissão" para os *Malaso*. Consequentemente, as suas práticas e estratégias de roubo de gado mudaram, pois também eles têm um prazo a cumprir.

---

[151] São ladrões de gado e de seres humanos que escravizam

Nos últimos anos, especialmente após a instabilidade política de 2009, registou-se um aumento dos roubos e da violência na zona do planalto de *Mahafale*.

O destino das exportações de zebu já não são as ilhas do Oceano Índico, mas a China. Além disso, os colectores aumentaram os preços, porque um zebu castrado com 3 anos (*telo ay*) ou mais custa 3.000.000 *ariary* e os com menos de 3 anos 1.000.000 *ariary* por cabeça de zebu. Os jovens do planalto *de Mahafale* são tentados por este preço. Não querem saber do *titike* e de um acordo coletivo ou "*dina*", por vezes chamado "*dinan'ny mpihary*", estabelecido pelas comunidades.

9.3.1.3.2 A organização e a estratégia da *malaso*

Atraídos pelo preço exorbitante do gado roubado, para poderem mudar rapidamente a sua posição social, os rapazes começam a praticar *malaso* aos 14 anos. Deixaram a agricultura para trás. Já não desbravam as florestas para cultivar. Agrupam-se por aldeias. As aldeias vizinhas não se podem atacar diretamente. No entanto, guiarão outros *malaso* que venham de longe para atacar as aldeias vizinhas. De facto, cada grupo deve aliar-se a outros grupos na outra margem do *Onilahy* (*Bezaha*) para assegurar o transporte de bois.

Depois do fenómeno *Remenabila*, durante cada incursão, o número de *malaso* varia entre 100 e 300 pessoas (homens e mulheres). É o que se designa por *Barinjaka*. As mulheres que acompanham os *malaso* durante as incursões são chamadas *Baraondry*. São entre 3 e 6 e cantam e saqueiam utensílios de cozinha, colchões e cobertores de todas as casas da aldeia atacada.

Atualmente, especialmente após a prática da dina, os *malaso* utilizam uma nova estratégia de ataque. Tomam o proprietário ou a sua família próxima como reféns para que o proprietário do zebu alvo negoceie o resgate com eles (zebus ou dinheiro e uma espingarda).

Os *malaso* acampam à volta das zonas de acolhimento dos transumantes. No entanto, não atacam os transumantes durante o período em que estes permanecem na área de acolhimento porque os bois não podem atravessar o rio *Onilahy*. Os transumantes estão nas zonas de acolhimento durante a estação das chuvas e não podem atravessar o *Onilahy* porque a corrente do rio é muito forte. Por isso, esperam até maio ou junho para atacar. Roubam os bois, matam os aldeões e incendeiam as suas casas, e isto não tem parado apesar do aumento das operações militares.

Toliara ou *Antranokaky*, *Sakaraha* ou *Ihosy* são os pontos de embarque e de transação. Os *malaso* são obrigados a colaborar com os *ombiasa*, com os eleitos [como o presidente da câmara e, por vezes, o deputado] e com as administrações públicas, como os delegados de distrito e a gendarmaria, para regularizar a papelada em boa e devida forma [o ficheiro individual dos bovinos, conhecido pela sigla FIB, e as cadernetas dos bovinos (*bokin'omby*)]. Quanto aos *ombiasa,* desempenham um papel muito importante para um grupo de *malaso* porque actuam como um "treinador" responsável pelo grupo; asseguram o "grigri à bala" durante um ataque e adivinham os melhores dias para organizar o ataque. Juntamente com o chefe do grupo *malaso*, organizam os percursos, as sentinelas, os agentes de informação, etc.

Se se dirigirem para *Toliara,* devem pagar a documentação relativa ao gado roubado em *Manorofify* (a comuna a jusante de *Onilahy*). Para os que escolhem *Ihosy* ou *Sakaraha*, a documentação relativa a esse gado é paga em *Bezaha* (a comuna a montante do *Onilahy*).

Os agricultores perderão a esperança se os rastos do seu gado se perderem nas margens do rio *Onilahy*. Quando o gado chega a *Manorofify* ou a *Bezaha*, anotam e descrevem as cores e os novos sinais marcados nos zebus roubados num novo livro de gado, previamente preenchido com o nome de outra pessoa.

Deve dizer-se que os ladrões de bois não atacam os pastores no litoral porque não encontram formas de lhes tirar o gado. No entanto, são registados pelo menos três casos de roubo de gado por semana na *Fokontany "fatrambe"* (ou interior). O número mínimo de zebus roubados é de dois (puxador de carroça).

[152]Em geral, os zebus roubados não serão recuperados se um dos membros *do malaso* não trair os seus membros ou se os zebus roubados pertencerem a um familiar próximo (tio) de um membro *do malaso*. Neste caso, o membro da família que perdeu o seu gado deve pagar uma quantia em dinheiro ao *malaso* que detém o gado.

9.3.1.3.3 Estratégia dos agro-pecuaristas face aos ataques *dos malaso*

No planalto *de Mahafale*, os agro-pastores continuam a manter um sistema habitual de alianças entre aldeias e de vigilância territorial destinado a combater os roubos através da deteção dos movimentos dos animais. Cada aldeia é responsável pela guarda do seu território, que se baseia no controlo das pegadas deixadas no solo pelos zebus em pontos de passagem estratégicos, os *kizo*, que são vigiados e varridos diariamente.

É de notar que os agro-pecuaristas do planalto *de Mahafale* optam geralmente por criar zebus de cor vermelha. As razões para tal são, em primeiro lugar, a facilidade de venda dos zebus desta cor, que começam a despertar o interesse dos *Mahafale*; em segundo lugar, a necessidade de se distinguirem de outros grupos territoriais agro-pastoris, como os *Antandroy* e os *Bara*, e também de tentarem controlar a rastreabilidade dos zebus.

De acordo com as percepções locais, o roubo de gado no planalto *de Mahafale* é uma fonte de conflito social. Suponhamos que foram roubados e perdidos zebus dos trilhos numa aldeia qualquer de uma Comuna, se os trilhos não tiverem saído da aldeia, todas as pessoas da *Fokontany* são responsáveis pela substituição dos zebus perdidos. Na *dina*, um zebu perdido será substituído por quatro outros zebus. Mas, acima de tudo, a aldeia onde se perderam os rastos deve assumir a tarefa de seguir os rastos dos zebus roubados (*magnara-dia*). Se as pessoas da aldeia onde os rastos foram perdidos recusarem, devem substituir o zebu perdido seguindo o *kabary ambany kily*.

Nos últimos anos, os agricultores desenvolveram estratégias para fazer face aos roubos:

    a) manter o gado em currais dentro das aldeias durante a noite.

    b) transumância para a costa na estação seca, uma vez que o roubo de zebus é raro nesta zona,

    c) uma redução da poupança sob a forma de zebus, compensada por um aumento dos investimentos em terras (compra de terras).

---

[152] A traição entre membros é causada por conflitos internos. No entanto, a maioria dos malaso pratica a irmandade de sangue ou fati-drà para expandir a sua rede, porque um fati-drà de um *malaso* será automaticamente fati-drà de outro fati-drà, mesmo que não bebam o sangue um do outro.

Além disso, alguns agregados familiares nas comunas estão equipados com pelo menos uma caçadeira para se protegerem contra ladrões e pessoas mal intencionadas. Alguns agregados familiares possuem mesmo pistolas para garantir a segurança das suas famílias. Para além disso, para se defender, a população aplicou a autodefesa da aldeia.

A partir de 2012, as aldeias que puderem contribuir com a soma de 400.000 *Ariary* para pagar dois soldados, devem dirigir-se ao Chefe do Estado-Maior do exército militar em *Toliara*.

Atualmente, o *dina be*, o último recurso encontrado pelos *mpitan-kazomange* nos distritos de *Ampanihy* e *Betioky*, foi aprovado pelo tribunal *de Toliara* após ter sido solicitado pelo Chefe de Região. Este último está convencido da eficácia do *dina be* e vai implementá-lo em toda a região. É de notar que, após a implementação da *dina be* no planalto *de Mahafale* pelos *mpitan-kazomanga* dos dois distritos iniciadores, os ataques *de malaso* diminuíram. De momento, não sabemos a causa da redução dos ataques, se é de facto a eficácia desta *dina* ou a inexistência de bois roubados no planalto *de Mahafale*.

9.3.1.3.4 Porque é que o roubo de carne de bovino está a aumentar?

Em geral, quando as comunidades de base estão em desacordo com o Estado central, surge o fenómeno *malaso*. Rasamoelina H, no seu estudo intitulado l'Etat, les communautés villageoises et les phénomènes pathologiques en milieu rural malgache : le vol de bœufs et les feux sauvages, constata que o fenómeno *do malaso* reaparece pela primeira vez após a criação do SMOTIG, ou service de la main d'œuvre d'intérêt général, em 1927, mais precisamente em 1930, e depois após a fixação do preço e a criação do Office du riz, em 1943. Só terminou em meados da década de 1950. [153]No entanto, como sabemos, a insegurança rural reapareceu no início dos anos 1970, para se agravar e generalizar a partir de 1980, com um certo abrandamento em meados dos anos 1990 [Rasamoelina H, 2008]. [154]Depois de 2009, a situação agravou-se ainda mais porque os *Malaso* estão bem equipados e comportam-se como milícias. Quando atacam uma aldeia, o seu número deve ultrapassar os 40 homens.

Além disso, os usos e costumes que regem a criação de gado parecem estar ultrapassados. A maioria dos pastores transumantes já não pratica estas tradições, talvez devido à entrada de projectos de desenvolvimento no planalto *de Mahafale* há mais de uma década. Estes projectos de desenvolvimento visam geralmente "desculturalizar" os *Mahafale* para que possam aplicar o modelo de desenvolvimento desejado pelos doadores.

O fenómeno de migração que aflige atualmente o planalto é o resultado deste fenómeno *Malaso*, pois aqueles que já não têm bois deixam a sua terra natal para viver no norte de Madagáscar (*Ambilobe*) ou *Morondava* ou nas pedreiras de safira. Estão muito longe do Parque *Tsimanampesotse* e dos recursos florestais que os doadores descreveram como estando sob pressão antrópica.

Além disso, o fenómeno *do malaso* tem hoje um objetivo económico. Sempre foi muito difícil avaliar o efetivo bovino no planalto *de Mahafale*. Em primeiro lugar, e embora isto possa parecer contraditório, os grandes agricultores preferem ocultar a dimensão do seu efetivo, mesmo que o seu prestígio seja proporcional ao número de zebus que possuem. Em segundo lugar, a introdução de impostos sobre o gado pelas autoridades coloniais contribuiu muito para a subestimação do efetivo.

---

[153] No Sul profundo, este fenómeno começou a agravar-se após a insurreição liderada por Monja Jaona em 1971.

[154] O planalto *de Mahafale* tornou-se agora um destino para o tráfico de armas automáticas.

Por cálculo ou não, após o fracasso da criação do banco BTM (atual BOA) em *Ampanihy*, que fechou as portas na década de 1980, e após uma série de fracassos na criação de microfinanças na região de *Mahafale,* conseguiram criar uma instituição de microfinanças chamada FIVOY em 2014, devido à diminuição do número de cabeças de gado na região.

Hoje em dia, um recenseamento exato dos rebanhos parece ser um dos meios mais eficazes para combater o roubo, mas a proliferação de zebus roubados continua a conduzir à ocultação.

9.3.2 Gestão sustentável ou preservação dos recursos florestais?

Durante muitos anos, a conservação da biodiversidade esteve no centro de vastos debates, tanto políticos como científicos. A oposição entre estas duas visões da conservação, o desenvolvimento sustentável e a gestão da biodiversidade, alimenta as discussões.

Isto influencia as acções das organizações não governamentais que trabalham em Madagáscar. Por um lado, defendem uma forte proteção das últimas zonas de biodiversidade significativa que restam no planeta, o que implica geralmente a suspensão de todas as actividades humanas que consomem excessivamente os recursos naturais e, por outro, um maior reconhecimento do papel das populações locais e da importância de as ter em conta na tomada de decisões.

A nível internacional, o debate contraditório entre conservação e redução da pobreza continua a ser persistente, e Madagáscar não foi poupado como exemplo. Em Madagáscar, um longo período de quase um século de política florestal repressiva e exclusiva terminou nos anos 90, mas a mudança ainda não foi duradoura, uma vez que a maior parte dos decretos de aplicação da lei Gelose ou do decreto GCF não existiam. Atualmente, não há garantias de que Madagáscar continue a progredir lentamente na via do desenvolvimento sustentável.

A contradição entre conservação e gestão comunitária (ou seja, conservação, gestão sustentável e desenvolvimento) desorienta efetivamente o debate sobre a gestão sustentável. A salvaguarda da biodiversidade malgaxe não pode ser resolvida e limitada a uma rede de áreas protegidas, por mais vasta e impenetrável que seja. A gestão sustentável de todos os espaços naturais é a única forma de garantir a conservação efectiva de uma biodiversidade excecional. Esta gestão sustentável em todo o território malgaxe não pode deixar de envolver as comunidades rurais e as comunas, através de contratos baseados nos modelos iniciados pela lei "Gélose".

[155]A "conservação bárbara" está a provocar um recrudescimento da exploração ilegal dos recursos florestais. O Estado deve ter a coragem de escolher entre a política de gestão comunitária e a política de "conservação bárbara" dos recursos naturais renováveis, que exclui o homem, elemento da biodiversidade. Não deve deixar-se influenciar pelas diferentes teorias e experiências dos países ricos.

9.4 Sugestões e propostas para melhorar a gestão comunitária

As antigas zonas de Gélose estão a ser transformadas em GCFs porque os terrenos são demasiado grandes, o SFR falhou e não existe um mediador ambiental. Embora as transferências da gestão dos recursos naturais renováveis tenham diminuído após a extensão do parque de *Tsimanampesotse*, elas ainda estão a sofrer esta transformação. A implementação

---

[155] Neste caso, conservação bárbara significa conservação sem preocupação com as comunidades que dependem desses recursos.

de um projeto de grande envergadura, como a extensão de um parque nacional ou a criação de uma nova área protegida, deve incluir medidas de acompanhamento adequadas.

9.4.1 Elaboração de um acordo ambiental *do tipo dina be*

A exploração ilegal e clandestina dos recursos naturais, especialmente os endémicos, continua em Madagáscar, apesar da abundância de áreas protegidas. Os saqueadores não têm vergonha de entrar nas zonas protegidas. Todas as comunidades vizinhas viram as árvores malgaxes a serem enviadas para a China, mas mantêm-se caladas. Estão à espera que o Estado reaja, talvez para não "mastigarem antes dos molares" *(mitsako alohan'ny vazana)*. Estão dispostos a proteger os recursos naturais circundantes se o Estado mostrar interesse em preservar esses recursos naturais. O Governo malgaxe deve, por conseguinte, colaborar com as comunidades de base e as organizações da sociedade civil que trabalham no domínio do ambiente para elaborar uma *dina* que ponha termo aos problemas da exploração madeireira ilegal. Esta *dina* aplicar-se-á a todos, sem distinção, em Madagáscar.

9.4.2 Generalização do processo de segurança da posse da terra

A titularização concertada não deve ficar-se por este método; recomenda-se que a titularização concertada seja incluída no estudo que está a ser realizado pela comissão de revisão dos textos antigos, recentemente criada. Esta inserção diz respeito à proposta de lei sobre o acesso aos recursos indígenas, embora diga respeito ao GCF. Neste caso, as terras do CoBa serão consideradas como tendo um estatuto fundiário específico.

A metodologia da titularização concertada tem uma perspetiva muito concebível. Pode ser utilizada e desenvolvida no âmbito de um projeto. É possível criar um modelo de matriz lógica (baseado no método do quadro lógico). O diagrama heurístico permite definir os objectivos estratégicos e elaborar os principais critérios de avaliação. O quadro lógico pode também ser utilizado para identificar os indicadores de acompanhamento, estimar os custos e definir os calendários de trabalho. Esta metodologia pode ser implementada por vários organismos, mas é preferível que seja supervisionada pela Direção Regional de Ecologia, Ambiente e Florestas. Em todo o caso, é a assembleia pública que decide.

As diferentes minas existentes no planalto *de Mahafale* têm vindo a ser gradualmente reveladas, embora o código mineiro dê prioridade à exploração destes recursos, independentemente da sua localização. As zonas transferidas para o CoBa devem ser protegidas através da aplicação do RSF, uma vez que o CoBa gestor já gastou muito dinheiro para as proteger.

Qual é o futuro dos TGRNR face à expansão rápida da exploração mineira industrial e à publicidade olímpica em torno da comercialização dos terrenos pelo Estado através do guichet foncier? Se foram criados para proteger os parques, não merecem ter o mesmo equipamento de segurança que os parques?

9.4.3 Manter uma relação estreita com a administração florestal

As redelimitações organizadas pelo WWF conduziram a operações de zonagem. Dado que as antigas zonas Agar foram transformadas em zonas GCF, os nomes das zonas foram alterados. Esta mudança deve-se ao facto de o GCF apenas dizer respeito às florestas. Todos os outros tipos de utilização dos solos devem ser excluídos. Na sequência do fracasso da criação dos RSF no âmbito do sistema Agar, os TGRNR no âmbito deste sistema no país serão transformados no sistema GCF. Neste caso, o zoneamento deve dizer respeito apenas às florestas.

A definição de zonas no TGRNR explica os objectivos da exploração dos recursos em diferentes áreas. Este princípio baseia-se na consideração de que todas as áreas transferidas são florestas. [156]"As florestas, na aceção da Lei n.º 97-017, de 8 de agosto de 1997, são definidas como todas as áreas que reúnem as seguintes qualificações: áreas cobertas p o r árvores ou vegetação lenhosa, com exceção das plantadas com o objetivo exclusivo de produção de frutos, produção de forragens ou ornamentação; e áreas ocupadas por árvores e arbustos situados nas margens de cursos de água e lagos e em terrenos erodidos". O artigo 2.º da mesma lei estipula que são florestas os terrenos não arborizados, os terrenos desbravados sem autorização ou as clareiras. As antigas superfícies cultivadas são antigas superfícies arborizadas, geralmente desbravadas há menos de cinco anos. Daí a designação de zona agro-silvo-pastoril. As outras zonas têm objectivos florestais e destinam-se à regeneração, à recuperação ou à valorização das espécies. Estas são as zonas de conservação e de direito de uso. O TGRNR baseia-se, portanto, numa definição legal de floresta muito ampla, que, no entanto, contradiz as práticas das populações locais que se apropriam das terras de cultivo através da sua limpeza.

Por conseguinte, a manutenção de relações com a administração florestal parece ser uma garantia de exploração sustentável dos recursos, mas deveria ser reconhecido às populações locais um direito explícito sobre as terras incluídas no seu terroir.

Além disso, os regulamentos de aplicação da lei Agar e do decreto GCF devem ser concluídos para garantir o êxito da sua aplicação.

9.4.4   Adaptar a transferência de gestão aos costumes e práticas existentes

Madagáscar é um país onde ainda reina o culto dos antepassados. É necessário recordar que, no conceito de Gelosa, as áreas de conservação comunitária vão para além dos recursos e incluem uma parte das terras das aldeias governadas pelas comunidades. Em todo o lado em Madagáscar, os recursos naturais estão intactos porque estão protegidos. São protegidos quer pelos espíritos da floresta, quer pela própria comunidade através dos chefes tradicionais. Pertencem àqueles que os protegem.

Os chefes tradicionais, geralmente os mais velhos, são o ponto de referência quando se trata de respeitar as tradições, os hábitos e os costumes. Eles detêm a *hazomanga*, o símbolo da "sabedoria", e ajudam os *fokonolona* a tomar decisões sobre os assuntos que dizem respeito exclusivamente às comunidades das aldeias. Para que a gestão destes recursos seja sustentável, os iniciadores do projeto de transferência de gestão devem implicar fortemente os chefes tradicionais e os *ombiasa* para que possam integrar as fileiras do comité de gestão, os gestores destes recursos. Isto significa ter em conta as formas tradicionais de gestão que as comunidades já aplicaram para gerir as florestas nos seus territórios.

Serão criadas medidas de apoio às comunidades de base, tais como a alfabetização funcional e as actividades geradoras de rendimentos. A organização de desenvolvimento deve comprometer-se a apoiar as actividades geradoras de rendimentos para assegurar a viabilidade

---

[156] Art. 1, lei n.º 97-017 de 8 de agosto de 1997, revisão da legislação florestal, decreto n.º 2005-849 de 13 de dezembro de 2005, J.O. n.º 2449 de 25.08.94, p. 1717.

do TGRN; estas actividades devem ser identificadas aquando da elaboração do plano de desenvolvimento.

Caso contrário, o organismo de apoio e a administração florestal devem assinar um acordo de colaboração, global ou por TGRN, no qual se comprometem reciprocamente a apoiar a transferência para além da assinatura do contrato e a assegurar a sucessão dos apoios financeiros, ligando o CoBa aos programas de desenvolvimento.

Por último, tendo em conta as incertezas acima referidas, as perspectivas de adaptação do CoBa devem basear-se em três elementos:

- a estabilidade das zonas/terroirs das florestas transferidas, para permitir o estabelecimento de uma estratégia de adaptação a longo prazo baseada na confiança na administração ;

- a inclusão das questões fundiárias na *dina* escrita, a fim de promover a garantia dos direitos fundiários reconhecidos pelo CoBa e pelos seus membros, e

- a implementação de um plano de proteção social para a gestão do parque e das suas imediações, a fim de apoiar os CoBa na transformação das suas práticas agrícolas, tornada necessária pela redução do acesso aos recursos.

Conclusão, parte 3

Em conclusão, esta secção argumenta que a abordagem Gelose tem como modelo a gestão florestal colonial, enquanto as comunidades de base têm há muito tempo uma forma tradicional de gestão que favorece o livre acesso aos recursos naturais. Consequentemente, esta nova abordagem tem uma série de implicações e limitações, dado que o contexto e o período de implementação são diferentes. Os intervenientes na conservação da biodiversidade malgaxe têm cada um os seus próprios objectivos. Tal facto conduz a diferenças no nível de envolvimento de cada um. O grau de envolvimento do Estado e da administração florestal na proteção do ambiente, por exemplo, é baixo. Esta situação é visível na ausência de decisões sobre certos textos de aplicação da lei Gelose.

Na sequência da proliferação da agricultura de corte e queima, os remanescentes florestais do planalto calcário *de Mahafale* são florestas tabu e/ou sagradas. Estas estão demarcadas e fazem parte das transferências de gestão. Anteriormente, as florestas eram geridas pelos espíritos conhecidos como *Tambahoake*, transferidos para os *ombiasy* e *mpitankazomanga*. Atualmente, estas florestas são transferidas para as comunidades de base geridas por comités de gestão (cidadãos comuns que não são *ombiasy* nem *mpitankazomanga*). Não é graças à lei Gélose ou ao decreto do GCF que estas florestas foram preservadas, mas sim graças aos hábitos e costumes que os *Mahafale* ainda hoje respeitam.

O objetivo das ONG e do CoBa na conservação da biodiversidade é ganhar dinheiro com isso: financiamento. No entanto, estão convencidos de que a conservação destes recursos florestais não será duradoura, porque desde o início dos anos 80, o planalto *de Mahafale* está a atravessar uma crise ecológica sem precedentes, que se traduziu numa desflorestação intensa devido à cultura do milho. Para além disso, as transferências de gestão implementadas em torno do parque estão muito longe do núcleo duro para garantir a segurança.

Consequentemente, as catástrofes naturais são difíceis de controlar (secas cíclicas, invasões de gafanhotos), a crise do mundo rural, que se manifesta em grande parte pela insegurança, a queda da produção agrícola, a tendência para a diminuição do número de cabeças de gado e o crescimento demográfico conduzem a um aumento da procura de produtos florestais (carvão vegetal, lenha, escunas). Todos estes factores contribuem infelizmente para a espiral de degradação dos recursos florestais naturais da paisagem *de Mahafale*.

A exploração florestal (desflorestação e utilização de outros produtos florestais), uma das actividades de último recurso e uma fonte de rendimento, faz parte de uma estratégia que permite às pessoas sobreviverem o melhor possível e acumularem fundos que lhes permitam restabelecer a sua imagem na sociedade através da aquisição de um grande rebanho de gado.

As ameaças à biodiversidade no planalto *de Mahafale* são, por ordem: desbravamento para agricultura de corte e queima para consumo local; desbravamento para agricultura de culturas de rendimento de corte e queima de milho; desbravamento para produção de carvão vegetal, recolha de produtos florestais para lenha e construção, incêndios florestais, recolha de produtos florestais não lenhosos; crescimento demográfico e exploração mineira.

CONCLUSÃO GERAL

O método participativo é utilizado na implementação dos decretos Gelose e GCF para conservar e/ou gerir a biodiversidade de Madagáscar. Além disso, o estudo da participação dos cidadãos no processo de transferência da gestão dos recursos naturais renováveis permitiu-nos observar as clivagens n o planalto *de Mahafale*, as relações de poder entre as pessoas activas e o resto da população, e o conflito latente entre os indígenas e os migrantes sobre a gestão dos recursos florestais.

Em suma, no final desta análise, os resultados revelarão que este estudo contribuiu para pôr em evidência as lacunas dos textos de aplicação das leis Gelose e do decreto GCF e as causas da não participação d o s cidadãos interessados na tomada de decisões e na gestão do ecossistema transferido. No entanto, os resultados deste estudo não são definitivos, mas devem servir de base para futuras investigações, uma vez que a realidade social está em constante mutação. Além disso, não será possível avaliar o impacto do Agar durante menos de 25 anos (uma geração sociológica), porque o Agar ou o decreto do GCF têm um impacto a longo prazo.

As nossas observações e entrevistas no planalto *de Mahafale* mostraram que a maioria dos seus habitantes parece apática ou incapaz d e cumprir o seu dever para com a sociedade. Embora reconheçam, em geral, os benefícios d a conservação dos recursos florestais, não houve uma verdadeira participação de todos na recolha das suas aspirações, na implementação do plano de gestão ou nas outras acções a realizar no âmbito do CoBa.

A identificação dos beneficiários da transferência de gestão, por um lado, e das necessidades de uma determinada população, por outro, coloca sempre um problema. Logicamente, os beneficiários deveriam ser aqueles que exprimem as suas necessidades, ou seja, toda a coletividade. Mas no contexto do planalto *de Mahafale*, os necessitados parecem deixar a escolha dos projectos ou das actividades aos dirigentes (comité de gestão CoBa, administração florestal, ONG). No entanto, vão ser prejudicados porque a ajuda ou o financiamento para a proteção do ecossistema florestal não corresponderá às suas necessidades. A mobilização dos futuros beneficiários ainda está a decorrer. A adoção ou apropriação da transferência de gestão pelas populações locais dependerá da satisfação que sentirem.

A presença de florestas ainda preservadas é o resultado de uma combinação de factores naturais (difícil acesso e, por conseguinte, pouco integradas na economia de dinheiro, solos pobres e impróprios para a agricultura, zonas agrícolas disponíveis e exploráveis em redor que ainda protegem estes blocos florestais, afastamento das florestas, problemas de água), factores demográficos (baixa densidade humana ou equilíbrio entre população e recursos ainda mantido), socioculturais (presença de tabus *"faly"* bem respeitados, de adivinhos e curandeiros *"ombiasa"*, guardiães do sagrado e dos quais depende a coesão do grupo, *"mpisoro"* ou *"mpitankazomanga"*, guardiães dos *"hazomanga"* ou pólos tutelares) e organizacionais (presença de uma estrutura social homogénea e pouco perturbada pelos migrantes e de uma organização social bem estruturada, gerida por notáveis, que respeitam muito a floresta e que são simultaneamente criadores ricos e grandes proprietários).

A falta de água provoca problemas de saúde e de subnutrição e torna-se a principal preocupação das comunidades, tanto para a sua sobrevivência como para a dos seus animais. Dela dependem as aspirações e as actividades dos habitantes. Durante a estação seca, as pessoas têm de caminhar vários quilómetros para ter acesso a água não potável, que é utilizada tanto para consumo humano como animal. A ausência de água conduz a práticas não cidadãs e à degradação da biodiversidade. Assim, a questão da conservação dos recursos naturais renováveis está a ser posta em causa, uma vez que uma das necessidades básicas das comunidades ainda não foi satisfeita.

Os agricultores do planalto *de Mahafale* parecem ter vivido durante muito tempo a destruição dos seus campos de milho por gafanhotos nómadas e migratórios. A partir de 1995-96, a invasão de gafanhotos tornou-se um flagelo, destruindo uma grande parte da produção agrícola, especialmente de cereais, numa região onde a insegurança alimentar se está a tornar crónica.

Recorde-se que a nossa primeira hipótese procura verificar que o nível de participação da comunidade de base depende do seu nível de educação, e que os não participantes no extremo inferior da escala não querem envolver-se em assuntos que consideram obscuros e perigosos. Os membros da comunidade *Mahafale* que são analfabetos não querem comprometer-se na gestão destes recursos naturais, em comparação com os que têm um nível médio de educação. Estes últimos querem um novo estatuto que os ajude a dominar a comunidade, pelo que se juntam a ONGs ambientais e de desenvolvimento. Eles tentam impor-se aos membros de toda a comunidade, ocultando informações sobre a transferência de gestão e o CoBa. Quanto aos analfabetos, eles não sabem muito sobre o que significa uma transferência de gestão, pensam que a terra dos seus antepassados, incluindo as florestas, já foi vendida a estrangeiros e não se atrevem a aderir ao CoBa porque, para eles, ser membro do CoBa significa ser cúmplice nesta venda da terra dos seus antepassados.

Além disso, as comunidades de base que gerem a transferência da gestão dos recursos naturais no planalto *de Mahafale* têm um duplo objetivo: ser um modelo para outras comunidades e também beneficiar de financiamento para satisfazer as suas necessidades básicas. Estas comunidades não podem gerir corretamente os seus recursos naturais devido à falta de financiamento. Todos os actores implicados nesta transferência de gestão estão simplesmente a confiscar a gestão tradicional dos *ombiasy* e dos *mpitan-kazomanga*. O sucesso desta transferência de gestão baseia-se, desde há muito, no respeito pelos costumes e tradições, mas sobretudo no respeito pelo povo de *Tambahoake,* o espírito guardião das florestas do planalto *de Mahafale*.

Devido à redução dos direitos de utilização das comunidades, à situação geográfica e às alterações climáticas, os objectivos de gestão sustentável dos recursos naturais não serão atingidos porque as medidas de acompanhamento em benefício das comunidades do planalto *de Mahafale* não foram criadas e/ou aplicadas. A proliferação do tráfico ilegal de recursos naturais está a aumentar e a limpeza de terrenos está a aumentar nas transferências de gestão no interior do Parque *de Tsimanampesotse*.

No final desta análise, os resultados discutidos neste livro permitem-nos tirar as seguintes conclusões sobre as condições que podem levar os cidadãos a participar mais ativamente na conservação da biodiversidade na sua região:

- Em primeiro lugar, a integração das classes desfavorecidas, bem como dos migrantes, estimula a participação dos habitantes locais na gestão dos recursos florestais; os laços familiares entre todos os habitantes e a sua valorização aceleram a mobilização efectiva dos cidadãos;

- em segundo lugar, convém sublinhar que a confiança e o diálogo entre a administração florestal, o comité de gestão e as comunidades constituem a base necessária para o exercício das competências e das funções do CoBa. Assim, a relação sócio-política no planalto *de Mahafale* favoreceria a participação de todos os cidadãos se as diferentes associações económicas ou ambientais criadas na comuna facilitassem realmente a vida colectiva e assegurassem o controlo regulamentar de alguns membros da comunidade sobre os agentes do poder;

- em terceiro lugar, as transferências de gestão no planalto *de Mahafale* devem ser "mahafalizadas" para que os recursos naturais do planalto sejam conservados de forma sustentável. A "mahafalização" da transferência de gestão significa a adoção de uma gestão tradicional baseada no respeito dos costumes e das tradições. Os principais responsáveis pela transferência de gestão são os chefes tradicionais como o *"mpisoro"* ou *"mpitankazomanga"* e o *"ombiasy"*. Os costumes e tradições relativos à gestão florestal devem ser tomados em consideração nas zonas onde existem a lei Gelose e o decreto GCF;

- Por último, devem ser desenvolvidas actividades alternativas mais adaptadas às condições climáticas do planalto *de Mahafale*. A introdução de sistemas de cultura de sementeira direta, que protegem o ambiente e regeneram a fertilidade dos solos, e a utilização de sementes resistentes à seca ajudarão as comunidades que vivem ao longo do parque.

De facto, a participação dos residentes depende da sua pertença a estratos ou grupos sociais nascidos de clivagens reais no seio da comunidade e de clivagens virtuais entre membros e dirigentes no seio de agrupamentos sociais formais e informais e fora dessas mesmas entidades. Assim, a ausência de uma verdadeira fertilização cruzada no seio da comunidade constitui um obstáculo.

A organização social tradicional e os costumes asseguram a estabilidade e o sucesso das transferências de gestão no planalto de *Mahafale,* esta foi a segunda hipótese que verificámos. Os *Mahafale* são muito ligados aos costumes e às tradições. São os grupos territoriais mais tradicionais de Madagáscar. As regras consuetudinárias constituem a base da organização social *dos Mahafale.* A sustentabilidade da gestão tradicional e da utilização dos recursos florestais é garantida por estas regras. O segredo do sucesso da transferência da gestão do planalto *de Mahafale* é o respeito pelos costumes e tradições das comunidades, uma vez que a maior parte das florestas transferidas para as comunidades de base incluem florestas sagradas ou tabu. Os nossos antepassados já geriam estes recursos florestais. A sua gestão baseava-se na dissuasão através de ameaças, na gestão participativa e na sensibilização, mostrando que a floresta é, em última análise, o último recurso dos pobres.

Assim, a política de gestão participativa das florestas não é nova. A forma como foi implementada mudou de um regime para outro. Atualmente, a transferência da gestão dos recursos naturais foi realizada graças à aplicação da lei Gelose e do decreto GCF. Os doadores confiaram a sua implementação a organizações não governamentais nacionais e internacionais.

Com efeito, a conservação dos recursos naturais renováveis está a tornar-se um verdadeiro negócio, uma verdadeira concorrência internacional entre ONG. Não são os recursos naturais que lhes dizem respeito, mas sim o mercado. No caso do planalto *de Mahafale*, as ONG intervenientes não têm o mesmo procedimento, apesar dos esforços de coordenação efectuados. As abordagens divergentes dos parceiros técnicos e financeiros conduzem a uma fragilidade das organizações de apoio, apesar de trabalharem sobre os mesmos temas e no mesmo sector de atividade. Esta situação é deplorável, na medida em que as comunidades locais de base se aproveitam dela para obter apoios que nem sempre correspondem às suas necessidades reais. Isto dificulta a obtenção de uma apropriação efectiva e de resultados sustentáveis.

Por fim, a pobreza é uma fonte de apatia. Não permite que os pobres tomem consciência do dever que os espera. A estratégia dos pobres para saírem da sua situação é juntarem-se ao CoBa para sobreviverem. Desta forma, os pobres participam em trabalhos que exigem esforço físico, com remunerações variáveis, enquanto as decisões são deixadas aos ricos. As necessidades e aspirações dos pobres foram sempre negligenciadas em detrimento das dos ricos. Além disso, estes pobres não dispõem de competências técnicas suficientes, estão mal informados e os mais activos tentam mesmo esconder este facto, enquanto uma minoria tenta envolvê-los na conservação dos recursos florestais.

A nossa última hipótese verificada é que as transferências de gestão no planalto de Mahafale não atingem os objectivos de uma gestão sustentável devido à redução dos direitos de uso das comunidades, à situação geográfica e às alterações climáticas, que pesam sobre as suas terras. O planalto *de Mahafale* é atingido todos os anos pela insegurança alimentar, que favoreceu a exploração abusiva, e pela insegurança das comunidades nos seus modos de gestão actuais. Esta insegurança alimentar é agravada pelas vicissitudes do clima e pelas invasões de gafanhotos que todos os anos assolam a região. Para ultrapassar esta situação, os habitantes da RN10 recorreram à produção de carvão vegetal para sobreviver. Além disso, as comunidades de *Mahafale* não dispõem de uma fonte de rendimento alternativa, uma vez que os projectos de apoio não promovem suficientemente actividades alternativas geradoras de rendimento que respeitem o ambiente.

Apesar da persistência desta desnutrição crónica, o crescimento demográfico é um fenómeno recente no planalto *de Mahafale*, o que tem um impacto imediato na dinâmica da gestão dos recursos naturais. Este fenómeno conduziu à saturação dos vales e *baiboho* de baixa altitude, facilmente urbanizáveis, e desencadeou também importantes fluxos migratórios para as zonas florestais de fraca implantação humana. Está também a obrigar à conquista de novas terras para urbanizar à custa da floresta. As necessidades destes habitantes aumentaram na sequência deste crescimento demográfico e, por conseguinte, a pressão antrópica sobre os recursos naturais aumentou.

Do que pudemos estudar, as três condições que encorajam a população a participar na conservação dos recursos naturais através da transferência de gestão são uma relação de confiança entre os líderes e os liderados, a integração da comunidade e a pobreza ou a sua educação.

Assim, para conservar os recursos naturais renováveis de Madagáscar, e tendo em conta o exemplo da paisagem *de Mahafale*, é necessário um estudo aprofundado da cultura para obter uma maior participação. Isto permitir-nos-ia conhecer melhor as pessoas da zona e favorecer a comunicação e, sobretudo, a sensibilização da população.

BIBLIOGRAFIA

OBRAS GERAIS

1. BALANDIER (G), "*Sens et puissance : les dynamiques sociales*", Paris, Edition PUF, 1971.

2. BALANDIER (G), "*Anthropologie politique*", Edition PUF, Paris, 1967.

3. BALANDIER (G), "*Le pouvoir sur scène*", Edition PUF, Paris, Fayard, 1992.

4. BOURDIEU (P), "*Sur le pouvoir symbolique*", in Annales, Economies, Sociétés, Civilisations. 32è année, N.3, 1977, pp. 405-411.

5. BEAU (M.), "*L'art de la thèse*", La découverte, Paris, 1985.

6. CALLET (R.T) " *Histoire des Rois (Tantaran'ny Andriana) *" tradução de CHAMPUS (G-S) e RATSIMBA (E), Librairie de Madagascar Tana 3 Tomes Pasteur.

7. CROZIER(M) e FRIEDBERG (E), "*L'acteur et le système (les contraintes de l'action)*" édition du seuil, Paris France 478p, 1993.

8. CROZIER (M), TROSA(S) (dir.), "*la Décentralisation, Réforme de l'Etat*", Editions pouvoirs locaux, 1992.

9. DURKHEIM (E.), "*Règles de la méthode sociologique*", PUF Publishing, Paris, 1977.

10. EDWARD (B. T.) " *La sociologie : dictionnaire du savoir moderne *", tome 1, Ed Gérard &C°, p71

11. FAUCHER (D.), "*Géographie agraire*", Paris, Génin, 4ª Ed, 1979

12. FAUROUX (E.), "*Une méthode d'enquête anthropologique appliqué à l'Ouest malgache*", Paris, 152 p., dezembro de 2002.

13. FERREOL (G), "*Histoire de la pensée sociologique*", publicado por Armand Colin, 1994

14. ᵉᵐᵉFOURNIER(J) et QUESTIAUX(N), " *Traité du social : situation, luttes, politiques, institutions *", 4 Edition, E. Dalloz 1984.p55-p645

15. FRAISSE (P) e PIAGET (J): "*Traité de psychologie expérimentale : Motivation, Émotion et Personnalité*", Paris PUF, 1983.

16. GEORGE (P), "*Les pays tropicaux*", PUF, Paris, 1968.

17. GEORGE (P), "*Questions de géographie de la population*", Paris, PUF, 1959.

18. GEORGE(P), "*Sociologie et Géographie*", Paris, PUF, 1968.

19. GUICHAOUA (A.) e GOUSSAULT (Y.), "*Sciences sociales et développement*", Armand Colin, Paris.

20. GURVITCH (G.), "*Dialectique et sociologie*", Flammarion, Paris, 1962.

21. GRANDIDIER (A.), *"Histoire physique, naturelle et politique"*, Volume IV, Tomo 4, Paris, Librairie Hachette, Société d'édition géographiques, maritimes et coloniales, 1928.

22. GRAWITZ(M), *"Méthode des sciences sociales"*, Dalloz, 920 p, 1996.

23. ILUTCH (I.), *"Libérer l'avenir"*, Paris seuil, 1971.

24. MANUEL de (Q.): *"Interactionnisme symbolique"*, Rennes 2, PUF, 1994.

25. MARLAINE (C.) & Françoise (O): *"Sociologie de l'éducation"*, Édition la découverte, Paris, 1995.

26. MARTINET(D), *"Culture prolétarienne"*, Paris, Maspero, 1976.

27. MAUSS (M), *"Sociologie et Mythologie"*, 4ª ediçäo, in Bibliothèque de sociologie contemporaine, 1969.

28. PARSONS (T), *"La structure de l'action sociale"*, Paris, Edition PUF, 1937.

29. PELLOUX (R), *"Le citoyen devant l'Etat"*, Paris, Edition PUF, 1963.

30. POIRIER (J), *"Ethnologie et Développement"*, in CRASOM, p. 207, 1972.

31. POULANTZAS (N.) *"Pouvoir politique et classes sociales"*, Tomes II, Maspero, 1975.

32. QUICHAOUA (A) e GOUSSAUT (Y), *"Sciences sociales et développement"*, Armand colin, Paris, 189 p.

33. QUIVY (R), VAN CAMPENHOUDT(L), *"Manuel de recherche en sciences sociales"* Dunod, Paris 2ª ediçäo, 287 p, 1995.

34. RANDRIANARISOA (P): *"L'enfant et son éducation dans la civilisation traditionnelle malgache"*, Tomo 1, SME, 1981.

35. RANDRIANARISON (J): *"Le Bœuf dans l'économie rurale à Madagascar"*, Revue de géographie, volume 29; 81 p, julho-dezembro, 1976.

36. RASAMOELINA (H): *"Madagascar. Etat, Communautés villageoises et banditisme rurale"*, Paris L'harmattan, 250p, 2007.

37. ROCHER (G): *"Introduction à la sociologie de la famille"* Paris 6, Points, Sciences Humaines, 1970.

38. ROUSSEAU (J.J), *"Du contrat social"* de BERTRAND De Jouvenel, Ed le livre de poche, Paris 1978,445 p

39. ROUVEYRAN (J.C), *"La sociologie des Agricultures de transition"*, Maisonneuve et la Rose, Paris, 1972

40. SCWARTZENBERG (R.G), *"Sociologie politique"*, Ed Paris, 1991,592 p

41. SEGALEN (M): *"Sociologie de la famille"*, Paris, Armand Colin, 2004.

42. SILVANO (J) e CONTE (B): *"Le Changement social"*, (Emile DURKHEIM), Universidade de Lille, 2001.

43. TONNIES (F.): "*Communauté et Société*", Paris PUF, 1982.

44. TOURAINE (A.), *"Production de la société",* Edition le Seuil, Paris

45. WEBER (M.), *"Economie et société, tome 1: Les catégories de la sociologie"*, Plon/Agora, Paris.

46. WOLF, *"Sociologie économique",* Edition Cujas, 1971.

OBRAS ESPECIAIS

47. ALTHABE (G), *"Anthropologie politique d'une décolonisation"*, L'harmattan, 2000.

48. AMIN (S.), *"Le développement inégal",* Editions de Minuit, 1973.

49. AUJAC(H), *"Une hypothèse de travail : l'inflation ; Conséquence monétaire des comportements des groupes sociaux"* ; In Economie appliquée, t III, n°2, PUF Paris 1950.

50. BALANDIER (G.), *"L'Afrique ambigüe"*, PUF, 1957.

51. BATTISTINI (R), *"Géomorphologie, Madagascar, Extrême-Sud"*, Toulouse, Edition Cujas, Tome II, (1964), 638p.

52. BETTELHEIM (B), *"Le cœur conscient",* Paris, Robert Laffont SA 1977 383p

53. BONTENS (H.) e ROTILLON (G.), *"Economie de l'environnement",* La découverte p. 15, 1998

54. BURNEY (D.A), *"Theories and facts regarding Holocene environmental change before and after colonization. In Natural change and human impact in Madagascar",* S.M. Goodman & B.D. Patterson (eds.), Smithsonian Institution Press, Washington & London, Pp. 75-89, 1997.

55. CONDOMINAS (G), *"Fokonolona et collectivité rurale en Imerina"* Ed Berger Levrault, Paris 234 p, 1960.

56. CROIZIER (M) e FRIEDBERG (E), " *L'acteur et le système (les contraintes de l'action)* " édition du seuil, Paris France 478p, 1993

57. CROZIER (M), TROSA(S) (dir), *"la Décentralisation, Réforme de l'Etat",* Editions pouvoirs locaux, 1992

58. DECASTRO (J), *"Géographie de la faim",* Ed du Seuil, Paris, 1964.

59. DEMONQUE (M), EICHENDRERGER (J. Y), *"La participation",* France Empire, Paris, 228p. 1968

60. DEWEY (J.), *"Le Public et ses problèmes",* Paris, Publication de l'Université de Pau/Farrago, 2003.

61. FAUROUX (E.), *"Une étude pluridisciplinaire des sociétés pastorales de l'ensemble méridional de Madagascar".* ORSTOM. Cah. Sci. Hum. 25 (4) 1989: 489-497, 1989

62. FORTIN (S.), *"La participation et le pouvoir"* in Vol. n1-2, Québec, Université de Laval, pp. 307-307, 1969.

63. FRANK (A. G.), *"Capitalismo e subdesenvolvimento na América Latina"*, Publicado por Maspero, 1968.

64. GENRO (T.) & UBIRATAN de (S.), *"Quand les habitants gèrent vraiment leur ville".* Edição Charles Léopold Mayer 35 rue St Sabin 75011 Paris

65. GOLTICH (J. P.), *"l'approche coopérative en milieu rural et urbain"*, 1992, p 67

66. GONTCHAROFF (G.), *"Dix territoires d'hier et d'aujourd'hui pour mieux comprendre le développement local"*, Adels, 2009

67. HUFTY (M.), RAZANAMANATSOA (A.) e CHOLLET (M.): *Green neo-colonialism in Madagascar?* Sabelli ed. 1995.

68. KAUFMANN (J.C.), TSIRAHAMBA (S.). *"Forests and Thorns: Conditions of Change Affecting Mahafale Pastoralists in Southwestern Madagascar" (Florestas e Espinhos: Condições de Mudança que Afectam os Pastores Mahafale no Sudoeste de Madagáscar).* Conservat. Soc, 4 :231-61, 2006

69. LEBIGRE (J.M.) e BELLERA (F.), *"La Transformation Récente Des Paysages Dans la Région d'Androka (pays Mahafale)"*. In: Milieux Et Sociétés Dans le Sud-Ouest De Madagascar. Coleção Îles et Archipels, 23 (Ed. J.M. Lebigre), pp. 27-42. Centre de Recherche sur les Espaces Tropicaux (CRET), Bordéus 3, 1997.

70. LECOMTE (J.B.). *"L'aide par projet : Limites et Alternatives"*, Paris OCDE, 147p, 1986.

71. MALDIDIER (C.), *"La décentralisation de la gestion des ressources renouvelables à Madagascar _ Les premiers enseignements sur les processus en cours et les méthodes d'intervention"*, 133p, março de 2001.

72. MANZOORE (A)*, "La participation communautaire, clef de voûte des soins de santé primaires",* in carnet de l'enfance, gouvernement et santé de peuples, vol 42, Autonome, 1978.

73. MARC (G), *"Le développement en quête d'acteurs"*, Paris, Centurion, 1984,163p

74. MARX (K.), *"Contribution à la critique de l'économie politique",* Editions Sociales, Paris, 1957.

75. MASLOW (A.), *"Devenir le meilleur de soi-même",* Nouveaux Horizons, Paris, 2011.

76. MEISTER (A.), *"La participation dans les associations",* Paris, Ed. Ouvrière; 276 páginas, 1974

77. MONTAGNE (P.), RAZANAMAHARO (Z.), COOKE (A.): *"Le transfert de gestion à Madagascar dix ans d'efforts ; TANTEZA"* / 207 páginas, 2007.

78. PECQUEUR (B.), *"Le Développement local",* Syros, 2ª edição revista e aumentada, 2000.

79. PAMARD (C.B.) e FAUROUX (E.), *"L'illusion participative- Exemples Ouest Malgaches"*, Autre part, n° 31, 2004/3.

80. PERROUX (F.), _"L'Economie du XXème siècle"_; Presse Universitaire de Grenoble, Grenoble p.383, 1991.

81. PRUDON(P), _"Médicaments pour l'an 2000"_ Lausanne Ed, d'en bas, 216 P, 1983.

82. RABEARIMANANA(G) ; RAMAMONJISOA(J) et RAKOTO Ramiarantsoa (H) : _" Paysanneries malgaches dans la crise "_, Edition KARTHALA 1994. 379p

83. RAKOTO Ramiarantsoa (H) : _" Chair de la terre, œil de l'eau... Paysanneries et recompositions de campagne en Imerina (Madagascar) "_ Editions de L'ORSTOM Paris 1995 ; 364 Páginas

84. RAKOTO(I), RAMIANDRASOA (F), RANDRIAMBOAVONJY (R), _" Histoire des institutions "_, Musée d'art et d'archéologie, Antananarivo, 1995, 274p

85. RAMASINDRAIBE (P), _"Fokonolona Fototry ny Firenena"_, NIAG, Tana, 216 p, outubro de 1973.

86. RANAIVO (C), _"Le Fokonolona"_, cahier Madagáscar, Charles de Foucauld Paris 1950.

87. RANAIVOMANANA (L) & AMPILAHY (L): _"Contribution à l'étude d'impact environnemental à la gouvernance des aires marines protégées : de l'analyse de la problématique à la cohérence des outils"_ ONE, 2010.

88. ROSSI (G.), _"L'ingérence écologique. Environnement et développement rural du nord au sud"_, Paris, 2000.

89. ROSTOW W.W, -The _Process of Economic_ Growth. 1953.

90. SMITH (A.) citado por MANDRARA (E. T.), 2005. _"Cours d'histoire de la pensé économique"_, Faculdade de Direito, Economia, Gestão e Sociologia - Universidade de Antananarivo.

91. VACHON (B.), _"Le développement local intégré : une approche humaniste, économique et écologique du développement des collectivités locales"_ - Jantar-conferência, Carrefour de relance de l'économie et de l'emploi du centre de Québec et de Vanier Domaine Maizerets, Québec, 2001.

TESES E DISSERTAÇÕES

92. FANNY (R.), _"Gestion des forêts sèches à Madagascar et au Niger. Vulnérabilité et fonctions des systèmes socio-écologiques pour comprendre les reformes forestières et leurs effets"_, tese de doutoramento, 2012

93. GUYOT (L.), _"Reconnaissance Hydrogéologique pour l'alimentation en eau d'une plaine littorale en milieu semi-aride : sud-ouest Madagascar"_, tese de doutoramento, 2002.

94. MUTTENZER (F.), _"Déforestation et droit coutumier à Madagascar : L'historicité d'une politique foncière"_, tese de doutoramento, 2006

95. PONGCHAI (D.), _"Interações entre a criação de gado e a reflorestação no socioecossistema de terras altas da província de Nan, no norte da Tailândia: um

processo de modelização complementar para melhorar a gestão da paisagem", tese de doutoramento, 2010.

96. RAZAKANDRENY (C.). *A criação de gado bovino em Ampanihy-Ouest.* Dissertação DEA. Universidade de Tuléar, 2005.

97. RAZAFIARIJAONA (J), *"Sols, problématiques foncières et développement rural à Madagascar : dimensions anthropoïde-juridiques des rapports fonciers-environnements",* Enseignant Chercheur, Conferência, FLSH e ESSA, Universidade de Antananarivo, 6 p, 2000

98. VERIZA (R.F.), *"Stratégies pastorales et gestion des ressources naturelles aux environs du Parc National de Tsimanampesotse",* Universidade de Toliara, 2005, 137p

99. RANDRIANARIVONY (D.E.), *"Pouvoir et symboles en pays Betsimisaraka : le Tangalamena",* Tese de Doutoramento em Sociologia. Universidade de Antananarivo, 2014

REVISTAS E RELATÓRIOS:

100. BANCO MUNDIAL 2000-2001: *"Fighting Poverty".* Relatório sobre o Desenvolvimento Mundial.

101. BANCO MUNDIAL: Centro para a Gestão da Informação e do Conhecimento Região de África: *"Indigenous Knowledge for Development"* 45 p, Nov. 1998.

102. Cahier de l'Institut d'Etude du développement, *"Le savoir et Le faire",* Genebra, le Cerf, 1979, 197 p.

103. COGESFOR, *"Projet Gestion durable des ressources naturelles pour la conservation de trois régions hot spot de la biodiversité à Madagascar",* relatório de apresentação do projeto FFEM Madagascar, FFEM, 13 de junho de 2008, 68p, 2008.

104. FMI (Fundo Monetário Internacional) *"Finance and Development: Helping the Poor",* publicação trimestral, dezembro de 2000.

105. GOEDEFROIT (S.), *"La part maudite des pêcheurs de crevette à Madagascar",* Etudes Rurales, 2002.

WEBOGRAFIA

106. Bertrand (Y.A.). *"Comprendre l'environnement et ses enjeux",* www.ifri.org/files/europe/compte rendu PAC.pdf, 2007. Acedido em 12 de abril de 2015

107. KONE (M.), *"Approche socio anthropologique de la question foncière",* https://docs.google.com/viewer?a=v&q=cache:p2F112cR0TEJ:inst-ethnosociologie.net/ Approche.pdf+KONE+Mariatou,+2009,+Approche+socio+anthropologique+de+l a+question+fonci%C3%A8re&hl=fr&gl=fr&pid=bl&srcid=ADGEESifwYcLNjgr

6izw9OothlMzx9kB2IcwnkShSxdf92dkspeEdWKuwjO0IknBQUeIUm5mVL9cQ
1h0VJ79lAijkPpyrx4u_REDp4X3M7LGDxQHumpYqjBoLP2ASwO04V5hBNq
yCRc&&sig=AHIEtbQgAiVxx_kwaZdpWhdP4kvKYUsIRDA , atualizado em
2009, acedido em 4 de fevereiro de 2013.

108. NZE BEKALE (L.), "*Aspectos da democracia participativa em África francófona. Estudo da organização jurídica da participação local, no Benim, no Burkina Faso e no Mali".* Grenoble (França): Université Pierre Mendès France. Recuperado em 22 de julho de 2013 de http://www.med-eu.org/proceedings/MED2/.

TEXTOS E LEIS :

109. Constituição da 4ª República de Madagáscar

110. Lei n.º 90-033 de 21 de dezembro de 1990 relativa à Carta do Ambiente de Madagáscar (*J.O. n.º 2035 de 24.12.90, p. 2540*), alterada pela Lei n.º 97-012 de 6 de junho de 1997 (*J.O. de 09.06.97, p. 1171, Edição especial e n.º 2584 de 12.07.99, p. 1479*).

111. Lei n.º 96-025 de 30 de setembro de 1996, conhecida como lei GELOSE, relativa à gestão local dos recursos naturais renováveis (*J.O.R.M., n.º 2390 de 14 de outubro de 1996, p. 2385*).

112. Lei n.º 97-017, de 8 de agosto de 1997, relativa à revisão da legislação florestal, decreto n.º 2005-849, de 13 de dezembro de 2005 (J.O.R.M. *n.º 2449, de 25 de agosto de 1994, p. 1717*).

113. Lei n.º 2001-005, de 25 de julho de 2001, relativa ao código de gestão das zonas protegidas, promulgada em 5 de fevereiro de 2005.

114. Lei n.º 2005-019, de 17 de outubro de 2005, que estabelece os princípios do estatuto da terra (*J.O.R.M. n.º 3007, de 2 de janeiro de 2006, páginas 4 a 15*).

115. Lei n.º 2005-021 de 17 de outubro de 2005 sobre o Código Mineiro (J.O. n.º 3015 de 20 de fevereiro de 2006, páginas 1569 a 1597), que altera a lei n.º 99-022 de 19 de agosto de 1999 (*J.O.R.M. n.º 2595 de 30 de agosto de 1999, páginas 1978 e seguintes*).

116. Lei n.º 2005-022, de 2 de agosto de 2005, que altera determinadas disposições da Lei n.º 2001-031, de 8 de outubro de 2002, que institui um regime especial para os grandes investimentos no sector mineiro malgaxe (LGIM). (*J.O.R.M., n° 3015, 20/02/06, p. 1597*).

117. Lei n° 2006-031, de 24 de novembro de 2006, que estabelece o regime jurídico da propriedade fundiária privada sem título, (*J.O.R.M., n° 3089, de 26 de fevereiro de 2008, p-p. 1630 - 1631*)

118. Lei n.º 2008-013 de 23 de julho de 2008 sobre o Domínio Público (*Extrato do J.O.R.M. n.º 3217 de 20 de outubro de 2008*).

119. Lei n° 2008-014, de 23 de julho de 2008, sobre o domínio privado do Estado, das autoridades descentralizadas e das pessoas colectivas de direito público, (*Extrato do J.O.R.M, n°3218, de 27 de outubro de 2008*).

120. Projeto de lei n°028-2008, de 29 de outubro de 2008, que reformula o Código de Gestão das Áreas Protegidas.

121. Decreto n.º 98-610, de 13 de agosto de 1998, que regulamenta os termos e as condições de aplicação da Segurança Relativa à Posse da Terra, em aplicação da Lei n.º 90-012, de 6 de junho de 1997, que altera e completa a Lei n.º 90-033, de 21 de outubro de 1990, relativa à Carta do Ambiente (*J.O.R.M., n.º 2035 de 24.12.90, p. 2540*).

122. Decreto n.º 99-954 de 15 de dezembro de 1999, alterado pelo Decreto n.º 2004-167 de 3 de fevereiro de 2004, relativo à compatibilização dos investimentos com o ambiente ou MECIE (*publicado no Jornal Oficial n.º 2648 de 10 de julho de 2000 e n.º 2904 de 24 de maio de 2004*).

123. Decreto n.º 2000-027 de 13 de janeiro de 2000, que regulamenta as comunidades locais responsáveis pela gestão local dos recursos naturais renováveis.

124. Decreto n.º 2001-122, de 14 de fevereiro de 2001, que estabelece as condições de aplicação da gestão contratual das florestas do Estado.

125. Decreto n.º 2005-849, de 13 de dezembro de 2005, que revê as condições gerais de aplicação da Lei n.º 97-017, de 08 de agosto de 1997, relativa à revisão da legislação florestal. (J.O. n° 3024 de 17/04/06, páginas 2099 a 2106).

126. Decreto n.º 2007-1109, de 18 de dezembro de 2007, que transpõe a Lei n.º 2006-031, de 24 de novembro de 2006, que estabelece o regime jurídico da propriedade fundiária privada sem título.

127. Despacho n° 14-DIS/AMP/FKT, de 9 de novembro de 2009, que designa os chefes e subchefes *das* 16 comunas rurais do distrito de *Ampanihy*.

128. Despacho Interministerial n.º 52005/2010, de 20 de dezembro de 2010, que altera o Despacho Interministerial Minas-Florestas, de 17 de outubro de 2008, que coloca sob proteção global temporária os sítios abrangidos pelo Despacho de 18 de outubro de 2006 e levanta a suspensão da concessão de autorizações mineiras e florestais para determinados sítios.

RESUMO

O objetivo deste estudo é avaliar o alcance e os limites da lei Gélose e do decreto GCF através de transferências de gestão estabelecidas na periferia de uma área protegida na zona onde a seca prevalece. Neste contexto, o planalto *de Mahafale*, onde se situa o Parque Nacional de *Tsimanampesotse*, foi escolhido para testar três hipóteses sobre 25 transferências de gestão: (i) o nível de participação da comunidade de base depende do seu nível de educação, e os não participantes no extremo inferior da escala não querem envolver-se em assuntos que consideram obscuros e perigosos; ou estão simplesmente a proteger os seus interesses através da exploração de recursos renováveis; (ii) a estabilidade e o sucesso das transferências de gestão estudadas são assegurados pelos usos e costumes, bem como pela organização social tradicional do planalto *de Mahafale*; e (iii) as transferências de gestão estudadas não atingem os objectivos de uma gestão sustentável devido à redução dos direitos de acesso e de utilização das comunidades *de Mahafale*, bem como à situação geográfica e às alterações climáticas que pesam sobre as suas terras.

Através de três etapas sucessivas, 8 meses de trabalho de campo descontínuo produziram resultados que validaram estas hipóteses. Em segundo lugar, a maior parte das florestas do planalto *de Mahafale* são florestas tabu ou sagradas, geridas por um espírito chamado *Tambahoaka* e pelos *ombiasy*, e o resto são florestas desbravadas para a cultura do milho. Estas florestas estão atualmente a ser ocupadas pelas comunidades locais e, uma vez que as comunidades estão a empobrecer devido à seca e à não aplicação da *dina*, a sustentabilidade das transferências de gestão em torno do parque é incerta.

Palavras-chave: *participação, conservação, paisagem, planalto de Mahafale, biodiversidade, ecossistema, comunidade de base, mahafalização, Tsimanampesotse.*

Endereço do autor: Lot VT85 HBJR Andohanimandroseza, tel. +261 33 12 318 77 / +261 34 41 174 1 6

Correio eletrónico: prambinizandry@yahoo.fr ou prambinizandry@gmail.com

ÍNDICE DE CONTEÚDOS

Printed by Books on Demand GmbH, Norderstedt / Germany